煤炭高等教育"十四五"规划教材

测试技术及信号处理

主　编　郭迎福　戴巨川

副主编　王文韬　凌启辉　王　宪

中国矿业大学出版社

·徐州·

内 容 提 要

本书是煤炭高等教育"十四五"规划教材。该书共分八章,内容包括:绪论、测试信号的分析与处理、测试系统的特性分析、常用传感器、中间变换器、计算机测试技术与系统、测试结果与误差分析和测试技术的工程应用等内容。

本书可作为高等学校机械设计制造及自动化等专业的本科教材,也可供工程技术人员及相关专业的师生参考。

图书在版编目(CIP)数据

测试技术及信号处理/郭迎福,戴巨川主编. —徐州:中国矿业大学出版社,2024.1

ISBN 978 - 7 - 5646 - 6134 - 2

Ⅰ. ①测… Ⅱ. ①郭… ②戴… Ⅲ. ①测试技术②信号处理 Ⅳ. ①TB4②TN911.7

中国国家版本馆 CIP 数据核字(2024)第 011997 号

书　　名	测试技术及信号处理
主　　编	郭迎福　戴巨川
责任编辑	仓小金
出版发行	中国矿业大学出版社有限责任公司
	(江苏省徐州市解放南路　邮编 221008)
营销热线	(0516)83885370　83884103
出版服务	(0516)83995789　83884920
网　　址	http://www.cumtp.com　E-mail:cumtpvip@cumtp.com
印　　刷	徐州中矿大印发科技有限公司
开　　本	787 mm×1092 mm　1/16　印张 14.75　字数 377 千字
版次印次	2024 年 1 月第 1 版　2024 年 1 月第 1 次印刷
定　　价	39.00 元

(图书出现印装质量问题,本社负责调换)

前　言

　　信号处理及测试技术作为一门跨学科的综合性技术,涉及数学、物理、电子工程、计算机科学等多个领域。人们利用信号处理及测试技术对信号进行采集、分析和处理,实现对各种物理量、参数和特性的准确测量和评估。随着数字化和智能化技术的飞速发展,信号处理及测试技术在人们生产、生活中所扮演的角色越来越重要。

　　本书是煤炭高等教育"十四五"规划教材,旨在全面地介绍信号处理及测试技术的基本概念、原理、方法和技术以及它们在各领域的应用。全书共分为八章。第1章绪论,主要介绍信号处理和测试技术的基本内容、发展概况、应用情况以及课程的性质和特点。第2章测试信号的分析与处理,主要内容是信号的分类和描述方法,信号的时域、频域和相关分析原理与方法,模拟信号的数字化。第3章测试系统的特性分析,重点探讨了测试系统的静态、动态特性和不失真测试条件。第4章常用传感器,介绍了传感器的分类以及几种典型传感器的工作原理。第5章中间变换器,集中讨论了信号转换与调理涉及的几个关键环节。第6章计算机测试技术与系统,主要内容是计算机处理信号涉及的数据采集、总线与接口、数据处理及网络通信技术。第7章测试结果及误差分析,介绍了实验数据的表示方法、回归分析方法及误差分析方法,简要讨论了实验数据的不确定度评定问题。第8章测试技术的工程应用,介绍了测试系统应用于现场时需要着重考虑的抗干扰问题,力、振动、噪声、温度等物理量的测试原理及应用。

　　参加本书编写工作的有湖南科技大学郭迎福、戴巨川、王文韫、凌启辉、王宪。其中,郭迎福编写了第1章,戴巨川编写了第5章,郭迎福和戴巨川共同编写了第4章,王文韫编写了第2章,凌启辉编写了第3章和第7章,王宪编写了第6章和第8章。全书由郭迎福、戴巨川担任主编并进行了统稿。

　　由于编者水平有限,书中难免存在错误和不足之处。因此,我们诚挚地希望广大读者能够指出并给予宝贵意见和建议。同时,我们也欢迎读者能够与我们进行交流和互动,共同探讨信号处理与测试技术的前沿问题和发展趋势。

编者

2023 年 8 月

目　　录

第1章 绪 论

经数百万年蒙昧、数千年农耕、几百年工商,人类社会已进入当今的信息时代。社会的发展基于人类对客观世界的不断认识;同时,人类对客观世界的认识能力也随社会的发展而发展。测试,则正是人类认识客观世界的主要手段。

人类要认识世界、改造世界,探索一切自然规律,都离不开测试技术及各种检测仪器或系统。我国著名科学家王大珩先生指出,"仪器仪表是人们认识世界的工具",没有这个工具,人类就无法探索和研究自然界的奥秘。在科学研究中,要对未知领域进行探索,必然要借助于各种检测手段,利用这些先进的检测方法和仪器,人们可以认识自然界的规律,验证所提出的理论。可以说,每一种新的检测仪器的问世都将推动相关领域科学技术的进步。据统计,自诺贝尔奖创立以来,物理和化学奖中约有四分之一是由于获奖者在测试方法和测量仪器上的发明和创新而获得的。在工农业生产及国防各行业中,检测技术和仪器仪表同样占有极其重要的地位。国民生产的各领域都离不开检测技术和检测仪器或系统,它担负着生产过程的监测和自动控制,是保证生产连续、高效和安全运行的关键。可以说,没有先进的检测技术和检测仪器就没有现代工业化的发展。

测试是意义更为广泛的测量。国际通用计量学基本名词对"测量"的定义推荐为:"测量是以确定量值为目的的一组操作"。这种操作包括比较和得到标准量的倍数,即将被测量的参数与单位标准量进行比较,通过比较得到被测量参数相对标准量的倍数即可获得测量结果。此外,还有与测量这一概念近似的检验,所谓测试实质上是给出参数量值应属的范围,并根据被测量参数是否在给定的范围来判别被测量参数是否合格。检测包含测量和检验两种操作,但它还有一个极为重要的内容,即获取被测对象的有用信号。

1.1 测试和信号处理的基本内容

测试技术广泛地应用在国民经济的各行业中。测试工作综合地运用了多种学科的知识,是一项非常复杂的工作。特别是现代测试技术,几乎应用了所有近代新技术和新理论,如半导体技术、激光技术、光纤技术、声控技术、遥感技术、自动化技术、计算机应用技术及数理统计、控制论、信息论等。从广义的角度来讲,测试工作的范围涉及试验设计、模型论、传感器、信号加工与处理、控制工程、系统辨识、参数估计等诸学科的内容;从狭义的角度来讲,其是指对物理信号的检测、变换、传输、处理直至显示、记录或以电量输出测试结果的工作。本课程主要是从狭义的角度来介绍测试工作的基本过程和基本原理。

在机械工程中,主要测试的是一些非电量的物理量,如长度、位移、速度、加速度、频率、力、力矩、温度、压力、流量、振动、噪声等。用现代测试技术测量非电量的方法主要是电测法,即将非电量先转换为电量,然后用各种电测仪表和装置乃至计算机对电信号进行处理和分析。电量分为电能量和电参量,如电流、电压、电场强度和电功率属于电能量;而描述电路和波形的参数,如电阻、电容、电感、频率、相位则属于电参量。由于电参量不具有能量,在测试过程中还要将其进一步转换为电能量。电测方法具有许多其他测量方法所不具备的优点,如测量范围广、精度高、响应速度快、能自动连续测量,数据传送、存储、记录、显示方便并可以实现远距离遥测遥控,还可以与计算机系统相连接,实现快速、多功能及智能化测量。

图 1-1 所示为典型电测法测量过程。被测信号一般都是随时间变化的动态量,对测试过程中不随时间变化的静态量,由于往往混杂有动态的干扰噪声,一般也可以按动态量来测量。由于被测信号是被测对象特征信息的载体,并且信号本身的结构对测试装置的选用有着重大影响,因此应当熟悉和了解各种信号的基本特征和分析方法。

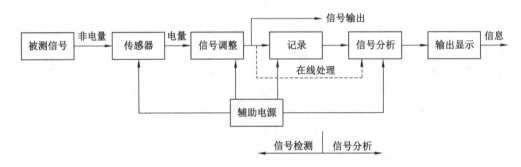

图 1-1　典型电测法测量过程

传感器是测试系统的第一个环节,其主要作用是从被测对象获取有用的信息,并将其转换为适合于测量的变量或信号。如采用弹簧秤测量物体受力时,弹簧便是一个传感器或者敏感元件,它将物体所受的力转换成弹簧的变形——位移量。又如在测量物体的温度变化时,可采用水银温度计作为传感器,将热量或温度的变化转换为汞柱高低的变化。同样可采用热敏电阻来测温,此时温度的变化便被转换为电参数——电阻率的变化。再如在测试物体振动时,可以采用磁电式传感器,将物体振动的位移或振动速度通过电磁感应原理转换成电压变化量。由此可见,对于不同的被测物理量要采用不同的传感器,这些传感器所依据的物理原理也是千差万别的。对于一个测试任务来说,第一步是能够(有效地)从被测对象取得能用于测试的信息,因此传感器在整个测试系统中的作用十分重要。

传感器输出的电信号经过信号调整电路加工处理后,才能进一步输送到记录装置和分析仪器中。常见的信号调整方式有衰减、放大、转换、调制和解调、滤波处理、运算和数字化处理等。

调整电路输出的测量结果是被测信号的真实记录,被测量的变化过程,可以用示波器、记录仪、屏幕显示器、打印机等输出装置显示和记录。此外,还可以用磁记录器来存储被测信号,以供反复使用。至此,测试系统已完成信号检测的任务。但是,要从这些客观记录的信号中,找出反映被测对象的本质规律,还必须对信号进行分析处理,从中提取有用的信息,如信号强度信息、频谱信息、相关信息、概率密度信息等。从这个意义上来讲,信号分析是测试系统更为重要的一个环节。

信号分析设备种类繁多,有各种专用的分析仪,如频谱分析仪、概率密度分析仪、传递函数分析仪等;也有可以作多项综合分析用的信号处理机和数字信号处理系统。计算机在现代信号分析设备中起着重要的作用,目前国内外一些先进的信号处理系统,都采用了专用或通用计算机,使信号的处理速度达到了"实时"效果。将调整电路输出的信号直接送到信号分析设备中进行处理,称之为在线处理。由于数字电路和计算机高速处理数据的能力很高,在线测试和处理已成为可能,而且在工程测试和工业控制中得到愈来愈广泛的应用。

信号分析设备可以通过数据或图像的形式输出,常用的输出显示装置有示波器、显示屏、打印机等。

在实际测试过程中,根据测试目的的不同,测试系统可以很复杂也可以很简单。例如,有的被测对象还需要进行激励,达到测试所要求的预定状态,才能进行测试,而有的被测物理量只需一种简单的测量仪表,即可得到较好的测量结果。

1.2 测试和信号处理的发展概况

现代科学认为,物质、能量、信息是物质世界的三大支柱,是科学史上三个最重要的概念。例如,对一个自动控制系统来说,物质使其具有形体,没有物质,就不会有这个系统的存在;能量使其具有力量,没有能量,系统就不能工作;信息则使系统具有"灵魂",没有信息,系统就不知应如何工作。物质、能量、信息是三位一体、相辅相成的,三者之中,驾驭全局的是信息。与三大支柱相对应,现代科技形成了三大基本技术,即新材料技术、新能源技术和信息技术。信息技术是指可以扩展人的信息功能的技术,其具体内容是传感技术、通信技术和计算机技术。

传感技术是人的感官(视觉、触觉)功能的扩展和延伸,包括信息的识别、检测、提取、变换等功能;通信技术是人的信息传输系统(神经系统)功能的扩展和延伸,包括信息的变换、处理、传递、存储以及某些控制和调节等功能;计算机技术是人的信息处理器官(大脑)功能的延伸,包括信息的存储、检索、处理、分析、决策、控制等功能。传感、通信和计算机技术构成了信息技术的核心,测试科学就是研究信息技术中的普遍规律,属于信息科学范畴。在科学研究中,现代测试技术具有自己独特的地位。

测试技术是随着现代技术的进步而在近几十年才发展起来的学科,它总是从其他关联学科吸取营养而得以发展。一方面随着现代科学技术的发展,对测试技术不断地提出了更多更新的要求,激励着测试技术向前发展;另一方面各种学科领域的新成就(如新的物理和化学原理、新材料、微电子学和电子计算机技术等)也常常首先反映在测试方法和仪器设备的改进中,也使得人们可按所要求的性能来设计、配方和制作敏感元件。各类新型传感器的开发,不仅使得传感器性能进一步加强,也使得可测参量大大增多。特别是新型半导体材料方面的成就,已经促使发展形成了很多对力、热、光、磁等物理量或气体化学成分敏感的器件。例如,用各种配方的半导体氧化物制造的各种气体传感器,应用光导纤维、液晶和生物功能材料制造的光纤传感器、液晶传感器和生物传感器,用稀土超磁致伸缩材料制造的微位移传感器,等等。微电子学、微细加工技术及集成化工艺的发展使得传感器逐渐小型化、集成化、智能化和多功能化。例如,用集成化工艺将同一功能的多个敏感元件排列成线形或面形的,能同时进行同一参数的多点测量的传感器;将不同功能的多个敏感元件集成为一体,组成可同时测量多种参数的传感器;将传感器与预处理电路甚至微处理器集成为一体,使得传感器具有放大、校正、判断和一定的信号处理功能,即"智能传感器",等等。

计算机技术的发展也使测试技术产生了革命性的变化。利用计算机运算速度快、存储容量大的特点,在专用硬件和软件的支持下,使得信号分析可以做到近似"实时"的地步。借助计算机的管理,实现了测试系统的自动化。虽然计算机发展扩充了人的大脑,检测技术的进步,扩充了人的感觉器官,但毋庸置疑,现代信息科学的发展,关键在于信息的获取、传递和信息处理技术的进一步提高。虽然计算机技术已将信息处理技术推进到一个前所未有的阶段,但作为信息的获取技术却大大落后于信息处理技术。在信息的海洋中无论对宏观世界的研究,还是对微观世界的探测,如果没有自动检测是十分困难的,因此,自动检测技术越来越引起人们的重视。尽量采用新材料、新器件和新技术建造先进的自动检测系统,尽可能提高检测系统的可靠性和精确度,是自动检测发展的当务之急。以计算机为核心,辅以一定的硬件设备,用通用或专用软件开发实现仪器功能的新一代虚拟仪器是当前检测仪器发展的主流。随着大数据、互联网、物联网技术的发展,嵌入式仪器、云智慧仪器将成为以后检测仪器的发展方向。

综合国内外的发展动态,可以看出测试技术发展的趋势是:在不断提高灵敏度、精度和可靠性的基础上,主要是向小型化、非接触化、多功能化(多参数测量、测量和放大一体化)和智能化方向发展。

1.3　信号检测和信号处理应用范围及作用

在早期的工业生产中,生产效率和自动化程度低,对设备和加工精度要求不高,因此对测试工作没有过高的要求,往往是孤立地测量一些与时间无关的静态量,其测量方法、测量工具以及数据处理方法等都很简单。在现代的工业生产中,生产效率和自动化程度不断提高,对设备和加工精度提出了更高的要求,随着近代科学技术(特别是信息科学、材料科学、微电子技术和计算机技术)的迅速发展,各种机电一体化新产品、新设备的不断开发,对自动检测、自动控制、过程测量、状态监测和动态试验等方面提出了迫切的要求,从而使现代测试技术与信号处理得到了迅速发展和愈来愈广泛的应用。现代人类的社会生产、生活、经济交往和科学研究都与测试技术息息相关。各个科学领域,特别是生物、海洋、航天、气象、地质、通信、控制、机械和电子等,都离不开测试技术与信号处理,测试技术与信号处理在这些领域中也起着越来越重要的作用。因此,信号检测和信号处理技术已成为人类社会进步、各学科高级工程技术人员必须掌握的一种重要基础技术,具有其他技术不能替代的作用。以下介绍测试技术与信号处理在工程领域中的几个主要方面的应用。

1.3.1　产品开发和性能试验

新产品开发是企业活力的重要组成部分。一个新产品,从构想到占领市场,必须经过设计、试制、质量稳定地批量生产等过程。目前,随着各领域设计理论的日趋完善和计算机数字仿真技术的逐渐普及,产品设计也日趋完美。但真实的产品零件、部件,整机的性能试验等才是检验设计正确与否的唯一依据。许多产品都要经过设计、试验、再修改设计、再试验的多次反复,即使已定型的产品,在生产过程中也需要对产品或其部分样品做性能试验,以便控制产品质量。用户验收产品的主要依据也是产品的性能试验结果。例如,滚动轴承生产厂应按行业规定,对其生产的轴承做寿命及可靠性试验。

图 1-2 所示是基于 PC 机的滚动轴承寿命及可靠性试验系统框图。在一台滚动轴承疲劳试验机上装有 4 套被试验轴承,通过液压机构给轴承加载规定负荷,4 个温度传感器分别测出各轴承的试验温度,与环境温度比较后获得试验温升,由安装在试验机上的振动传感器测出试验机的振动。PC 机每隔 1 h 自动巡回检测一次,在屏幕上显示温升和振动的时间历程。一台 PC 机可监控多台轴承疲劳试验机。当某一轴承的温升或某台试验机的振动超过预定值时,PC 机发出信号,送至电动机的继电器,使该试验机暂停工作,同时报警。试验人员对现场判断后,做出继续试验或取下失效轴承而对剩余轴承继续试验等选择,直到数百小时的试验全部完成。试验记录由计算机保存,并按规定做进一步的处理和分析。实际工程中,对一台机器,往往要对其主轴、传动轴做扭转疲劳试验;对齿轮传动系统,要做承载能力、传动精度、运行噪声、振动、机械效率及寿命等方面的试验;对洗衣机等机电产品,要做运行噪声、振动和电控件寿命等试验;对柴油机、汽油机等,要做噪声、振动、油耗、废气排放等试验。对某些在冲击、振动环境下工作的整机或部件,还需模拟其工作环境进行试验,以证实或改进它们在此环境下的工作可靠性。例如,汽车空调压缩机、巷道掘进机的电控箱,需放在专门的电液伺服振动台上,由计算机控制振动台,在一定的误差范围内模拟实际工况振动。试验车辆,或在专门模拟各种路面的试车场做长时间行驶试验,或前轮、后轮均支承在专门的试验台上做试验,以检验主要构件和各零部件的可靠性。机器及其零部件的性能试验,是产品性能试验中的重要部分。

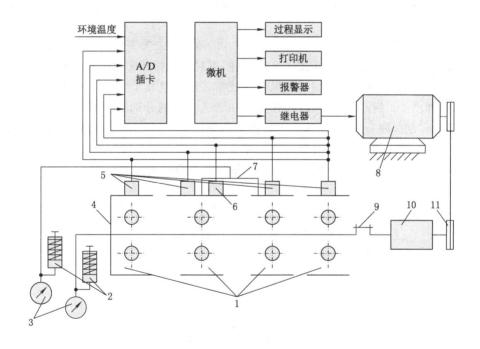

1—轴承;2—手动螺旋液压器;3—压力表;4—轴向加载部件;5—温度传感器;
6—加速度传感器;7—径向加载部件;8—电机;9—联轴器;10—增速器;11—皮带传动机构。

图 1-2 滚动轴承寿命及可靠性试验系统

控制系统已是大多数近代机械设备不可缺少的一部分。对各种特定的控制系统及其关键元件都应进行静态、动态特性试验,如系统灵敏度、时间常数、过渡过程品质、频率特性等测试和仿真试验等。较详细的要求请参阅有关书籍。

对许多机电设备或工程结构(如精密机床、高速汽轮机转子、高层建筑、海洋钻井平台等),限制其振动效应或提高其抗振性能,一直是人们追求的重要目标。为此,必须进行结构的动态试验。一种试验方法是机器或结构在运行或使用时对适当部位进行振动状态测量,并对所测数据进行分析,对动态品质做出评价,提出补救措施或改进意见。另一种试验方法是在样机或结构模型上选取多个激振点和拾振点,在激振点上施加特定的激励,同时测量激励和拾振点的振动响应,所测数据经处理分析,可获得更准确、更全面的结构动态信息,如各阶模态频率、模态振型及模态阻尼等。目前多用有限元分析方法来进行结构的静力、动力计算分析,但计算模型的简化和边界条件的处理,使计算模型与实际结构总有较大差异。若进一步经结构模态试验,对有限元模型进行修改,将使设计更符合实际。像汽车、飞行器、船舶、水轮机、高层建筑、桥梁等大型复杂重要结构,现多采用有限元分析和结构模态试验相结合的设计方法。计算时直接调用试验模态参数,进行动力学修改和优化,使结构动态特性达到预定的要求。

1.3.2 质量控制与生产监督

产品质量是生产者关注的首要问题,机电产品的零件、组件、部件及整体的各生产环节,都必须对产品质量加以严格控制。从技术角度而言,测试(工业生产中常称为检测)则是质量控制与生产监督的基础手段。

例如,冰箱的旋转式压缩机,对其气缸、叶片、活塞三个主要零件的配合间隙有较高的要求。生产中,先按稍低的公差要求加工 3 个零件,再对它们相互配合尺寸作测量、分组,最后按规定配合间隙选配,既保证质量又降低生产成本。压缩机 3 个主要零件尺寸自动选配线的组成框图如图 1-3 所示。其中,叶片分选机和活塞分选机分别测量叶片和活塞的有关尺寸,并按 1 mm 的间隔分组,然后送入各自料库的分组箱和选配站,供选配使用。气缸检验机对缸体厚度和槽宽作测量,主计算机按缸体所测值和规定的间隙要求算出配合件(活塞和叶片)所需尺寸,指出所在分组箱位置,由皮带输送机送出供装配。

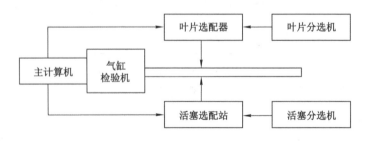

图 1-3 旋转式压缩机主要零件选配线组成框图

该选配线采用非接触式气动测量,如图 1-4 所示。压缩空气通过主喷嘴由测量喷嘴喷向工件表面,不同的工件尺寸在工件表面与测量喷嘴间产生不同大小的环形气隙,造成测量喷嘴与主喷嘴之间气室的压差变化,经压力传感器转换为电信号,由计算机采集和处理,得到被测尺寸值。

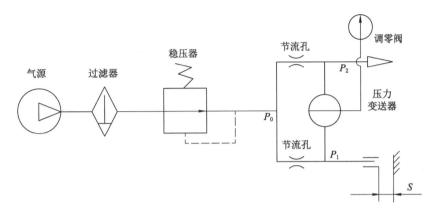

图 1-4　气动测量原理图

因环境保护的要求,噪声已成为评价滚动轴承质量优劣的主要指标之一,轴承厂必须严格控制轴承产品的噪声。一方面,必须检测出厂轴承噪声,分级销售;另一方面,应对检测结果做各种分析,以寻求降低噪声的措施,可用图 1-5 所示的滚动轴承振动检测仪及分析仪测量噪声振动。该仪器拾取轴承振动信号,送至计算机分析处理。在检测线上快速分析结果(振动均方根值、峰值因子、峭度等)可对轴承进行噪声分级;对高噪声轴承振动信号的进一步分析,可找寻出噪声产生的主要原因;批量轴承噪声品质的统计数据,可用来进一步分析产品总体质量与各工序间的相关关系。

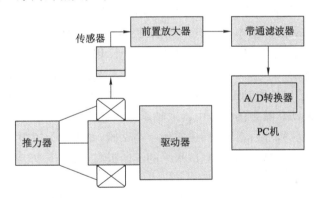

图 1-5　滚动轴承振动检测仪及分析仪框图

通过机械加工和生产流程中的在线检测与控制技术,把产品废品消灭在萌芽状态,以保证产品全部合格。如外圆直径测量仪,可按磨削工艺要求,检测磨削工件尺寸并控制磨削(粗磨-精磨-无进给磨削-退出工件-进入下一循环)工艺过程。应在带钢热轧机组中,在线检测并自动控制带钢厚度、宽度,监测带钢表面质量等。在线检测可以提高劳动生产率,减轻劳动强度,降低成本,在工业生产中获得了广泛应用。

随着传感器技术、微电子技术和计算机技术的发展,在线检测从制造业扩展到冶金、化工、能源、交通运输和航天航空等部门;检测参数从单参数到多参数;检测对象从单机到成套机械以至整个车间设备;自动化程度从简单的闭环控制到以计算机为基础的多参数综合监控和故障自动诊断。如发电厂,通过对发电机组的转速、振动、轴和机壳的胀缩位移、机组绝缘状况、冷却系统的泄漏、润滑油成分等的在线监测,可以确保发电厂的高效、安全运行。核电站对关键零部件是否松动、松动件跌落到什么地方,对这些都要做在线监测。大型船舶上的在线监测系统,需监测船上汽轮机和发电机等设备的运行状态、船体振动及关键构件的应变和应力、冷藏货物状况等。大型民航客机上的"黑匣子",就是一个难以破坏的数据记录装置,记录着大气压力、气流速度、飞行航向、飞行速度、发动机及各种设备运行状态以及与控制台通信的各种数据。

1.3.3　机械故障诊断

　　机械故障诊断是工程诊断的重要组成部分,它源于现代工业生产对机器设备及其零件的高可靠性和高利用率要求。如在石油、化工、冶金等工业生产中,大型传动机械、压缩机、风机、反应塔罐、炉体等关键设备,一旦因故障停止工作,将导致整个生产停顿,造成巨大的经济损失。因此,在这些设备处于运行状态时,人们要了解或掌握其内部状况。一方面尽可能利用并延长其安全使用寿命,另一方面则根据其预测的剩余寿命安排好维修的方式、时间和所需准备的零部件等。医生对人体内部器官做疾病检查,一般是根据多种化验、检测结果,结合症状做出诊断的。同样,在设备的运行状态或不拆卸状态对其内部状况做出诊断,也是利用机器在工作或试验过程中出现的诸多现象,如温升、振动、噪声、应力、应变、润滑油状况、异味等来分析、推理和判断的。显然,完善的测试是正确诊断的基础。

　　例如,滚动轴承是机器中常见的易损件之一,人们一般将机器中的轴承拆下来,再将轴承拆开,分别检验它们的各个零件,去找寻它们缺陷的性质和所在位置。经大量分析、总结,人们总结出滚动轴承失效的基本方式有六种:磨损、疲劳、腐蚀、断裂、压痕和胶合。与正常轴承相比,失效轴承会产生各种特征的振动或发射声。因此,若能发现与某种失效形式对应的振动或发射声的特征,就可以判断运行轴承的状态。为此,要以适当的方式拾取振动或发射声(如用加速度传感器拾取轴承座的振动,用位移传感器直接拾取轴承套圈的表面振动);从混杂着大量机器振动和噪声的信号中提取轴承的振动或噪声;对提取的信号进行特征分析(如时域统计、频谱分析等);必要时,还需做一些试验,如拾取力锤敲击轴承座的信号。可见,测试是诊断的前提和基础。随着测试水平的不断提高,目前不少滚动轴承诊断仪的辨识准确率已达到98%~99%。

　　20世纪60年代,机械故障诊断技术多用于航天、军工等领域,以后逐步推广到核能设备、动力设备(如车用发动机、汽轮机、压缩机等)、加工机械(如各种机床的电气控制系统、气动及液压传动部件、机械机构等)、运输机械(如火车车轴箱温升)、压力容器和输送管道系统(如自来水管道系统的渗漏)等。

　　在机械工程领域方面,包括产品设计、开发、性能试验、自动化生产、智能制造、质量控制、加工动态过程的深入研究、机电设备状态监测、故障诊断和智能维修等都以先进的测试技术为重要支撑。测试技术的先进程度已是一个地区、一个国家科技发达程度的重要标志之一,测试技术已是一个企业、一个国家参与国内、国际市场竞争的一项重要基础技术,可以肯定,测试技术的作用和地位在今后将更加重要和突出。

1.4 课程的性质和特点

本课程是一门专业基础课,研究对象主要是机电工程中动态物理量的测试原理、方法,常用的测试装置以及信号分析处理等内容。本课程涉及的知识面较宽,在学习本课程之前,应具备物理学、工程数学(概率论与随机过程、复变函数、积分变换)、电子学、微机原理、控制工程基础等学科的知识以及某些相关的专业课知识。

通过本课程的学习,学生应掌握动态测试技术的基本知识,对动态量的测试过程应有一个完整的概念,能合理地选用测试装置并初步掌握进行动态测试所需的基本知识和技能,为深层次的学习、研究和处理机械工程技术问题打下基础。本课程要掌握的要点如下:

(1) 了解测试技术在现代工业生产、技术改造以及新产品研究开发中的重要作用。

(2) 掌握信号的分类及其在时域和频域内的描述方法,建立明确的信号频谱概念;掌握信号的时域分析、相关分析和功率谱分析的基本原理和方法。

(3) 掌握测试装置的静、动态特性的评价方法和不失真的测试条件,正确选用测试装置,初步分析测试误差并在实际工程测试中应用。

(4) 了解常用传感器的工作原理、基本特性、结构、性能参数、使用范围及选用原则;掌握部分典型传感器的应用。

(5) 对动态测试的基本问题有一个完整的概念,了解常见工程量的测试方法和系统组成。

(6) 掌握常用信号调理方法的原理及应用,包括电桥电路、信号的调制与解调、信号的滤波、信号的模/数和数/模转换,以及上述各种电路的原理及典型应用;了解数字信号分析、处理的一些基本概念。

(7) 了解数字式测试分析系统的基本组成和专用数字分析仪的特点,了解虚拟仪器、云智慧仪器的基本构成。

(8) 通过对机电工程中常见参量测试方法的介绍,初步了解测试技术在工程中的应用。

"测试技术与信号处理"作为一门多学科融合交汇的技术学科,在学习过程中,应联系实际,注意了解本课程知识在其他专业课程和专业基础课程中的应用情况。同时,本课程具有很强的实践性,除理论知识学习外,应加强实验环节的教学,培养学生独立进行科学实验解决复杂工程问题的能力,学生只有通过足够和必要的实际测试训练,才能达到课程的基本要求。

思考题与习题

1-1 举例说明信号测试系统的组成结构和系统框图。

1-2 举例说明传感技术与信息技术的关系。

1-3 举例说明信号检测和信号处理的应用范围及作用。

1-4 分析计算机技术的发展对传感测控技术发展的作用。

1-5 分析说明信号检测与信号处理的相互关系。

第2章　测试信号的分析与处理

2.1　信号的分类与描述

信号作为时间或者空间的函数可以用数学解析式表达，也可以用图形来表示。根据信号所具有的时间函数特性，可以分为确定性信号与随机信号、连续信号与离散信号等。

2.1.1　信号的分类

（1）确定性信号与非确定性信号

确定性信号是指可以用合适的数学模型或数学关系式来完整地描述或预测其随时间演变情形的信号，在其定义域内的任意时刻它都有确定的数值。确定性信号又分为周期信号和非周期信号。

周期信号是指每隔一固定的时间间隔周而复始地重现的信号。例如正弦信号 $x(t) = A\sin \omega t$ 是以 $T = \dfrac{2\pi}{\omega}$ 为周期的简单周期信号，即简谐信号。在机械系统中，回转体不平衡引起的振动信号，常作周期信号来处理。

周期信号一般又分为正余弦信号、多谐复合信号和伪随机信号。多谐复合信号由多个具有谐波频率的信号组成，其基本的特性与正余弦信号的特征相同。伪随机信号是周期信号的一个特殊范畴，它们具有准随机的特性，如图 2-1 所示。

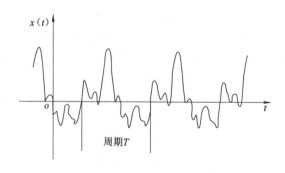

图 2-1　伪随机信号

非周期信号是指确定性信号中那些不具有周期重复性的信号，它又分为准周期信号和瞬变信号。准周期信号由有限多个简单周期信号合成，且各分量间不具有公共周期，或者称组成信号的正（余）弦信号的频率比不是有理数，例如信号 $x(t) = A_1\sin t + A_2\sin 3t +$

$A_3\sin\sqrt{5}\,t$ 是由三个正弦信号合成的，其中每个独立信号 $A_1\sin t$、$A_2\sin 3t$ 和 $A_3\sin\sqrt{5}\,t$ 都有各自的周期，而信号 $x(t)$ 则不再呈现周期性，称为准周期信号。准周期信号之外的其他非周期信号，统称为瞬变信号。这类信号的特征在于它的瞬变性，或在一定的时间区间内存在，或随着时间的延长而逐渐衰减。图 2-2 所示为瞬变信号。承载绳索突然断裂时的应力信号，单自由度质量-弹簧-阻尼系统的自由振动信号都属于瞬变信号。

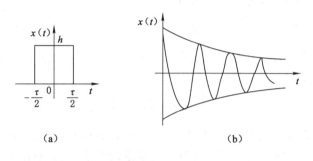

图 2-2　瞬变信号

非确定性信号又称为随机信号，随机信号所描述的物理现象是一种随机过程，其变化过程无法用确定的数学关系式来描述，不能预测其未来任何瞬时值。然而，其值的变化服从统计规律，借助概率统计的方法，可以找出其统计特征。工程中许多信号均可当作随机信号来处理，如汽车行驶所产生的振动信号、电路中的噪声信号等。

随机信号可分成两大类：平稳随机信号和非平稳随机信号。非平稳随机信号是指分布参数或者分布律随时间发生变化的信号，非平稳随机信号的统计特征是时间的函数。反之称为平稳随机过程。

如果一个平稳随机信号的统计平均值或它的矩等于该信号的时间平均值，则称该信号为各态历经的。

综上所述，信号按时域特性所进行的分类如表 2-1 所示。

表 2-1　信号的分类

信号	确定性信号	周期信号	正余弦信号
			多谐复合信号
			伪随机信号
		非周期信号	准周期信号
			瞬态信号
	非确定性信号	平稳随机信号	各态历经信号
			非各态历经信号
		非平稳随机信号	

（2）能量信号和功率信号

图 2-3 所示为一个单自由度振动系统，其中 $x(t)$ 为质量 m 的位移，由弹簧所积蓄的弹性势能为 $x^2(t)$。若 $x(t)$ 表示运动速度，则 $x^2(t)$ 反映的是系统运动中的动能。测量中常将

被测的机械量（位移、速度等）转换为电信号（电压、电流）来加以处理。把电压信号 $x(t)$ 加到单位电阻 $R(1\ \Omega)$ 上，得到瞬时功率为：

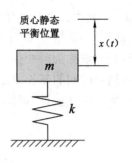

$$P(t) = \frac{x^2(t)}{R} = x^2(t) \qquad (2\text{-}1)$$

而瞬时功率 $P(t)$ 的积分便是信号的总能量 $W(t)$：

$$W(t) = \int_{-\infty}^{\infty} x^2(t)\,\mathrm{d}t \qquad (2\text{-}2)$$

从而便把信号的幅值 $x(t)$ 和信号的能量联系起来。

图 2-3 单自由度振动系统

当 $x(t)$ 满足关系式

$$\int_{-\infty}^{\infty} x^2(t)\,\mathrm{d}t < \infty \qquad (2\text{-}3)$$

则称信号 $x(t)$ 为有限能量信号，亦称平方可积信号，简称能量信号。如矩形脉冲、衰减指数信号等均属这类信号。能量信号仅在有限时间区段内有值，或在有限时间区段内其幅值可衰减至小于给定的误差值或趋近于零。

当信号的能量为无穷大，但信号满足如下条件时，亦即信号具有有限的（非零）平均功率时，则称信号为有限平均功率信号，简称功率信号：

$$0 < \lim_{T \to \infty} \frac{1}{T} \int_{-T/2}^{T/2} x^2(t)\,\mathrm{d}t < \infty \qquad (2\text{-}4)$$

如果图 2-3 所示为无阻尼振动系统，则其位移信号 $x(t)$ 便是能量无限的正弦信号，但在一定的时间区间内，其功率是有限的，称为功率信号；如果该系统加上阻尼之后，其振动将逐渐衰减，此时的信号便是能量有限的，称为能量信号。

（3）连续信号与离散信号

按描述信号数学关系式的独立变量取值是否连续，可将信号分为连续信号和离散信号两大类。

若信号的独立变量或自变量是连续的，则称该信号是连续信号；若信号的独立变量或自变量是离散的，则称该信号为离散信号。对连续信号来说，信号的独立变量（时间或其他量）是连续的，而信号的幅值可以是连续的，也可以是离散的。信号的独立变量和幅值均连续的称为模拟信号，如图 2-4(a)所示。而离散信号又可分为离散模拟信号和数字信号，时间离散而幅值连续的信号叫离散模拟信号，如图 2-4(b)所示；时间和幅值都离散的信号叫数字信号，因为它们能表达为一个数字序列，因此，有时亦称这样的信号为序列[见图 2-4(c)]。

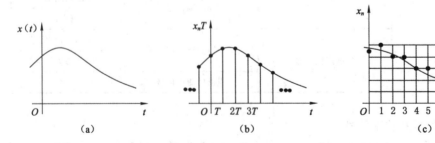

图 2-4 模拟信号、离散模拟信号和数字信号

此外,在对信号做频谱分析时,还常常根据信号的能量或功率的频谱来将信号区分为低频信号、高频信号、窄带信号、宽带信号、带限信号等;根据信号的波形相对于纵轴对称性将信号分为奇信号和偶信号;根据信号的函数值是实数还是复数将它们分为实信号和复信号等。

2.1.2　信号的描述

信号可以从不同的角度或者在不同的领域描述,通常有时域和频域两种方法。以时间 t 为自变量,用一个时间函数来表示信号称为信号的时域描述,如图 2-5(a)所示。信号的时域描述主要反映信号的幅值随时间变化的总体情况,用于研究系统的时间响应特征。信号的频域描述是指通过某种变换方法,把信号从时间域变换到频率域,以频率 f 作为自变量建立信号与频率之间的函数关系,如图 2-5(b)所示。它可以揭示信号中各分量的频率构成情况,从频率分布的角度出发研究信号的结构及各种频率成分的幅值和相位关系。对于连续系统和信号来说,需运用的数学工具是傅立叶变换和拉普拉斯变换;对于离散系统和信号则采用 z 变换。因此,时域描述直观地反映信号随时间变化的情况,频域描述则侧重描述信号的组成成分。

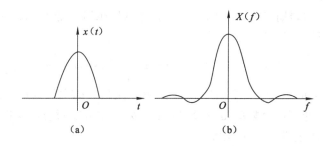

图 2-5　信号的时域描述和频域描述

一般来说,实际信号的形式通常比较复杂,直接分析各种信号在一个测试系统中的传输情形常常是困难的,有时甚至是不可能的,因此常将复杂的信号分解成某些特定类型的基本信号之和,这些基本信号应满足一定的数学条件,且易于实现和分析。常用的基本信号有正余弦信号、复指数型信号、阶跃信号、脉冲信号等。将一个复杂的信号分解为一系列基本信号之和,对于分析一个线性系统来说特别有利。这是因为这样的系统具有线性和时不变性,多个基本信号作用于一个线性系统所引起的响应等于各基本信号单独作用所产生的响应之和。此外,这些信号都属于同一种类型,比如都是正弦信号,因此系统对它们的响应也都具有共同性。

动态测试关心的是信号的频域描述,而获得频域描述的依据是信号的时域描述。时域描述是动态信号最基本的描述,频域描述是本课程应用最多的描述,两种描述之间存有内在联系。但无论采用哪一种描述法,同一信号均含有相同的信息量,不会因采取的方法不同而增添或减少原信号的信息量。

2.2　信号的频域分析

由信号正交分解的思想可知,由于三角函数 $\{1,\cos \omega_0 t,\cos 2\omega_0 t,\cdots,\sin \omega_0 t,\sin 2\omega_0 t,\cdots\}$ 在区间 (t_0,t_0+T) 是完备正交函数集,任意周期信号都可以分解为三角函数表达式的形式,也

就是说,任意周期信号都可以视为一系列正、余弦信号的组合,这些正、余弦信号的频率、相位等特征也就反映了原信号的基本性质,基于这些思想,可以引进用频率域的特性来描述时间域信号的方法,即信号的频域分析法。为了便于讨论,将从周期信号的分析入手,然后再延伸到非周期信号的分析。

2.2.1 周期信号的频谱分析

周期信号是定义在$(-\infty,+\infty)$区间,每隔一定时间T按相同规律重复变化的信号,可表示为:

$$x(t)=(t+nT) \quad n=0,\pm 1,\pm 2,\cdots \tag{2-5}$$

式中,T为信号的周期,其倒数$\frac{1}{T}$称为信号的频率,通常用f表示。频率的2π倍,即$2\pi f$或$\frac{2\pi}{T}$称为信号的角频率,记为ω。

1. 周期信号的傅立叶级数展开式

(1) 三角函数展开形式的傅立叶级数

一个周期为T_0的周期信号,只要满足狄利克雷(Dirichlet)条件,都可以分解成傅立叶级数的三角函数展开式,即有:

$$x(t)=\frac{a_0}{2}+\sum_{n=1}^{\infty}(a_n\cos n\omega_0 t+b_n\sin n\omega_0 t) \tag{2-6}$$

式中,常数a_0表示函数$x(t)$在一个周期内的平均值,是信号的常值分量(或直流分量);n表示谐波次数;ω_0为圆频率或角频率,$\omega_0=2\pi/T_0$;a_n、b_n分别表示对应的n次谐波中的余弦和正弦谐波分量的系数,称为傅立叶系数。

$$a_0=\frac{2}{T_0}\int_{-\frac{T_0}{2}}^{\frac{T_0}{2}}x(t)\mathrm{d}t \tag{2-7}$$

$$a_n=\frac{2}{T_0}\int_{-\frac{T_0}{2}}^{\frac{T_0}{2}}x(t)\cos n\omega_0 t\mathrm{d}t \quad n=1,2,3,\cdots \tag{2-8}$$

$$b_n=\frac{2}{T_0}\int_{-\frac{T_0}{2}}^{\frac{T_0}{2}}x(t)\sin n\omega_0 t\mathrm{d}t \quad n=1,2,3,\cdots \tag{2-9}$$

由式(2-8)和式(2-9)可见,傅立叶系数a_n和b_n均为n或$n\omega_0$的函数,a_n和b_n分别是n或$n\omega_0$的偶函数和奇函数。将式(2-6)中正弦函数、余弦函数的同频率项合并、整理,信号$x(t)$可表示为:

$$x(t)=\frac{A_0}{2}+\sum_{n=1}^{\infty}A_n\sin(n\omega_0 t+\varphi_n) \tag{2-10}$$

式中,$A_0=a_0$,有:

$$\begin{cases}A_n=\sqrt{a_n^2+b_n^2}\\\varphi_n=\arctan\dfrac{a_n}{b_n}\end{cases} \quad n=1,2,\cdots \tag{2-11}$$

式(2-10)是三角傅立叶级数的另一种形式,它表明一个周期信号可以分解为直流分量和一系列余弦或正弦形式的交流分量。

从式(2-10)可知,周期信号可分解成众多具有不同频率的正、余弦(谐波)分量,式中第

一项 $A_0/2$ 为周期信号中的常值或直流分量,从第二项依次向下分别称为信号的基波或一次谐波、二次谐波、三次谐波……n 次谐波。A_n 为 n 次谐波的幅值,φ_n 为其初相角。为直观地表示出一个信号的频率成分结构,将信号的角频率 ω 作为横坐标,可分别画出信号幅值 A_n 和相角 φ_n 随频率 ω 变化的图形,分别称为信号的幅频谱和相频谱图。

实际上,信号的频域特性具有很强的物理意义,例如光线的颜色是由频率决定的,声音音色的不同也是由频率的差异引起的,而且人耳对声音信号的频率变化的敏感程度远大于对强度变化的敏感程度等。可见频率特性是信号的客观性质,在很多情况下,它甚至比信号的时域特性更能反映信号的基本特性。

(2) 复指数函数展开形式的傅立叶级数

信号的三角函数展开形式的傅立叶级数具有比较明确的物理意义,但运算不方便。由欧拉公式:

$$e^{\pm j\omega t} = \cos \omega t \pm j\sin \omega \tag{2-12}$$

可得:

$$\cos \omega t = \frac{1}{2}(e^{-j\omega t} + e^{j\omega t}) \tag{2-13}$$

$$\sin \omega t = \frac{j}{2}(e^{-j\omega t} - e^{j\omega t}) \tag{2-14}$$

则式(2-6)可写成

$$x(t) = \frac{a_0}{2} + \sum_{n=1}^{\infty}(a_n\cos n\omega_0 t + b_n\sin n\omega_0 t)$$
$$= \frac{a_0}{2} + \sum_{n=1}^{\infty}\left[\frac{1}{2}(a_n - jb_n)e^{jn\omega_0 t} + \frac{1}{2}(a_n + jb_n)e^{-jn\omega_0 t}\right]$$

令:

$$C_0 = \frac{a_0}{2}$$
$$C_n = \frac{1}{2}(a_n - jb_n)$$
$$C_{-n} = \frac{1}{2}(a_n + jb_n)$$

则:

$$x(t) = C_0 + \sum_{n=1}^{\infty}C_n e^{jn\omega_0 t} + \sum_{n=1}^{\infty}C_{-n}e^{-jn\omega_0 t} \tag{2-15}$$

将式(2-15)合并则得:

$$x(t) = \sum_{n=-\infty}^{\infty}C_n e^{jn\omega_0 t} \quad (n = 0, \pm 1, \pm 2, \cdots) \tag{2-16}$$

其中,C_n 为:

$$C_n = \frac{1}{T_0}\int_{-\frac{T_0}{2}}^{\frac{T_0}{2}} x(t)e^{-jn\omega_0 t}dt \tag{2-17}$$

$$|C_n| = \frac{\sqrt{a_n^2 + b_n^2}}{2} = \frac{A_n}{2} \tag{2-18}$$

式(2-17)为计算复指数函数展开形式的傅立叶级数的复系数 C_n 的公式。其中,C_n 是

离散频率 $n\omega_0$ 的函数,称为周期信号 $x(t)$ 的离散频谱。C_n 一般为复数,故可写为:

$$C_n = |C_n|\mathrm{e}^{\mathrm{j}\varphi_n} = \mathrm{Re}C_n + \mathrm{jImC}_n \tag{2-19}$$

式中的 $|C_n|$ 和 φ_n 分别为复系数 C_n 的幅值与相位;$\mathrm{Re}C_n$ 和 $\mathrm{Im}C_n$ 分别表示 C_n 的实部和虚部,且有:

$$|C_n| = \sqrt{\mathrm{Re}^2 C_n + \mathrm{Im}^2 C_n} \tag{2-20}$$

$$\varphi_n = \arctan\frac{\mathrm{Im}C_n}{\mathrm{Re}C_n} \tag{2-21}$$

以下证明离散频谱的两个重要性质。

性质 1　实周期函数的幅值谱是 n(或 $n\omega_0$)的偶函数,而其相位谱是 n(或 $n\omega_0$)的奇函数。

证明　根据式(2-17),有:

$$C_n = \frac{1}{T_0}\int_{-T_0/2}^{T_0/2} x(t)\mathrm{e}^{-\mathrm{j}n\omega_0 t}\mathrm{d}t \tag{2-22}$$

将上式的 n 用 $-n$ 替代,有:

$$C_{-n} = \frac{1}{T_0}\int_{-T_0/2}^{T_0/2} x(t)\mathrm{e}^{\mathrm{j}n\omega_0 t}\mathrm{d}t \tag{2-23}$$

由式(2-22)和式(2-23)可见 C_n 与 C_{-n} 为复共轭的,即 $C_n = C_{-n}^*$。于是有 $|C_n| = |C_{-n}|$,因此 $|C_n|$ 是 n(或 $n\omega_0$)的偶函数。

另外,根据式(2-11),有:

$$\varphi_n = \arctan\frac{a_n}{b_n} \tag{2-24}$$

于是,有:

$$\varphi_{-n} = -\arctan\frac{a_n}{b_n} \tag{2-25}$$

因此 $\varphi_n = -\varphi_{-n}$,即 φ_n 为 n(或 $n\omega_0$)的奇函数。

性质 2　当周期信号有时间移位 τ 时,其幅值谱不变,相位谱发生 $\pm n\omega_0\tau$ 的变化。

证明　由式(2-16)得:

$$x(t) = \sum_{n=-\infty}^{\infty} C_n\mathrm{e}^{\mathrm{j}n\omega_0 t} \tag{2-26}$$

当 $x(t)$ 在时间轴上有移位 τ 时,式(2-26)变为:

$$x(t\pm\tau) = \sum_{n=-\infty}^{\infty} C_n\mathrm{e}^{\mathrm{j}n\omega_0(t\pm\tau)} = \sum_{n=-\infty}^{\infty} C_n\mathrm{e}^{\pm\mathrm{j}n\omega_0\tau}\cdot\mathrm{e}^{\mathrm{j}n\omega_0 t} = \sum_{n=-\infty}^{\infty}\hat{C}_n\mathrm{e}^{\mathrm{j}n\omega_0 t} \tag{2-27}$$

式中 $\hat{C}_n = C_n\mathrm{e}^{\pm\mathrm{j}n\omega_0\tau}$,将 C_n 表达为幅值与相角的复数形式 $C_n = |C_n|\mathrm{e}^{\mathrm{j}\varphi_n}$,则:

$$\hat{C}_n = |C_n|\mathrm{e}^{\mathrm{j}(\varphi_n\pm n\omega_0\tau)} \tag{2-28}$$

由此可见,经时间移位 τ 之后的信号幅值谱与原信号的幅值谱相同,但相位发生 $\pm n\omega_0\tau$ 的变化,$+$ 表示时间左移,$-$ 表示时间右移。

比较傅立叶级数两种展开式的频谱图(见图 2-6)可知,由三角函数展开式表达的傅立叶级数的频谱为单边谱,角频率 ω 的变化范围为 $0\sim+\infty$,而以复指数函数展开式表达的傅立叶级数的频谱为双边谱,角频率 ω 的变化范围扩大到负轴方向,即为 $-\infty\sim+\infty$。两种

形式的幅值谱在幅值上的关系是 $|C_n|=A_n/2$，即双边谱中各谐波的幅值为单边谱中各对应谐波幅值的一半。

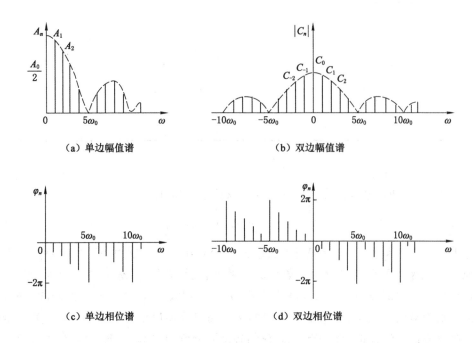

（a）单边幅值谱　　　　　　　　　　（b）双边幅值谱

（c）单边相位谱　　　　　　　　　　（d）双边相位谱

图 2-6　周期信号频谱图的两种形式

　　在双边谱中将频率的范围扩大到负轴方向，出现了"负频率"的概念，这是由于在推导用复指数函数表达的傅立叶级数时将 n 从正值扩展到了正、负值。工程实际中将旋转机械在一个方向上的转动规定为正转，而在相反方向上的转动规定为反转，相应地，其转动角速度便也有了正、负之分，"负频率"的概念可以从这个意义上来理解。表 2-2 总结了三角函数展开式和指数函数展开式的傅立叶级数表达式、傅立叶系数表达式以及系数间的关系。

表 2-2　周期信号的傅立叶级数表达式

形式	展开式	傅立叶系数	系数间的关系
三角函数展开形式	$x(t)=\dfrac{a_0}{2}+\sum\limits_{n=1}^{\infty}(a_n\cos n\omega_0 t+b_n\sin n\omega_0 t)$ $x(t)=\dfrac{A_0}{2}+\sum\limits_{n=1}^{\infty}A_n\sin(n\omega_0 t+\varphi_n)$	$a_0=\dfrac{2}{T_0}\displaystyle\int_{-\frac{T_0}{2}}^{\frac{T_0}{2}}x(t)\mathrm{d}t$ $a_n=\dfrac{2}{T_0}\displaystyle\int_{-\frac{T_0}{2}}^{\frac{T_0}{2}}x(t)\cos n\omega_0 t\mathrm{d}t$ $b_n=\dfrac{2}{T_0}\displaystyle\int_{-\frac{T_0}{2}}^{\frac{T_0}{2}}x(t)\sin n\omega_0 t\mathrm{d}t$ $A_0=a_0$　　$A_n=\sqrt{a_n^2+b_n^2}$ $\varphi_n=\arctan\dfrac{a_n}{b_n}$	$a_n=A_n\cos\varphi_n=C_n+C_{-n}$ 是 n 的偶函数 $b_n=-A_n\sin\varphi_n=\mathrm{j}(C_n-C_{-n})$ 是 n 的奇函数

表 2-2(续)

形式	展开式	傅立叶系数	系数间的关系
复指数函数展开形式	$x(t) = \sum\limits_{n=-\infty}^{\infty} C_n e^{jn\omega_0 t}$ $C_n = \lvert C_n \rvert e^{j\varphi_n}$	$C_n = \dfrac{1}{T_0} \int\limits_{-\frac{T_0}{2}}^{\frac{T_0}{2}} x(t) e^{-jn\omega_0 t} dt$ $n = 0, \pm1, \pm2, \pm3, \cdots$	$C_n = \dfrac{1}{2} A_n e^{j\varphi_n}$ $\quad = \dfrac{1}{2}(a_n - jb_n)$ $\lvert C_n \rvert = \dfrac{1}{2} A_n$ $\quad = \dfrac{1}{2}\sqrt{a_n^2 + b_n^2}$

2. 周期信号的频谱

如前所述,周期信号可以分解为一系列正弦信号之和,即:

$$x(t) = \frac{A_0}{2} + \sum_{n=1}^{\infty} A_n \sin(n\omega_0 t + \varphi_n) \tag{2-29}$$

它表明一个周期为 T_0 的信号,除直流分量(信号在一个周期内的平均值)外,包含了频率为原信号频率以及原信号频率整数倍的一系列正、余弦信号,分别将它们称为基波信号($n=1$,也称为一次谐波信号)、二次谐波信号($n=2$),以及三次、四次…n 次谐波信号,它们的幅值分别为对应的 A_n,相位分别为对应的 φ_n。可见周期信号的傅立叶级数展开式全面地描述了组成原信号的各正、余弦分量的特征:各谐波分量的频率、幅度和相位,也就等于全面地描述了原信号 $x(t)$ 本身。反过来,对于一个周期信号,只要掌握了信号的基频 ω_0、各谐波的幅度 A_n 和相位 φ_n,就等于掌握了该信号的所有特征。

复指数形式的傅立叶级数表达式中复数量 $C_n = \dfrac{1}{2} A_n e^{j\varphi_n}$ 是离散频率 $n\omega_0$ 的复函数,其模 $\lvert C_n \rvert = \dfrac{1}{2} A_n$ 反映了各谐波分量的幅度,它的相位 φ_n 反映了各谐波分量的相位,因此它能完全描述任意波形的周期信号。我们把复数量 C_n 随频率 $n\omega_0$ 的分布称为信号的频谱,从这个意义上讲,C_n 也称为周期信号的频谱函数。从式(2-16)可见,左侧是时域信号 $x(t)$,右侧是 $x(t)$ 的频域信号 C_n 的线性组合,正如波形是信号在时域的表示,频谱就是信号在频域的表示。有了频谱的概念,就可以在频域描述信号和分析信号,实现从时域到频域的变换。

由于 C_n 是一个复数,包含了幅度和相位的内容,通常把其幅度 $\lvert C_n \rvert$ 随频率的分布称为幅值频谱,简称幅频谱,相位 φ_n 随频率的分布称为相位频谱,简称相频谱。实际使用中,常以频率为横坐标,以各谐波分量的幅度或者相位为纵坐标,画出幅频和相频的变化规律,称为信号的频谱图。

【例 2-1】 分析周期方波的频谱,该方波信号的时域描述如图 2-7 所示。

解 依题意此周期方波的数学表达式为:

$$\begin{cases} x(t) = x(t + nT) & n = \pm1, \pm2, \pm3, \cdots \\ x(t) = \begin{cases} -1 & -\dfrac{T}{2} \leqslant t < 0 \\ 1 & 0 < t \leqslant \dfrac{T}{2} \end{cases} \end{cases} \tag{2-30}$$

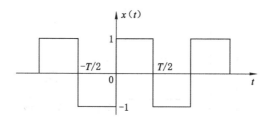

图 2-7　周期方波信号

　　由三角函数傅立叶级数求周期方波的频域描述。由图 2-7 可知此信号为奇函数,由偶函数和奇函数在对称区间上的定积分可知:

$$a_0 = \frac{1}{T}\int_{-\frac{T}{2}}^{\frac{T}{2}} x(t)\mathrm{d}t = 0$$

$$a_n = \frac{2}{T}\int_{-\frac{T}{2}}^{\frac{T}{2}} x(t)\cos n\omega_0 t\mathrm{d}t = 0$$

根据上述两点可知,此周期方波信号完全由正弦分量所组成,其各次正弦波的幅值:

$$
\begin{aligned}
b_n &= \frac{2}{T}\int_{-\frac{T}{2}}^{\frac{T}{2}} x(t)\sin n\omega_0 t\mathrm{d}t \\
&= \frac{2}{T}\int_{-\frac{T}{2}}^{0} -\sin n\omega_0 t\mathrm{d}t + \frac{2}{T}\int_{0}^{\frac{T}{2}} \sin n\omega_0 t\mathrm{d}t \\
&= \frac{2}{n\pi}\big[-\cos n\pi + 1\big] \\
&= \frac{2}{n\pi}\big[-(-1)^n + 1\big] \\
&= \begin{cases} 0, & n = 2,4,\cdots(偶数) \\ \dfrac{4}{n\pi}, & n = 1,3,\cdots(奇数) \end{cases}
\end{aligned}
\tag{2-31}
$$

此方波展开的傅立叶级数如下:

$$x(t) = \frac{4}{\pi}\left(\sin \omega_0 t + \frac{1}{3}\sin 3\omega_0 t + \frac{1}{5}\sin 5\omega_0 t + \cdots\right) \tag{2-32}$$

　　它不含静态分量且仅含奇次谐波。它的两个序列为:

$$A_n = |b_n| = \frac{4}{n\pi}, \varphi_n = \arctan \frac{a_n}{b_n} = 0$$

该方波的幅值与相位频谱图如图 2-8 所示。

　　从以上的计算结果可看到,信号本身可以用傅立叶级数中的某几项之和来逼近。所取的项数越多,亦即 n 越大,近似的精度就越高。图 2-9 所示为用方波信号 $x(t)$ 的傅立叶级数来逼近 $x(t)$ 本身的情形。

　　由频谱图可以得出周期方波信号的频谱具有三个特点:

　　(1) 离散性

　　频谱是非周期性离散的线状频谱,称它们为谱线,连接各谱线顶点的曲线为频谱的包络

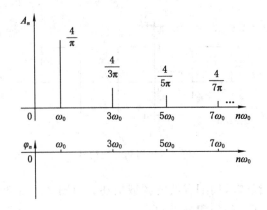

图 2-8　周期方波的频谱图

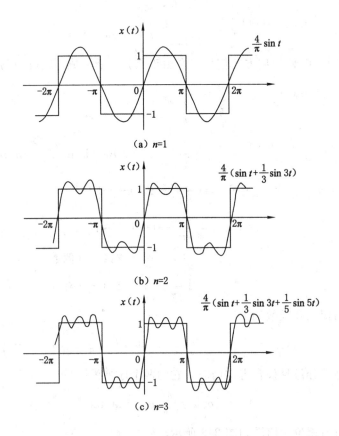

（a）n=1

（b）n=2

（c）n=3

图 2-9　用傅立叶级数的部分项之和逼近信号的例子

线,它反映了各频率分量的幅度随频率变化的情况。

（2）谐波性

谱线以基波频率 ω_0 为间隔等距离分布,任意两谐频之比都是整数或整数比即为有理数。各次谐波的频率都是基频 ω_0 的整数倍,相邻频率的间隔为 ω_0 或它的整数倍。

（3）收敛性

周期信号的幅值频谱是收敛的。即谐波的频率越高,其幅值越小,在整个信号中所占的比重也就越小。这表明虽然复杂周期信号在理论上有无穷多个频率成分,但占信号主要部分的是有限多个低次谐波,而高次谐波对信号构成的影响很小,可以忽略。这个结论很重要,因为这就使我们可以用工作频带有限宽的装置或仪器,去测量像方波这样的所占频域无限宽的周期信号,虽然这样会对高频分量有所丢失,但仍可能满足工程测试所要求的精度。

【例 2-2】 求图 2-10 所示的周期矩形脉冲的频谱,其中周期矩形脉冲的周期为 T,脉冲宽度为 τ。

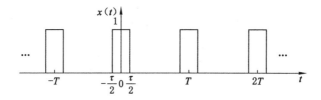

图 2-10　周期矩形脉冲

解　依题意,此周期矩形脉冲的数学表达式为:

$$\begin{cases} x(t) = x(t+nT) & n = \pm 1, \pm 2, \pm 3 \cdots \\ x(t) = \begin{cases} 0 & -\dfrac{T}{2} \leqslant t < -\dfrac{\tau}{2} \text{ 或 } \dfrac{\tau}{2} \leqslant t < \dfrac{T}{2} \\ 1 & -\dfrac{\tau}{2} < t \leqslant \dfrac{\tau}{2} \end{cases} \end{cases} \tag{2-33}$$

根据式(2-18),有:

$$C_n = \frac{1}{T} \int_{-T/2}^{T/2} x(t) \mathrm{e}^{-\mathrm{j}n\omega_0 t} \mathrm{d}t = \frac{1}{T} \int_{-\tau/2}^{\tau/2} \mathrm{e}^{-\mathrm{j}n\omega_0 t} \mathrm{d}t = \frac{1}{T} \times \frac{\mathrm{e}^{-\mathrm{j}n\omega_0 t}}{-\mathrm{j}n\omega_0 t} \Big|_{-\tau/2}^{\tau/2}$$

$$= \frac{2}{T} \times \frac{\sin \dfrac{n\omega_0 \tau}{2}}{n\omega_0} = \frac{\tau}{T} \times \frac{\sin \dfrac{n\omega_0 \tau}{2}}{\dfrac{n\omega_0 \tau}{2}}, n = 0, \pm 1, \pm 2, \pm 3, \cdots \tag{2-34}$$

由于 $\omega_0 = \dfrac{2\pi}{T}$,代入上式得:

$$C_n = \frac{\tau}{T} \times \frac{\sin \dfrac{n\pi\tau}{T}}{\dfrac{n\pi\tau}{T}}, n = 0, \pm 1, \pm 2, \cdots \tag{2-35}$$

定义 $\sin c(x) \overset{\text{def}}{=} \dfrac{\sin x}{x}$,$\sin c(x)$ 是一个特定表达函数,该形式的函数在信号分析中具有广泛的应用。

则式(2-35)变为

$$C_n = \frac{\tau}{T} \sin c(\frac{n\pi\tau}{T}), n = 0, \pm 1, \pm 2, \cdots \tag{2-36}$$

从而根据式(2-16)可得到周期矩形脉冲信号的傅立叶级数展开式为:

$$x(t) = \sum_{n=-\infty}^{\infty} C_n \mathrm{e}^{\mathrm{j}n\omega_0 t} = \frac{\tau}{T} \sum_{n=-\infty}^{\infty} \sin c(\frac{n\pi\tau}{T}) \mathrm{e}^{\mathrm{j}n\omega_0 t}, n = 0, \pm 1, \pm 2, \cdots \tag{2-37}$$

图 2-11 示出了周期矩形脉冲信号的频谱,其中设 $T=4\tau$,亦即 $\dfrac{\tau}{T}=\dfrac{1}{4}$。由于 C_n 在本例中为实数,因此其相位为 0 或 π。

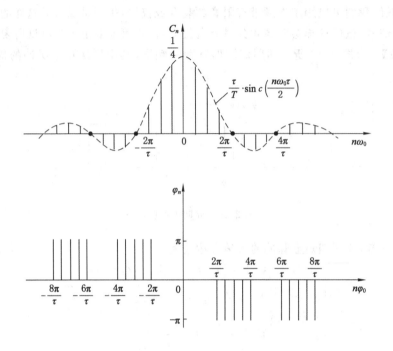

图 2-11　周期矩形脉冲的频谱($T=4\tau$)

与一般的周期信号频谱特点相同,周期矩形脉冲信号的频谱也是离散的,它仅含有 $\omega=n\omega_0$ 的主频率分量,相邻谱线间的距离为 $\omega_0=\dfrac{2\pi}{\tau}$。图 2-11 仅示出了 $T=4\tau$ 时的谱线,显然当周期 T 变大时,谱线间隔 ω_0 变小,频谱变得稠密,反之则变稀疏,但不管谱线变稠变稀,频谱的形状亦即其包络不随 T 的变化而变化,在 $\omega\tau/2=m\pi(m=\pm1,\pm2,\cdots)$ 处,各频率分量的幅值为零。由于各分量的幅值随频率的增加而减小,因此信号的能量主要集中在第一个零点(即 $\omega=2\pi/\tau$)以内。在允许一定误差的条件下,通常将 $0\leqslant\omega\leqslant2\pi/\tau$ 这段频率范围称为周期矩形脉冲信号的带宽,用符号 ΔC 表示:

$$\Delta C = \frac{1}{\tau} \tag{2-38}$$

2.2.2　非周期信号的频谱分析

在前面章节中讨论了周期信号表达成傅立叶级数的问题,但实际问题中遇到的信号大都是非周期的。从对周期信号的研究中可知,要了解一个周期信号,仅需考查该周期信号在一个周期上的变化。而要了解一个非周期信号,则必须考察它在整个时间轴上的变化情况。

非周期信号分为准周期信号和瞬变信号两种。两个或两个以上的正、余弦信号叠加,如果两个分量的频率比不是有理数,或者说各分量的周期没有最小公倍数,那么合成的结果就不是周期信号,例如下式所表达的就是这样一个信号。

$$x(t) = A_1 \sin\left(\sqrt{2}\,t + \theta_1\right) + A_2 \sin\left(3t + \theta_2\right)$$

这种由没有公倍周期的各个分量合成的信号是一种非周期信号。但是,这种信号的频谱仍然是离散的,保持有周期信号的特点,我们称这种信号为准周期信号。在工程技术领域内,多个独立振源共同作用所引起的振动往往属于这类信号。除了准周期信号以外的非周期信号称为瞬变信号。

对于周期为 T_0 的周期信号,可以利用傅立叶级数对它进行频域分析,得到它的离散频谱。在这些频谱中只有在 $n\omega_0$ 处才有谱线存在,相邻两谱线间的间隔为 ω_0($\omega_0 = 2\pi/T_0$)。对于非周期信号却不能直接利用傅立叶级数来对它进行频域分析。但非周期信号可以看作为周期是无穷大的周期信号,从这一思想出发,可以在周期信号频谱分析的基础上研究非周期信号的频谱。其思路是把非周期信号仍当作周期信号来看待,只是认为其周期极大,在无限远处重复。在非周期信号中,频谱图上相邻频谱谱线的频率间隔为 $\Delta\omega = \omega_0 = 2\pi/T_0$,因周期 $T_0 \to \infty$,使 $\Delta\omega$ 即 $\omega_0 \to 0$,这就意味着周期无限扩大时,频率间隔成为一个微量 $\mathrm{d}\omega$,周期信号频线间间隔无限缩小,谱线无限密集,以致离散的谱线演变成一条连续的曲线。由上所述,可以将非周期信号理解为是由无限多个频率及其接近的频率分量合成的。在周期信号中,对离散频率分量求和采用级数和,那么,演变到非周期信号中,对连续频率分量求和则要使用积分和,因此,对应于周期信号的傅立叶级数将变为非周期信号的傅立叶积分。同时根据式(2-18),谱线的幅度将趋于零而变成无穷小量。为了避免在一系列无穷小量中讨论频谱关系,我们考虑在式(2-13)两侧乘上无穷大的因子 T_0,这时 $T_0 \cdot C_n$ 这一物理量就克服了 T_0 对 C_n 的影响。这时有 $T_0 \cdot C_n = C_n \cdot \dfrac{2\pi}{\omega_0}$ 为有限值,且为一连续函数。$T_0 \cdot C_n$ 可看作单位频带上的幅值,称为频谱密度函数,在不引起混淆的情况下也可以简称为频谱。

1. 从傅立叶级数到傅立叶变换

周期信号傅立叶级数的复指数表达式:

$$x(t) = \sum_{n=-\infty}^{\infty} C_n \mathrm{e}^{jn\omega_0 t}$$

其中

$$C_n = \frac{1}{T_0} \int_{-\frac{T_0}{2}}^{\frac{T_0}{2}} x(t)\,\mathrm{e}^{-jn\omega_0 t}\,\mathrm{d}t$$

在离散频谱中,ω_0 既表示周期信号的基频,又表示相邻两根谱线间的间隔 $\Delta\omega$。

将 C_n 代入 $x(t)$ 中得:

$$x(t) = \sum_{n=-\infty}^{\infty} \left[\frac{1}{T_0} \int_{-\frac{T_0}{2}}^{\frac{T_0}{2}} x(t)\,\mathrm{e}^{-jn\omega_0 t}\,\mathrm{d}t \right] \mathrm{e}^{jn\omega_0 t}$$

当 $T_0 \to \infty$,此式有两个变化:

① 积分限从时间轴的局部$(-T_0/2, T_0/2)$扩展到时间轴的全部$(-\infty, \infty)$;

② 由于 $1/T_0 = \Delta\omega/2\pi$,在 $T_0 \to \infty$ 时,$\Delta\omega \to \mathrm{d}\omega$,离散变化的频率 $n\omega_0$ 转化为连续变化的频率 ω。无限多项的连加转换成连续积分。

得到:

$$x(t) = \int_{-\infty}^{\infty} \left[\frac{\mathrm{d}\omega}{2\pi} \int_{-\infty}^{\infty} x(t)\,\mathrm{e}^{-j\omega t}\,\mathrm{d}t \right] \mathrm{e}^{j\omega t}$$

$$= \frac{1}{2\pi} \int_{-\infty}^{\infty} \left[\int_{-\infty}^{\infty} x(t) e^{-j\omega t} dt \right] e^{j\omega t} d\omega$$

此等式右边中括号里的部分,相当于傅立叶级数复指数形式中的 C_n 项,它是 ω 的函数,记为:

$$X(\omega) = \int_{-\infty}^{\infty} x(t) e^{-j\omega t} dt \tag{2-39}$$

则

$$x(t) = \frac{1}{2\pi} \int_{-\infty}^{\infty} X(\omega) e^{j\omega t} d\omega \tag{2-40}$$

这样 $x(t)$ 与 $X(\omega)$ 建立起确定的对应关系,这种对应关系在数学上称为傅立叶变换对,记作:

$$x(t) \Leftrightarrow X(\omega)$$

称 $X(\omega)$ 为傅立叶(正)变换,称 $x(t)$ 为傅立叶逆变换也即傅立叶积分。

在傅立叶变换对的表达式中,出现了常数项 $1/2\pi$,在运算中造成不便。采用 $f = \omega/(2\pi)$ 来代替 ω,消除常数项 $1/2\pi$,这样,傅立叶变换对就变为如下形式:

$$X(f) = \int_{-\infty}^{\infty} x(t) e^{-j2\pi ft} dt \tag{2-41}$$

$$x(t) = \int_{-\infty}^{\infty} X(f) e^{j2\pi ft} df \tag{2-42}$$

与非周期信号相对应,$x(t)$ 为其时域描述,$X(f)$ 或 $X(\omega)$ 为其频域描述。通常测试技术所关心和需要的是通过傅立叶变换得到 $X(f)$。

上面傅立叶变换的推导是由傅立叶级数演变来的,一个函数 $x(t)$ 的傅立叶变换是否存在应该看它是否满足狄利克雷条件,这是信号存在傅立叶变换的前提条件。

2. 瞬态信号的频谱

当 $T_0 \to \infty$ 时,周期信号转变为瞬态信号,瞬态信号的频率特性由频谱密度函数 $T_0 \cdot C_n = C_n \cdot \frac{2\pi}{\omega_0}$ 来表示。由于:

$$T_0 \cdot C_n = \int_{-\frac{T_0}{2}}^{\frac{T_0}{2}} x(t) e^{-jn\omega_0 t} dt \tag{2-43}$$

当 $T_0 \to \infty$ 时,式(2-43)积分限从时间轴的局部 $(-T_0/2, T_0/2)$ 扩展到时间轴的全部 $(-\infty, \infty)$,离散变化的频率 $n\omega_0$ 转化为连续变化的频率 ω,则:

$$T_0 \cdot C_n = \int_{-\infty}^{\infty} x(t) e^{-j\omega t} dt$$

另,傅立叶积分表达式:

$$X(\omega) = \int_{-\infty}^{\infty} x(t) e^{-j\omega t} dt$$

将以上两式进行对比可以看出,与之相对应的 $X(\omega)$ 即为频谱密度函数。通常 $X(\omega)$ 是复变函数,可以写成:

$$X(\omega) = |X(\omega)| e^{\angle X(\omega)} \tag{2-44}$$

也可以表达为:

$$X(\omega) = \mathrm{Re}(\omega) + \mathrm{Im}(\omega) \tag{2-45}$$

则

$$|X(\omega)| = \sqrt{\mathrm{Re}^2(\omega) + \mathrm{Im}^2(\omega)} \tag{2-46}$$

$$\angle X(\omega) = \arctan \frac{\mathrm{Im}(\omega)}{\mathrm{Re}(\omega)} \tag{2-47}$$

$|X(\omega)|$ 或 $|X(f)|$ 称非周期信号的幅值密度频谱或幅值谱密度,也可简称为幅值频谱,$\angle X(\omega)$ 或 $\angle X(f)$ 称为非周期信号的相位频谱,因此,$X(\omega)$ 或 $X(f)$ 是非周期信号的频谱函数。

【例 2-3】 求单个矩形脉冲(矩形窗函数)的频谱。

矩形脉冲的时域表达式为:

$$x(t) = \begin{cases} A & |t| < \dfrac{\tau}{2} \\ 0 & |t| > \dfrac{\tau}{2} \end{cases}$$

其时域波形如图 2-12(a)所示。

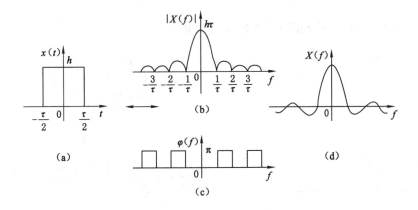

图 2-12　矩形脉冲及其频谱

解　该矩形脉冲的频谱函数为:

$$\begin{aligned} X(f) &= \int_{-\infty}^{\infty} x(t) \mathrm{e}^{-\mathrm{j}2\pi ft} \mathrm{d}t \\ &= \int_{-\frac{\tau}{2}}^{\frac{\tau}{2}} A \mathrm{e}^{-\mathrm{j}2\pi ft} \mathrm{d}t \\ &= \frac{A}{-\mathrm{j}2\pi f} (\mathrm{e}^{-\mathrm{j}\pi f\tau} - \mathrm{e}^{\mathrm{j}\pi f\tau}) \\ &= A\tau \frac{\sin \pi f\tau}{\pi f\tau} \\ &= A\tau \mathrm{sinc}(\pi f\tau) \end{aligned}$$

因 $X(f)$ 只有实部,没有虚部,故其幅值频谱函数为:

$$|X(f)| = A\tau |\sin c\pi f\tau|$$

其图形表示如图 2-12(b)所示。

其相位频谱函数为

$$\varphi(f) = \arctan \frac{0}{Ac \sin c\pi f\tau}$$

当 $\sin c\pi f\tau > 0$ 时 $\varphi(f) = 0$，当 $\sin c\pi f\tau < 0$ 时 $\varphi(f) = \pi$，其图形表示如图 2-12(c) 所示。

矩形脉冲的频谱函数 $X(f)$ 的波形如图 2-12(d) 所示。

【例 2-4】 如图 2-13 所示为一个三角脉冲函数，其函数表达式为：

$$x(t) = \begin{cases} A\left(1 - \dfrac{|t|}{T}\right), & |t| < T \\ 0, & \text{其他} \end{cases}$$

求该函数的频谱。

解 根据傅立叶变换的定义，有

$$X(\omega) = \int_{-\infty}^{\infty} x(t) \mathrm{e}^{-\mathrm{j}\omega t}\,\mathrm{d}t = \int_{-T}^{0} \left(\frac{At}{T} + A\right)\mathrm{e}^{-\mathrm{j}\omega t}\,\mathrm{d}t + \int_{0}^{T} \left(\frac{-At}{T} + A\right)\mathrm{e}^{-\mathrm{j}\omega t}\,\mathrm{d}t$$

$$= \frac{A}{T}\left\{\left[\frac{t\mathrm{e}^{-\mathrm{j}\omega t}}{\mathrm{j}\omega} - \frac{\mathrm{e}^{-\mathrm{j}\omega t}}{(\mathrm{j}\omega)^2}\right]\Big|_{-T}^{0}\right\} + \frac{A\mathrm{e}^{-\mathrm{j}\omega t}}{-\mathrm{j}\omega}\Big|_{-T}^{0} + \frac{-A}{T}\left\{\left[\frac{t\mathrm{e}^{-\mathrm{j}\omega t}}{\mathrm{j}\omega} - \frac{\mathrm{e}^{-\mathrm{j}\omega t}}{(\mathrm{j}\omega)^2}\right]\Big|_{0}^{T}\right\} + \frac{A\mathrm{e}^{-\mathrm{j}\omega t}}{-\mathrm{j}\omega}\Big|_{0}^{T}$$

$$= AT\,\mathrm{sinc}^2\left(\frac{\omega T}{2}\right)$$

其频谱如图 2-14 所示。该频谱对所有的 ω 均为非负的实数。

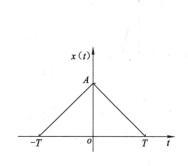

图 2-13　三角脉冲函数

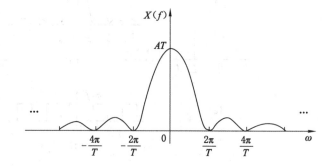

图 2-14　三角脉冲函数的频谱图

由以上非周期信号的频谱实例，可以总结出瞬变信号频谱的特点：

① 瞬变信号的频谱是连续的。

② 瞬变信号中含有从 $0 \sim \infty$ 的所有频率成分（个别点除外）。虽然周期信号也含有 $0 \sim \infty$ 的无数多个频率成分，但都是可列的，而非周期信号则是无穷多不可列的。

③ 瞬变信号的幅值频谱从总体变化趋势上看具有收敛性，即谐波的频率越高，其幅值密度就越小。这表明与周期信号一样，虽然瞬变信号在理论上具有无穷多的频率分量，但信号的主要分量都集中在低频区段上，其余的高频分量可以忽略不计。例如矩形脉冲信号在 $0 \sim 1/\tau$ 的频率段内［见图 2-12(b)］各分量的能量之和占信号总能量的 90.3%，在测试时，对此频区之外的分量可以不予考虑。

对于确定性信号而言，在理论上，首先以时域描述为依据，运用傅立叶级数（对周期信号）或傅立叶变换（对非周期信号）进行时域至频域的变换，得到频域描述；然后，再对频域描述作数学处理，从中提取幅值与相位频谱函数；最后，做出两者的图形即获得频谱图。在实际中，时域描述是由若干装置、仪器构成系统对信号进行测试得到的，还需要将所测得的时域信号输入频谱分析仪,或者将时域信号数字化,送入计算机由软件进行频谱分析,最终通过显示记录仪器输出信号的频谱图。

研究周期信号与非周期信号的频谱是很重要的。信号的频谱是我们为其选择频率特性合适的装置或仪器的必要依据,也是对测试结果进行误差分析的必要依据。因此,以上对信号频谱的研究内容与方法是测试技术的重要理论基础。

2.2.3　傅立叶变换的性质

傅立叶变换在信号的时域描述与频域描述之间架起了桥梁。在信号分析与处理的理论研究与实际工作中,经常需要运用傅立叶变换的一些性质,并涉及一些重要信号及其频谱。

1. 线性叠加性

如 $x(t) \Leftrightarrow X(f), y(t) \Leftrightarrow Y(f)$,则:

$$ax(t) + by(t) \Leftrightarrow aX(f) + bY(f)$$

式中,a、b 为常数。

这一性质可直接由傅立叶变换的计算公式简单证明。该性质说明傅立叶变换是一种线性运算,且推广到有多个信号的情况,它适用于线性装置或系统。此性质使分量和的频谱等于分量频谱之和。

2. 尺度展缩性

如 $x(t) \Leftrightarrow X(f)$,则:

$$x(kt) \Leftrightarrow \frac{1}{|k|} X\left(\frac{f}{k}\right)$$

证明　设 $k>0$,则 $x(kt)$ 的傅立叶变换为

$$F[x(kt)] = \int_{-\infty}^{\infty} x(kt) e^{-j2\pi ft} dt$$

式中,$F[\ ]$ 表示傅立叶变换,逆傅立叶变换相应地用 $F^{-1}[\ ]$ 来表示。作变量置换,设 $\tau = kt$,代入上式得:

$$F[x(kt)] = \int_{-\infty}^{\infty} x(\tau) e^{-(j2\pi f\tau/k)} d\frac{\tau}{k} = \frac{1}{k} \int_{-\infty}^{\infty} x(\tau) e^{-(j2\pi \frac{f}{k}\tau)} d\tau = \frac{1}{k} X\left(\frac{f}{k}\right)$$

若 $k<0$,则:

$$F[x(kt)] = \int_{-\infty}^{\infty} x(kt) e^{-j2\pi ft} dt = \int_{\infty}^{-\infty} x(\tau) e^{-j2\pi f\frac{\tau}{k}} d\left(\frac{\tau}{k}\right)$$

$$= -\frac{1}{k} \int_{-\infty}^{\infty} x(\tau) e^{-j2\pi \frac{f}{k}\tau} d\tau = -\frac{1}{k} X\left(\frac{f}{k}\right)$$

综合以上两种结果,有:

$$x(kt) \Leftrightarrow \frac{1}{|k|} X\left(\frac{\omega}{k}\right) \tag{2-48}$$

信号 $x(t)$ 在时间轴上没有压缩时,其频谱如图 2-15(a)所示。式(2-48)表明,若信号 $x(t)$ 在时间轴上被压缩至原信号的 $1/k$,则其频谱函数在频率轴上将展宽 k 倍,而其幅值相应地减至原信号幅值的 $1/|k|$。即若信号在时域中扩展($0<k<1$)对应于其频谱在频域中的压缩,如图 2-15(b)所示;反之,信号在时域中所占据时间的压缩($k>1$)对应于其频谱在频域中占有频带的扩展,如图 2-15(c)所示。这一性质称为尺度变换性或时频域展缩性。

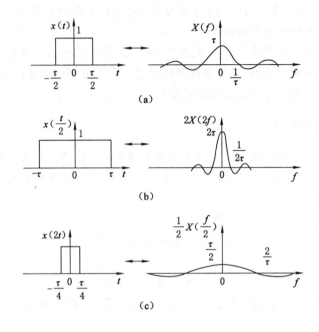

图 2-15　尺度展缩性质

3. 对称性

对称性(亦称对偶性)：若 $x(t) \Leftrightarrow X(f)$，则有

$$X(t) \Leftrightarrow x(-f) \tag{2-49}$$

证明　因为：

$$x(t) = \int_{-\infty}^{\infty} X(f) \mathrm{e}^{\mathrm{j}2\pi ft} \mathrm{d}f$$

故有：

$$x(-t) = \int_{-\infty}^{\infty} X(f') \mathrm{e}^{\mathrm{j}2\pi f't} \mathrm{d}f'$$

将上式中的变量 t 换成 f，得：

$$2\pi x(-f) = \int_{-\infty}^{\infty} X(f') \mathrm{e}^{\mathrm{j}2\pi f'f} \mathrm{d}f'$$

由于积分与变量无关，再将上式中的 f' 换为 t，于是得

$$x(-f) = \int_{-\infty}^{\infty} X(t) \mathrm{e}^{-\mathrm{j}2\pi ft} \mathrm{d}t$$

上式表明，时间函数 $X(t)$ 的傅立叶变换为 $x(-f)$。由此证明了式(2-49)。

该性质说明，若 $x(t)$ 的频谱函数为 $X(f)$，将时域函数形式更换为 $X(t)$，那么 $X(t)$ 所对应的频谱函数就具有相应的原时域函数 $X(f)$ 对纵坐标轴反转所得的 $x(-f)$ 的形式。当 $x(t)$ 为偶函数时，这种对称关系得到简化，即形状为 $X(t)$ 的时域波形的频谱必为 $x(f)$，而不必反转了。因此，矩形脉冲的频谱为 $\sin c$ 函数，而 $\sin c$ 形脉冲的频谱就为矩形函数，如图 2-16 所示。

4. 奇偶性

普通的实际信号常为时间的实函数，而其傅立叶变换 $X(f)$ 则是实变量 f 的复数函数。

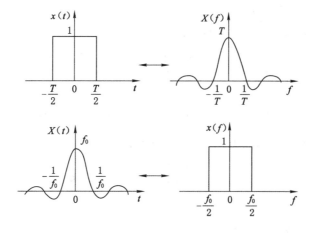

图 2-16　时域与频域函数对称性质

设 $x(t)$ 为时间 t 的实函数,由式(2-39)且根据 $\mathrm{e}^{-\mathrm{j}2\pi ft}=\cos 2\pi ft-\mathrm{j}\sin 2\pi ft$ 可得:

$$X(f)=\int_{-\infty}^{\infty}x(t)\mathrm{e}^{-\mathrm{j}2\pi ft}\mathrm{d}t=\int_{-\infty}^{\infty}x(t)\cos 2\pi ft\,\mathrm{d}t-\mathrm{j}\int_{-\infty}^{\infty}x(t)\sin 2\pi ft\,\mathrm{d}t$$

$$=\mathrm{Re}X(f)+\mathrm{j}\mathrm{Im}X(f)=|X(f)|\mathrm{e}^{\mathrm{j}\varphi(f)}$$

上式中频谱函数的实部和虚部分别为:

$$\begin{cases}\mathrm{Re}X(\omega)=\displaystyle\int_{-\infty}^{\infty}x(t)\cos 2\pi ft\,\mathrm{d}t\\[2mm]\mathrm{Im}X(\omega)=-\displaystyle\int_{-\infty}^{\infty}x(t)\sin 2\pi ft\,\mathrm{d}t\end{cases} \tag{2-50}$$

因此得出频谱函数的模和相角分别为:

$$\begin{cases}|X(f)|=\sqrt{[\mathrm{Re}X(f)]^2+[\mathrm{Im}X(f)]^2}\\[2mm]\varphi(\omega)=\arctan\dfrac{\mathrm{Im}X(f)}{\mathrm{Re}X(f)}\end{cases} \tag{2-51}$$

由式(2-50)可见,由于 $\cos 2\pi ft$ 为偶函数,而 $\sin 2\pi ft$ 为奇函数,则当 $x(t)$ 为实函数时,对于其频谱 $X(f)$ 来说有:

$$\mathrm{Re}X(f)=\mathrm{Re}X(-f),\mathrm{Im}X(f)=-\mathrm{Im}X(-f)$$

且由式(2-51)可知:

$$|X(f)|=|X(-f)|,\varphi(f)=-\varphi(-f)$$

另外,从式(2-50)还可知,若 $x(t)$ 为时间 t 的函数且为偶函数,亦即 $x(t)=x(-t)$ 时, $x(t)\sin 2\pi ft$ 便为 t 的奇函数,则有 $\mathrm{Im}X(f)=0$;相反, $x(t)\cos 2\pi ft\mathrm{d}t$ 便为 t 的偶函数,则有:

$$X(f)=\mathrm{Re}X(f)=\int_{-\infty}^{\infty}x(t)\cos 2\pi ft\,\mathrm{d}t=2\int_{0}^{\infty}x(t)\cos 2\pi f\,\mathrm{d}t$$

由此可见,若 $X(f)$ 为 f 的实偶函数。

若 $x(t)$ 为时间 t 的实函数且为奇函数,亦即 $x(t)=-x(-t)$ 时, $x(t)\cos 2\pi ft$ 便为 t 的奇函数,则有 $\mathrm{Re}X(f)=0$;相反, $x(t)\sin 2\pi ft$ 便为 t 的偶函数,则有

$$X(f)=\mathrm{j}\mathrm{Im}X(f)=-\mathrm{j}\int_{-\infty}^{\infty}x(t)\sin 2\pi ft\,\mathrm{d}t=-2\mathrm{j}\int_{0}^{\infty}x(t)\sin 2\pi ft\,\mathrm{d}t$$

由此可见，$X(f)$ 为 f 的虚奇函数。

根据定义，$x(-t)$ 的傅立叶变换可写为：

$$F[x(-t)] = \int_{-\infty}^{\infty} x(-t) \mathrm{e}^{-\mathrm{j}2\pi ft} \mathrm{d}t$$

令 $\tau = -t$，得：

$$F[x(-t)] = \int_{\infty}^{-\infty} x(\tau) \mathrm{e}^{\mathrm{j}2\pi f\tau} \mathrm{d}(-\tau) = \int_{-\infty}^{\infty} x(\tau) \mathrm{e}^{-\mathrm{j}2\pi(-f)\tau} \mathrm{d}\tau = X(-f)$$

由于 $\mathrm{Re}X(f)$ 为 f 的偶函数，而 $\mathrm{Im}X(f)$ 为 f 的奇函数，则有

$$\begin{aligned}
X(-f) &= \mathrm{Re}X(-f) + \mathrm{jIm}X(-f) \\
&= \mathrm{Re}X(f) - \mathrm{jIm}X(f) \\
&= X^*(f)
\end{aligned}$$

式中，$X^*(f)$ 为 $X(f)$ 的共轭复函数。

于是有：

$$x(-t) \Leftrightarrow X(-f) = X^*(f) \tag{2-52}$$

式(2-52)亦称傅立叶变换的反转性。

以上结论适合于 $x(t)$ 为时间 t 的实函数的情况。若 $x(t)$ 为时间 t 的虚函数，则有

$$\begin{cases}
\mathrm{Re}X(f) = -\mathrm{Re}X(-f), \mathrm{Im}X(f) = \mathrm{Im}X(-f) \\
|X(f)| = |X(-f)|, \varphi(f) = -\varphi(-f)
\end{cases} \tag{2-53}$$

$$x(-t) \Leftrightarrow X(-f) = -X^*(f) \tag{2-54}$$

5. 时移性质

如 $x(t) \Leftrightarrow X(f)$，则：

$$x(t \pm t_0) \Leftrightarrow X(f) \mathrm{e}^{\pm\mathrm{j}2\pi ft_0}$$

证明 根据傅立叶变换的定义可得：

$$F[x(t \pm t_0)] = \int_{-\infty}^{\infty} x(t \pm t_0) \mathrm{e}^{-\mathrm{j}2\pi ft} \mathrm{d}t$$

令 $u = t \pm t_0$，代入上式得：

$$F[x(t \pm t_0)] = \int_{-\infty}^{\infty} x(u) \mathrm{e}^{-\mathrm{j}2\pi f(u \mp t_0)} \mathrm{d}u = \mathrm{e}^{\pm\mathrm{j}2\pi ft_0} \int_{-\infty}^{\infty} x(u) \mathrm{e}^{-\mathrm{j}2\pi fu} \mathrm{d}u = \mathrm{e}^{\pm\mathrm{j}2\pi ft_0} X(f)$$

证毕。

这一性质表明，原先的频谱 $X(f)$ 乘以 $\mathrm{e}^{-\mathrm{j}2\pi ft_0}$ 后频谱的幅值并未受影响，但每一个频率分量则在相位上被移动一个 $(-2\pi ft_0)$ 的量。

如果信号 $x(t)$ 在时域有一时移 $\pm t_0$ 变为 $x(t \pm t_0)$，则其频谱函数相应地改变为 $X(f) \cdot \mathrm{e}^{\pm\mathrm{j}2\pi ft_0}$。这表明时域中波形的平移会引起频谱产生一个相应的线性相移 $(-2\pi ft_0)$，而对幅值频谱没有任何的影响。此性质仍可用矩形脉冲为例说明，其时域波形与频谱如图 2-17(a) 和(b)所示，当这一矩形脉冲向右时移 t_0 [见图 2-17(c)]后，其幅值频谱保持不变，而相位频谱在原相位频谱上附加一个 $-2\pi t_0 f$ 的相位角，即绕原点顺时针旋转一个角度 $-2\pi t_0 f$，如图 2-17(d)所示。

【例 2-5】 求图 2-18 所示矩形脉冲函数的频谱，该矩形脉冲宽度为 T，幅值为 A，中心位于 $t_0 \neq 0$ 的位置。

解 该函数的表达式可写为：

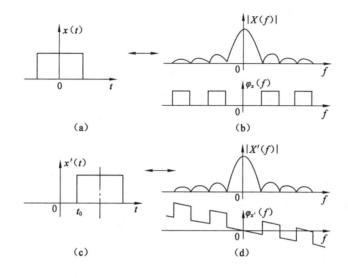

图 2-17　时移性质

$$x(t) = \begin{cases} A, & t_0 - \dfrac{T}{2} \leqslant t \leqslant t_0 + \dfrac{T}{2} \\ 0, & \text{其他} \end{cases}$$

　　它可被视为一个中心位于坐标原点的矩形脉冲时移至 t_0 点位置所形成。因此,由时移性质可得函数 $x(t)$ 的傅立叶变换为:

$$X(f) = AT\sin c(\pi fT)\mathrm{e}^{-\mathrm{j}2\pi ft_0}$$

　　由此可得它的幅频谱和相频谱分别为:

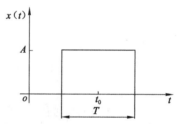

图 2-18　具有时移的矩形脉冲

$$|X(f)| = |AT\sin c(\pi ft)|$$

$$\varphi(f) = \begin{cases} -\mathrm{j}2\pi ft_0, & \sin c(\pi fT) > 0 \\ -\mathrm{j}2\pi ft_0 \pm \pi, & \sin c(\pi fT) < 0 \end{cases}$$

　　从计算结果可见,幅值谱不会因为有时移而有任何改变,时移产生的效果仅仅是相位谱增加了一个随频率呈线性变化的项。

　　6. 频移性质(亦称调制性)

　　如 $x(t) \Leftrightarrow X(f)$,则

$$x(t)\mathrm{e}^{\mp \mathrm{j}2\pi f_0 t} \Leftrightarrow X(f \pm f_0)$$

式中,f_0 为常数。

　　证明　根据定义,$x(t)\mathrm{e}^{\mp \mathrm{j}2\pi f_0 t}$ 的傅立叶变换为:

$$F[x(t)\mathrm{e}^{\mp \mathrm{j}2\pi f_0 t}] = \int_{-\infty}^{\infty} x(t)\mathrm{e}^{\mp \mathrm{j}2\pi f_0 t}\mathrm{e}^{-\mathrm{j}2\pi ft}\mathrm{d}t = \int_{-\infty}^{\infty} x(t)\mathrm{e}^{-\mathrm{j}2\pi(f \pm f_0)t}\mathrm{d}t = X(f \pm f_0)$$

亦即

$$x(t)\mathrm{e}^{\mp \mathrm{j}2\pi f_0 t} \Leftrightarrow X(f \pm f_0) \tag{2-55}$$

式(2-55)是信号调制的数学基础。

　　时域中信号乘以虚指数函数,等效于其频谱 $X(f)$ 沿频率轴平移,或者说在频域中将频

谱沿频率轴右移 f_0 等效于时域中信号乘以因子 $e^{j2\pi f_0 t}$。

【例 2-6】 设 $x(t)$ 为调制信号，$\cos 2\pi f_0 t$ 为载波信号，求两者乘积（即调制后的信号）$x(t)\cos 2\pi f_0 t$ 的频谱。

解 根据信号的线性和频移性可求得 $x(t)\cos 2\pi f_0 t$ 的频谱为

$$F[x(t)\cos 2\pi f_0 t] = F\left[x(t)\frac{e^{j2\pi f_0 t} + e^{-j2\pi f_0 t}}{2}\right]$$

$$= \frac{1}{2}F[x(t)e^{j2\pi f_0 t}] + \frac{1}{2}F[x(t)e^{-j2\pi f_0 t}]$$

$$= \frac{1}{2}[X(f+f_0) + X(f-f_0)]$$

从以上的计算结果可看出，时间信号经调制后的频谱等于将调制前原信号的频谱进行频移，使得原信号频谱的一半的中心位于 f_0 处，另一半位于 $-f_0$ 处（见图 2-19）。

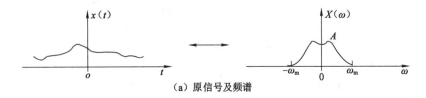

（a）原信号及频谱

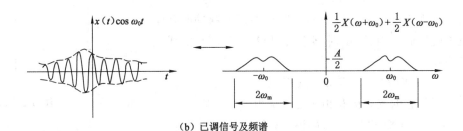

（b）已调信号及频谱

图 2-19　调制信号的频谱

类似可以得到已调制信号 $x(t)\sin 2\pi f_0 t$ 的频谱函数为：

$$F[x(t)\sin 2\pi f_0 t] = \frac{1}{2}j[X(f+f_0) - X(f-f_0)]$$

信号的频移性被广泛应用在各类电子系统中，如调幅、同步解调等技术都是以频移特性为基础实现的。

【例 2-7】 时域中的运算可用图 2-20 所示的一个乘法器来实现。调制信号 $x(t)$ 与载波信号 $\cos 2\pi f_0 t$ 或 $\sin 2\pi f_0 t$ 相乘，得到高频已调制信号 $y(t)$，其中 $y(t)=x(t)\cos 2\pi f_0 t$。

建立在频移性质上的频谱搬移技术在测试系统和通信系统中被广泛应用，诸如调幅、同步解调、变频等过程都是在频谱搬移的原理上完成的。实际中，频谱搬移是通过将时移信号 $x(t)$ 乘以物理上能够产生的 $\cos 2\pi f_0 t$ 或 $\sin 2\pi f_0 t$ 来实现的。

7. 时域微分和积分

如果有 $x(t) \Leftrightarrow X(f)$，则

$$\frac{dx(t)}{dt} \Leftrightarrow j2\pi f X(f) \tag{2-56}$$

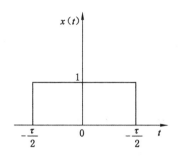 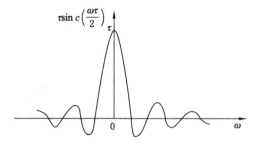

（a）窗函数及其频谱

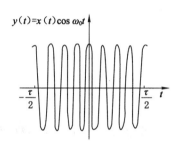 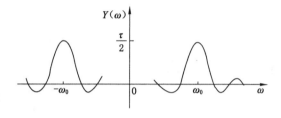

（b）已调信号及其频谱

图 2-20　频移实现原理

以及

$$\int_{-\infty}^{t} x(t)\,\mathrm{d}t \Leftrightarrow \mathrm{j}\,\frac{1}{2\pi f}X(f) \tag{2-57}$$

条件是 $X(0)=0$。

证明　因为

$$x(t) = \int_{-\infty}^{\infty} X(f)\mathrm{e}^{\mathrm{j}2\pi ft}\,\mathrm{d}t$$

故

$$\frac{\mathrm{d}x(t)}{\mathrm{d}t} = \int_{-\infty}^{\infty} X(f)\mathrm{j}\,\frac{1}{2\pi f}\mathrm{e}^{\mathrm{j}2\pi ft}\,\mathrm{d}t$$

上式意味着

$$\frac{\mathrm{d}x(t)}{\mathrm{d}t} \Leftrightarrow \mathrm{j}2\pi f X(f)$$

重复上述求导过程,则可得到 n 阶微分的傅立叶变换公式,即

$$\frac{\mathrm{d}x^{n}(t)}{\mathrm{d}t^{n}} \Leftrightarrow (\mathrm{j}2\pi f)^{n}X(f) \tag{2-58}$$

设函数 $g(t)$ 为

$$g(t) = \int_{-\infty}^{t} x(t')\,\mathrm{d}t'$$

其傅立叶变换为 $G(f)$。由于

$$\frac{\mathrm{d}g(t)}{\mathrm{d}t} = x(t)$$

利用式(2-56)可得：

$$j2\pi f G(f) = X(f)$$

或

$$G(\omega) = \frac{1}{j2\pi f}X(f)$$

亦即：

$$\int_{-\infty}^{t} x(t)\mathrm{d}t \Leftrightarrow \frac{1}{j2\pi f}X(f)$$

推导过程中要注意的是，对于 $g(t)$ 来说，要想具有傅立叶变换 $G(f)$，则 $G(f)$ 必须存在。因此其条件是：

$$\lim_{t\to\infty} g(t) = 0$$

这意味着：

$$\int_{-\infty}^{\infty} x(t)\mathrm{d}t = 0$$

上式等价于 $X(0)=0$，因为：

$$X(f)_{f=0} = \int_{-\infty}^{\infty} x(t)\mathrm{d}t$$

若 $X(0)\neq 0$，那么 $g(t)$ 不再为能量函数，而 $g(t)$ 的傅立叶变换便包括一个冲激函数，即

$$\int_{-\infty}^{t} x(t)\mathrm{d}t \Leftrightarrow \frac{1}{j2\pi f}X(f) + \pi X(0)\delta(f)$$

8. 频域微分和积分

如果有 $x(t) \Leftrightarrow X(f)$，则

$$-j2\pi t x(t)\mathrm{d}t \Leftrightarrow \frac{\mathrm{d}X(f)}{\mathrm{d}f} \tag{2-59}$$

进而可扩展为：

$$(-j2\pi t)^n x(t)\mathrm{d}t \Leftrightarrow \frac{\mathrm{d}^n X(f)}{\mathrm{d}f^n} \tag{2-60}$$

和

$$\pi x(0)\delta(t) + \frac{1}{-j2\pi t}x(t) \Leftrightarrow \int_{-\infty}^{\infty} X(f)\mathrm{d}f \tag{2-61}$$

式中：

$$x(0) = \int_{-\infty}^{\infty} X(f)\mathrm{d}f$$

若 $x(0)=0$，则有：

$$\frac{x(t)}{-j2\pi t} \Leftrightarrow \int_{-\infty}^{\infty} X(f)\mathrm{d}f \tag{2-62}$$

以上的证明与时域微分和积分公式的证明类似，此处从略。

2.2.4 卷积定理

卷积积分在测试中是一个很重要的概念，是一种表征时不变线性系统输入输出关系的特别有效的手段，但进行卷积积分有时不太容易。而将时域的卷积积分转换为频域中的一种相对应的运算则可避免原有的卷积运算，卷积定理是一条十分有用的定理。在此首先需要对卷积的有关内容作些必要的介绍。

卷积定义：积分式 $\int_{-\infty}^{\infty} x(\tau)y(t-\tau)\mathrm{d}\tau$ 称为函数 $x(t)$ 和 $y(t)$ 的卷积积分，简称卷积，以符号 $x(t) * y(t)$ 表示，即

$$x(t) * y(t) = \int_{-\infty}^{\infty} x(\tau)y(t-\tau)\mathrm{d}\tau \tag{2-63}$$

下面以如图 2-21 所示的例子，说明卷积积分式(2-63)实现的步骤。

① 换元。将函数 $x(t)$、$y(t)$ 中的自变量 t 换为 τ，成为 $x(\tau)$、$y(\tau)$，见图 2-21(a)。

② 反转。将 $y(\tau)$ 绕纵轴坐标反转，使之成为 $y(-\tau)$，即变成相对于坐标纵轴的镜像，见图 2-21(b)。

③ 时移。将 $y(-\tau)$ 沿时间轴平移成为 $y(t-\tau)$，见图 2-21(c)。

④ 相乘。将时移后的函数 $y(t-\tau)$ 与 $x(\tau)$ 相乘，得 $x(\tau)\,y(t-\tau)$，见图 2-21(d)。

⑤ 积分。对乘积函数 $x(\tau)\,y(t-\tau)$ 求积分 $\int_{-\infty}^{\infty} x(\tau)y(t-\tau)\mathrm{d}\tau$，在图 2-21(d) 中就是求 $x(\tau)\,y(t-\tau)$ 曲线下阴影部分的面积。这一积分值或阴影的面积就是对应于时移 t 时刻的卷积值；随着时移量 t 的变化，便求出不同时移 t 值下的卷积值，也是以 t 为自变量的函数，如图 2-21(e) 所示。

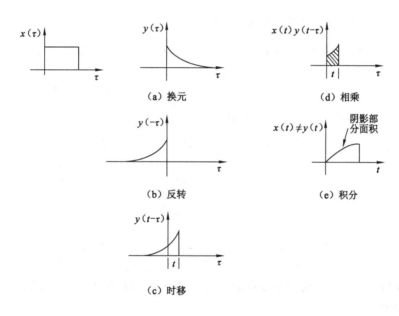

图 2-21　卷积图解

许多情况下，卷积积分在时域中用积分的方法计算有困难，这时可以利用傅立叶变换，转换到频域中去求解，将会使运算得以简化。卷积定理说明的是时域中的卷积运算对应于频域中的乘法运算。卷积定理如下：

如

$$x(t) \Leftrightarrow X(f), y(t) \Leftrightarrow Y(f)$$

则

$$x(t) * y(t) \Leftrightarrow X(f)Y(f) \tag{2-64}$$

$$x(t)y(t) \Leftrightarrow X(f) * Y(f) \tag{2-65}$$

式(2-64)称为时域卷积,式(2-65)称为频域卷积,证明如下。

根据卷积积分的定义,有:

$$x(t) * y(t) = \int_{-\infty}^{\infty} x(\tau)y(t-\tau)\mathrm{d}\tau \tag{2-66}$$

其傅立叶变换为:

$$
\begin{aligned}
F[x(t) * y(t)] &= \int_{-\infty}^{\infty} \left[\int_{-\infty}^{\infty} x(\tau)y(t-\tau)\mathrm{d}\tau \right] \mathrm{e}^{-\mathrm{j}2\pi ft}\mathrm{d}t \\
&= \int_{-\infty}^{\infty} x(\tau) \left[\int_{-\infty}^{\infty} y(t-\tau)\mathrm{e}^{-\mathrm{j}2\pi ft}\mathrm{d}t \right]\mathrm{d}\tau
\end{aligned}
$$

由时移性知:

$$\int_{-\infty}^{\infty} y(t-\tau)\mathrm{e}^{-\mathrm{j}2\pi ft}\mathrm{d}t = Y(f)\mathrm{e}^{-\mathrm{j}2\pi f\tau}$$

代入上式得:

$$F[x(t) * y(t)] = \int_{-\infty}^{\infty} x(\tau)Y(f)\mathrm{e}^{-\mathrm{j}2\pi ft}\mathrm{d}\tau = Y(f)\int_{-\infty}^{\infty} x(\tau)\mathrm{e}^{-\mathrm{j}2\pi ft}\mathrm{d}\tau = Y(f) \cdot X(f)$$

证毕。

考虑 $H(f) * X(f)$ 的逆傅立叶变换,有:

$$
\begin{aligned}
F^{-1}[H(f) * X(f)] &= \int_{-\infty}^{\infty} \left[\int_{-\infty}^{\infty} X(u)Y(f-u)\mathrm{d}u \right]\mathrm{e}^{\mathrm{j}2\pi ft}\mathrm{d}f \\
&= \int_{-\infty}^{\infty} X(u) \int_{-\infty}^{\infty} Y(f-u)\mathrm{e}^{\mathrm{j}2\pi ft}\mathrm{d}u\mathrm{d}f
\end{aligned}
$$

令 $v = f - u$,则 $\mathrm{d}v = \mathrm{d}f$, $f = v + u$,有:

$$
\begin{aligned}
F^{-1}[Y(f) * X(f)] &= \int_{-\infty}^{\infty} X(u) \int_{-\infty}^{\infty} Y(v)\mathrm{e}^{\mathrm{j}2\pi(v+u)t}\mathrm{d}v\mathrm{d}u \\
&= \int_{-\infty}^{\infty} X(u)\mathrm{e}^{\mathrm{j}2\pi ut}\mathrm{d}u \cdot \int_{-\infty}^{\infty} Y(v)\mathrm{e}^{\mathrm{j}2\pi vt}\mathrm{d}v \\
&= x(t) \cdot y(t)
\end{aligned}
$$

【例 2-8】 求三角形脉冲 $x(t) = \begin{cases} A\left(1 - \dfrac{|t|}{T}\right), & |t| < T \\ 0, & \text{其他} \end{cases}$ 的频谱。

解 在例 2-4 中利用傅立叶变换的定义求过三角形脉冲的频谱,本题利用卷积定理来求取它的频谱。

用两个完全相同的矩形脉冲函数的卷积可得到一个三角形脉冲。这里可将矩形脉冲函数的宽度选为 τ,幅度为 $\sqrt{\dfrac{A}{\tau}}$,亦即构筑一个矩形脉冲函数 $x_1(t)$,使得:

$$x_1(t) = \begin{cases} \sqrt{\dfrac{A}{\tau}}, & -\dfrac{\tau}{2} \leqslant t \leqslant \dfrac{\tau}{2} \\ 0, & \text{其他} \end{cases}$$

这样,两个矩形脉冲函数 $x_1(t)$ 作卷积便可得到三角形脉冲 $x(t)$,如图 2-22(a)所示,读者可根据卷积的定义自行验证。相应的频域表示,如图 2-22(b)所示。

根据例题 2-3 中的关系式,有:

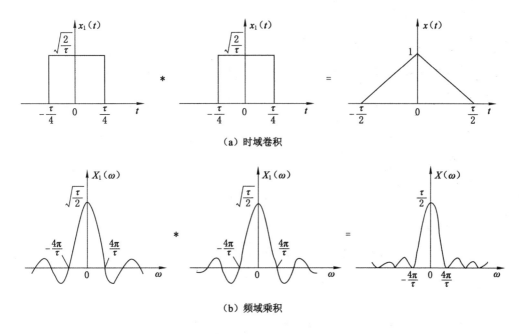

（a）时域卷积

（b）频域乘积

图 2-22　用卷积定理求取三角脉冲的频谱

$$x_1(t) \Leftrightarrow \sqrt{A\tau} \sin c(\pi f \tau)$$

根据时域卷积定理公式(2-64)可直接得到三角形脉冲函数 $x(t)$ 的频谱为：

$$X(f) = F[x(t)] = F[x_1(t) * x_1(t)] = X_1(f)X_1(f)$$

$$= [\sqrt{A\tau} \sin c(\pi f \tau)]^2 = A\tau \sin c^2(\pi f \tau)$$

卷积积分有以下几种重要的性质，掌握它们有助于简化信号的分析。

卷积的代数运算。

① 交换率

$$x_1(t) * x_2(t) = x_2(t) * x_1(t)$$

证明　由式(2-66)有：

$$x_1(t) * x_2(t) = \int_{-\infty}^{\infty} x_1(\tau) \cdot x_2(t-\tau) \mathrm{d}\tau$$

将变量 τ 换为 $t-u$，上式变为：

$$x_1(t) * x_2(t) = \int_{\infty}^{-\infty} x_1(t-u) \cdot x_2(u) \mathrm{d}(-u)$$

$$= \int_{-\infty}^{\infty} x_2(u) \cdot x_1(t-u) \mathrm{d}u = x_2(t) * x_1(t)$$

② 分配律

$$x_1(t) * [x_2(t) + x_3(t)] = x_1(t) * x_2(t) + x_1(t) * x_3(t) \tag{2-67}$$

上式可由卷积定义直接导出。

③ 结合律

$$[x_1(t) * x_2(t)] * x_3(t) = x_1(t) * [x_2(t) * x_3(t)] \tag{2-68}$$

证明

$$[x_1(t) * x_2(t)] * x_3(t) = \int_{-\infty}^{\infty} \left[\int_{-\infty}^{\infty} x_1(\tau) x_2(u-\tau) d\tau \right] x_3(t-u) du$$

交换上式积分次序,并将 $u-\tau$ 置换为 v,得:

$$[x_1(t) * x_2(t)] * x_3(t) = \int_{-\infty}^{\infty} x_1(\tau) \left[\int_{-\infty}^{\infty} x_2(u-\tau) x_3(t-u) du \right] d\tau$$

$$= \int_{-\infty}^{\infty} x_1(\tau) \left[\int_{-\infty}^{\infty} x_2(v) x_3(t-\tau-v) dv \right] d\tau$$

$$= \int_{-\infty}^{\infty} x_1(\tau) x_{23}(t-\tau) d\tau = x_1(t) * [x_2(t) * x_3(t)]$$

式中:

$$x_{23}(t-\tau) = \int_{-\infty}^{\infty} x_2(v) x_3(t-\tau-v) dv$$

令 $t-\tau = t'$,则有:

$$x_{23}(t-\tau) = x_{23}(t') = \int_{-\infty}^{\infty} x_2(v) x_3(t'-v) dv$$

$$= x_2(t') * x_3(t')$$

亦即

$$x_{23}(t-\tau) = x_2(t) * x_3(t)$$

2.2.5 几种重要信号的傅立叶变换

在前面研究傅立叶变换存在的条件时曾指出,并非所有的函数均具有傅立叶变换,只有那些满足狄利克雷条件的信号才具有傅立叶变换。常见的信号均满足狄利克雷条件,亦即它们在区间 $(-\infty, +\infty)$ 是可积的,因此存在傅立叶变换。然而,有些十分有用的信号如正弦函数、单位阶跃函数等却不是绝对可积的,亦即它们不满足:

$$\int_{-\infty}^{\infty} x^2(t) dt < 0$$

但可以利用单位脉冲函数(δ 函数)和某些高阶的奇异函数的傅立叶变换来实现这些函数的傅立叶变换。上述的这一类信号称为功率信号,即前面讲述信号分类时所提到的有限平均功率信号,它们在 $(-\infty, +\infty)$ 区域上的能量可能趋近于无穷,但它们的功率是有限的,即满足:

$$P = \lim_{T \to \infty} \frac{1}{T} \int_{-T/2}^{T/2} x^2(t) dt < \infty$$

前面已研究了几种特殊的能量信号,如矩形脉冲、三角形脉冲等的傅立叶变换,这里着重介绍几种典型的功率信号的傅立叶变换。

1. 单位脉冲信号 $\delta(t)$ 的傅立叶变换

单位脉冲信号是一个广义函数,其定义为:

$$\delta(t) = \begin{cases} \infty, & t = 0 \\ 0, & t \neq 0 \end{cases} \quad \text{且} \quad \int_{-\infty}^{\infty} \delta(t) dt = 1$$

$\delta(t)$ 函数如图 2-23 所示,该函数在其作用的瞬时函数值为无穷大,而在其余时间函数值为 0。

图 2-23 单位脉冲信号

单位脉冲信号具有如下特性：

（1）抽样特性

任意信号 $x(t)$ 与 $\delta(t)$ 相乘的广义积分等于此信号在零点处的函数值 $x(0)$，即：

$$\int_{-\infty}^{\infty} x(t)\delta(t)\mathrm{d}t = x(0) \tag{2-69}$$

任意信号与具有向左或向右时移 t_0 的单位脉冲信号 $\delta(t \pm t_0)$ 乘积的广义积分等于在 t_0 点处的函数值 $x(t_0)$，即：

$$\int_{-\infty}^{\infty} x(t)\delta(t \pm t_0)\mathrm{d}t = x(\mp t_0) \tag{2-70}$$

借助于 $\delta(t)$，通过以上运算可以将任一信号在任一点处的函数值抽样出来。

（2）卷积特性

任意信号 $x(t)$ 与 $\delta(t)$ 的卷积仍是此信号本身。即：

$$x(t) * \delta(t) = x(t) \tag{2-71}$$

证明

$$x(t) * \delta(t) = \delta(t) * x(t)$$
$$= \int_{-\infty}^{\infty} x(\tau)\delta(t - \tau_0)\mathrm{d}\tau = x(t)$$

任意信号 $x(t)$ 与向左或向右时移 t_0 的单位脉冲函数 $\delta(t \pm t_0)$ 的卷积是该信号的时移 $x(t \pm t_0)$，有：

$$x(t) * \delta(t \pm t_0) = \delta(t - t_0) * x(t) = x(t \pm t_0) \tag{2-72}$$

这一性质的几何解释是：一个信号与位于时间轴上任一点的单位脉冲信号卷积，其结果是将该信号原样平移到脉冲所在的时轴点上，如图 2-24 所示。

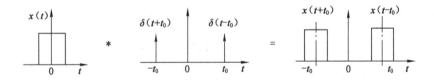

图 2-24　任意信号与 $\delta(t)$ 的卷积

（3）均匀频谱

$\delta(t)$ 是一非周期函数，由傅立叶变换及单位脉冲信号的抽样特性求得其频谱函数：

$$\Delta(f) = \int_{-\infty}^{\infty} \delta(t)\mathrm{e}^{-\mathrm{j}2\pi ft}\mathrm{d}t = \mathrm{e}^{-\mathrm{j}2\pi f \cdot 0} = 1$$
$$\delta(t) \Leftrightarrow 1 \tag{2-73}$$

可见单位脉冲信号的频谱为常数，其频谱包含了 $(-\infty, \infty)$ 所有频率成分，且都具有等强度的连续频谱，即均匀频谱，频谱图如图 2-25 所示。

根据傅立叶变换的时域对称性质，可以得到频域的单位脉冲函数（在 $f=0$ 处的脉冲谱线），所对应的时域函数是 1，即幅值为 1 的直流量。

$$1 \Leftrightarrow \delta(t) \tag{2-74}$$

对线性系统来说，在单位脉冲输入时，其输出中必定包含有对所有频率的响应。$\delta(t)$ 频谱的均匀性在各种机械结构的动态性能试验中得到广泛的应用。工程中，两个刚体相互碰

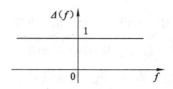

图 2-25 单位脉冲信号的频谱

撞的时候,冲击力具有 $\delta(t)$ 函数的性质,所以我们经常使用钢球或榔头来敲击机械结构,这时机械结构就承受一个具有 $\delta(t)$ 函数性质的冲击力 $f(t)$,在此冲击力的作用下,机械结构的各部分会相应地产生振动,此振动中含有在一定频率宽度上对各频率激振分力的响应。如果我们测出了此振动响应,就知道了机械结构的频率特性,这就是我们通常所说的脉冲激振试验法。

利用傅立叶变换的时移定理还可得到时移单位脉冲函数 $\delta(t-t_0)$ 的傅立叶变换,即

$$\delta(t-t_0) \Longleftrightarrow e^{-j2\pi ft_0}$$

如图 2-26 所示,$\delta(t-t_0)$ 的傅立叶变换对所有的 ω 具有单位幅值以及一个线性相位。

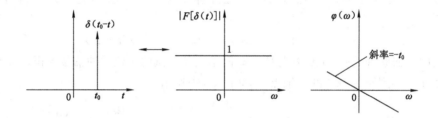

图 2-26 $\delta(t-t_0)$ 及其傅立叶变换

利用对称性,又可得到以下的傅立叶变换对:

$$e^{-j2\pi f_0 t} \Longleftrightarrow \delta(f-f_0) \tag{2-75}$$

$$1 \Longleftrightarrow \delta(f) \tag{2-76}$$

如图 2-27 所示,常数 1 的傅立叶变换是一个位于坐标原点、面积等于 1 的单位脉冲。

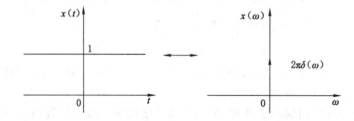

图 2-27 常数 1 及其傅立叶变换

2. 正余弦信号的傅立叶变换

余弦信号的傅立叶变换,由欧拉公式:

$$\cos 2\pi f_0 t = \frac{1}{2}\left[e^{j2\pi f_0 t} + e^{-j2\pi f_0 t}\right]$$

对等号两侧求傅立叶变换：

$$F[\cos 2\pi f_0 t] = \frac{1}{2}F[e^{j2\pi f_0 t}] + \frac{1}{2}F[e^{-j2\pi f_0 t}] \tag{2-77}$$

并根据傅立叶变换的频移性质 $e^{j\omega_0 t} \Leftrightarrow \delta(f-f_0)$，可得：

$$F[\cos 2\pi f_0 t] = \frac{1}{2}\left[\delta(f+f_0) + \delta(f-f_0)\right] \tag{2-78}$$

同理可得正弦信号的傅立叶变换：

$$F[\sin 2\pi f_0 t] = \frac{j}{2}\left[\delta(f+f_0) - \delta(f-f_0)\right] \tag{2-79}$$

两者的频谱图如图 2-28 所示。

需要指出的是，在前面讨论傅立叶变换的频移时曾涉及对 $x(t)\cos 2\pi f_0 t$ 傅立叶变换的计算积定理，现根据余弦信号的傅立叶变换计算式来计算上述变换，有：

$$F[x(t)\cos 2\pi f_0 t] = X(f) * \frac{1}{2}\left[\delta(f+f_0) + \delta(f-f_0)\right]$$

$$= \frac{1}{2}\left[X(f+f_0) + X(f-f_0)\right]$$

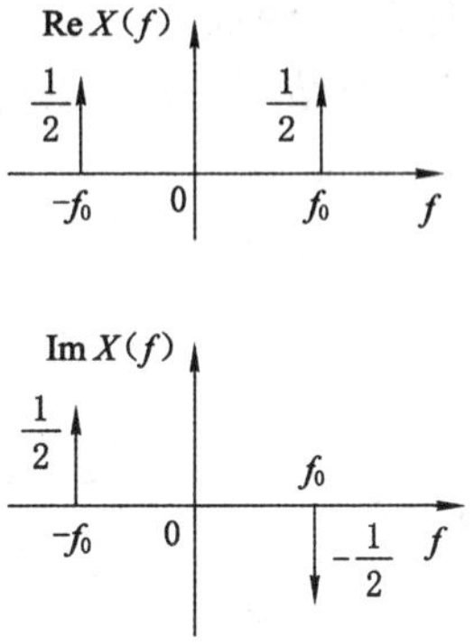

3. 周期单位脉冲信号的频谱

周期单位脉冲信号 $p(t)$ 如图 2-29 所示，其时域表达式为

图 2-28　余弦和正弦信号的频谱

$$p(t) = \sum_{n=-\infty}^{\infty} \delta(t-nT_s) \qquad (n = 0, \pm 1, \pm 2, \cdots)$$

式中，T_s 周期脉冲的周期。

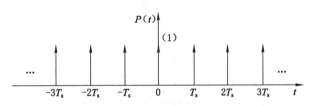

图 2-29　周期单位脉冲

$p(t)$ 是周期信号，所以可以由傅立叶级数展开为：

$$p(t) = \sum_{n=-\infty}^{\infty} C_n e^{jn\omega_s t} \tag{2-80}$$

由式 (2-18) 得：

$$C_n = \frac{1}{T_s}\int_{-\frac{T_s}{2}}^{\frac{T_s}{2}} p(t) e^{-jn\omega_s t}\,dt$$

$$= \frac{1}{T_s}\int_{-\frac{T_s}{2}}^{\frac{T_s}{2}} \delta(t) e^{-jn\omega_s t}\,dt \qquad \left(在 -\frac{T_s}{2} \sim \frac{T_s}{2} \ 内只有一个 \ \delta(t)\right)$$

$$= \frac{1}{T_s} = f_s$$

将上式代入式(2-80),得到 $p(t)$ 的表达式为:

$$p(t) = \frac{1}{T_s} \sum_{n=-\infty}^{\infty} e^{jn2\pi f_s t} \qquad (2\text{-}81)$$

根据傅立叶变换的频移特性可求得它的频谱:

$$P(f) = \frac{1}{T_s} \sum_{n=-\infty}^{\infty} \delta(f - nf_s) = \frac{1}{T_s} \sum_{n=-\infty}^{\infty} \delta\left(f - n\frac{1}{T_s}\right)$$

$$n = 0, \pm 1, \pm 2, \cdots \qquad (2\text{-}82)$$

周期单位脉冲信号的频谱图如图 2-30 所示。可见,按 $P(f)$ 作出的周期单位脉冲信号的频谱仍然是一个周期脉冲,其频域周期 f_s 为时域周期 T_s 的倒数,各脉冲的强度也为时域周期 T_s 的倒数。周期脉冲序列函数是一个十分有用的函数,常用在对时域波形的采样中。表 2-3 总结了一些常见信号的傅立叶变换。

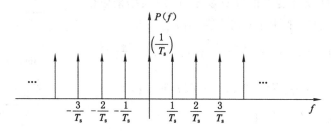

图 2-30 周期单位脉冲信号的频谱图

表 2-3 常见信号的傅立叶变换

序号	原函数 $x(t)$	傅立叶变换 $X(f)$	序号	原函数 $x(t)$	傅立叶变换 $X(f)$
1	$k\delta(t)$	k	4	$\sin 2\pi f_0 t$	$\frac{1}{2}j[\delta(f+f_0) - \delta(f-f_0)]$
2	k	$k\delta(f)$	5	$e^{j2\pi f_0 t}$	$\delta(f-f_0)$
3	$\cos 2\pi f_0 t$	$\frac{1}{2}[\delta(f+f_0) + \delta(f-f_0)]$	6	$\sum_{n=-\infty}^{\infty} \delta(t-nT_0)$	$\sum_{n=-\infty}^{\infty} \frac{1}{T_s} \sum_{n=-\infty}^{\infty} \delta\left(f - n\frac{1}{T_s}\right)$

2.3 随机信号的时域统计分析

2.3.1 概述

在信号分类中已经指出,随机信号是不能用确定的数学关系式来描述的信号,不能预测其未来任何时刻的瞬时值,任何一次观测值只代表在其变化范围中可能产生的结果之一,但其量值的变动服从统计规律。随机信号必须用概率和统计的方法描述。

随机信号是一类十分重要的信号,因为按照信息论的基本原理,只有那些具有随机行为的信号才能传递信息,随机信号之所以重要还在于经常需要排除随机干扰的影响或辨识和测量出淹没在强噪声环境中的、以微弱信号的形式所表现出的各种现象。一般来说,信号总是受环境噪声所污染的。前面所研究过的确定性信号仅仅是在一定条件下所出现的特殊情况,或是在忽略某些次要的随机因素后抽象出的模型。因此,研究随机信号具有更普遍和现实的意义。

一个被观察到的随机信号必须被视为是由所有能被同一现象或随机过程所产生的相似信号形成的一个集(或总体)的一种特殊的试验实现。假设将随机信号各次长时间观测记录称为样本函数,记作 $x_i(t)$;在有限时间区间 T 上的样本函数称为样本记录(见图 2-31)。那么在同一试验条件下,所有样本函数的集合就是随机过程,记作 $\{x(t)\}$(见图 2-32 所示),即

$$\{x(t)\} = \{x_1(t), x_2(t), \cdots, x_i(t), \cdots, x_N(t)\}$$

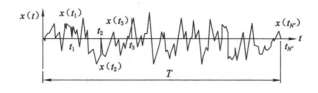

图 2-31　随机信号的一个样本函数

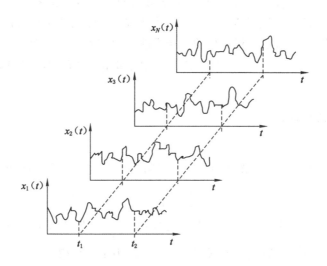

图 2-32　随机过程与样本函数

随机过程并非无规律可循。事实上,只要能获得足够多和足够长的样本函数(即时间历程记录),便可求得其概率意义上的统计规律。常用的统计特征参数有均值、均方值、方差、概率密度函数、概率分布函数和功率谱密度函数等,这些特征参数均是按照集合平均来计算的,即并不是沿某个样本函数的时间轴来进行的,而是在集中的某个时刻对所有的样本函数的观测值取平均。

集合平均:将集合中所有样本函数对同一时刻 t_i 的观测值取平均。例如对某个随机过程在时刻 t_i 上的集合平均值为:

$$\mu_x(t_i) = \lim_{N \to \infty} \frac{1}{N} \sum_{i=1}^{N} x_i(t_i)$$

时间平均：按单个样本的时间历程进行平均计算。

随机过程的各种统计特征按集合平均来计算。

随机过程分平稳过程和非平稳过程。若统计特征参数不随时间变化，或者说不随时间原点的选取而变化的随机过程称为平稳随机过程，反之则称为非平稳随机过程。平稳随机过程的平稳性反映在观测记录，即样本曲线方面的特点是：随机过程的所有样本曲线都在某一水平直线周围随机波动。日常生活中的例子如热噪声电压过程、船舶的颠簸、地质勘探时在某地点的振动过程、照明用电网中电压的波动以及各种噪声和干扰等在工程界均被认为是平稳的。平稳过程是很重要、很基本的一类随机过程，工程中遇到的许多过程都可认为是平稳的。

在平稳随机过程中，若任意单个样本函数的时间平均统计特征等于该过程的集合平均统计特征，这样的平稳随机过程称为各态历经随机过程。随机过程的这种性质称为各态历经性，亦称遍历性。工程上遇到的许多随机信号具有各态历经性，有的虽不是严格的各态历经过程，但可以当作各态历经随机过程来处理。对于一般的随机过程，常需要取得足够多的样本才能对它们进行描述。而要取得这么多的样本函数则需要进行大量的观测，实际上往往不可能做到这一点。因此在测试工作中常把对象的随机过程按各态历经过程来处理，从而可采用有限长度的样本记录的观测来推断、估计被测对象的整个随机过程，以其时间平均来估算其集合平均。诚然，在进行这样的工作之前必须首先对一个随机过程进行检验，看其是否满足各态历经的条件。本书以后的讨论中，所谓的随机信号如无特殊说明均指各态历经的随机信号。

2.3.2 随机信号的统计特征

（1）均值

随机信号的均值是样本记录 $x(t)$ 在整个时间坐标上的积分再平均，即有：

$$\mu_x = \lim_{T \to \infty} \frac{1}{T} \int_0^T x(t) \mathrm{d}t \tag{2-83}$$

均值 μ_x 的物理含义是随机信号变化的中心趋势，即静态分量或直流分量。在实际中，取时间坐标上的有限长均值的估计 $\hat{\mu}_x$ 来代替均值 μ_x，$\hat{\mu}_x$ 由下式求得：

$$\hat{\mu}_x = \frac{1}{T} \int_0^T x(t) \mathrm{d}t \tag{2-84}$$

（2）均方值

均方值及其估计由下式表达：

$$\Psi_x^2 = \lim_{T \to \infty} \frac{1}{T} \int_0^T x^2(t) \mathrm{d}t \tag{2-85}$$

估计值：

$$\hat{\Psi}_x^2 = \frac{1}{T} \int_0^T x^2(t) \mathrm{d}t \tag{2-86}$$

它是 $x(t)$ 平方的均值，反映了信号的强度或功率。

均方值的算术平方根称为均方根值 x_{rms}，又称有效值。它也是信号的平均能量（功率）

的一种表达方式。可以将随机信号的均值、均方值和均方根值的概念推广至周期信号,只要将公式中的 T 仅取为一个周期的长度进行计算就完全可以反映周期信号的有关信息。

（3）方差

随机信号方差的定义:

$$\sigma_x^2 = \lim_{T\to\infty} \frac{1}{T} \int_0^T [x(t) - \mu_x]^2 \mathrm{d}t \tag{2-87}$$

估计值:

$$\hat{\sigma}_x^2 = \frac{1}{T} \int_0^T [x(t) - \mu_x]^2 \mathrm{d}t \tag{2-88}$$

由上式可看出方差是去除了均值后的均方值,反映信号幅值相对于均值的分散程度。将上式的积分展开为各项之和,利用概率计算公式运算后可得下式:

$$\sigma_x^2 = \Psi_x^2 - \mu_x^2 \tag{2-89}$$

它反映了均值、均方值和方差三者的关系。另外,均方值 Ψ_x^2 的平方根称为均方根值 x_{rms}。

当 $\mu_x = 0$ 时,有:

$$\sigma_x^2 = \Psi_x^2, \sigma_x = x_{\mathrm{rms}} \tag{2-90}$$

（4）概率密度函数和概率分布函数

概率密度函数是指一个随机信号的瞬时值落在指定区间 $(x, x+\Delta x)$ 内的概率对 Δx 比值的极限值。如图 2-33 所示,在观察时间长度 T 的范围内,随机信号 $x(t)$ 的瞬时值落在 $(x, x+\Delta x)$ 区间内的总时间和为:

$$T_x = \Delta t_1 + \Delta t_2 + \cdots + \Delta t_n = \sum_{i=1}^{n} \Delta t_i \tag{2-91}$$

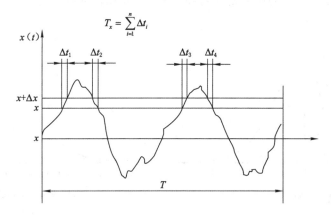

图 2-33　概率密度函数的物理解释

当样本函数的观察时间 $T\to\infty$ 时,T/T_x 的极限值称为随机信号 $x(t)$ 在 $(x, x+\Delta x)$ 区间内的概率,即有:

$$P[x < x(t) \leqslant x+\Delta x] = \lim_{T\to\infty} \frac{T_x}{T} \tag{2-92}$$

概率密度函数 $p(x)$ 则定义为:

$$p(x) = \lim_{\Delta x \to 0} \frac{P[x < x(t) \leqslant x + \Delta x]}{\Delta x} = \lim_{\substack{\Delta x \to 0 \\ T \to \infty}} \frac{T_x/T}{\Delta x} \tag{2-93}$$

若随机过程变量 x 的概率密度函数具有如下经典高斯形式,即

$$p(x) = \frac{1}{\sqrt{2\pi}\sigma_x} \exp\left[-\frac{(x - \mu_x)^2}{2\sigma_x^2}\right], \quad -\infty < x < +\infty \tag{2-94}$$

则称该过程为高斯分布或正态分布,许多工程振动过程均十分接近于正态分布。

概率分布函数 $P(x)$ 表示随机信号的瞬时值低于某一给定值 x 的概率,即

$$P(x) = P[x(t) \leqslant x] = \lim \frac{T'_x}{T} \tag{2-95}$$

式中,T'_x 为 $x(t)$ 值小于或等于 x 的总时间。

概率密度函数与概率分布函数间的关系为:

$$p(x) = \lim_{\Delta x \to 0} \frac{P(x + \Delta x) - P(x)}{\Delta x} = \frac{\mathrm{d}P(x)}{\mathrm{d}x} \tag{2-96}$$

$$P(x) = \int_{-\infty}^{\infty} p(x)\mathrm{d}x \tag{2-97}$$

$x(t)$ 的值落在区间 (x_1, x_2) 内的概率为:

$$P[x_1 < x(t) \leqslant x_2] = \int_{x_1}^{x_2} p(x)\mathrm{d}x = P(x_2) - P(x_1) \tag{2-98}$$

对于式(2-96)所表示的正态分布,随机变量 x 的分布函数为:

$$P(x) = \int_{-\infty}^{\infty} p(x)\mathrm{d}x = \frac{1}{\sqrt{2\pi}\sigma_x} \int_{-\infty}^{\infty} \mathrm{e}^{-\frac{(t - \mu_x)^2}{2\sigma_x^2}} \mathrm{d}t \tag{2-99}$$

图 2-34 所示出正态分布的概率密度函数和概率分布函数的图形。

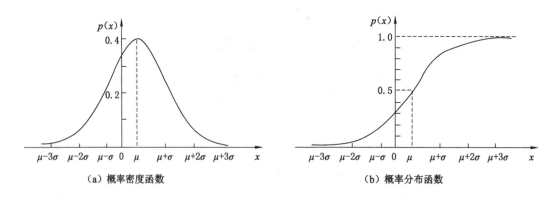

（a）概率密度函数　　　　　　　　　　　（b）概率分布函数

图 2-34　正态分布的概率密度函数和概率分布函数

在日常生活中,大量的随机现象都服从或近似服从正态分布,如某地区成年男性的身高、测量零件长度的误差、海洋波浪的高度、半导体器件中的热噪声电流和电压等。因此,正态随机变量在工程应用中起着重要的作用。

利用概率密度函数还可识别不同的随机过程。这是因为不同的随机信号其概率密度函数的图形也不同。图 2-35 示出了四种均值为零的随机信号的概率密度函数图形。

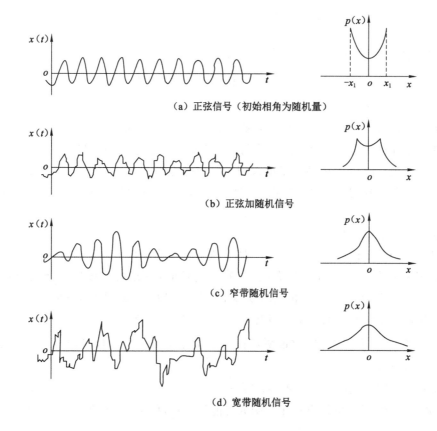

（a）正弦信号（初始相角为随机量）

（b）正弦加随机信号

（c）窄带随机信号

（d）宽带随机信号

图 2-35　典型随机信号的概率密度函数

2.4　信号的相关分析

在信号分析中,相关是一个非常重要的概念,它表述一个信号在不同时刻或两个信号之间的线性关系或相似程度。在测试中,有时需要对两个以上信号的相互关系进行研究,例如在通信系统、雷达系统,甚至控制系统中,发送端发出的信号波形是已知的,在接收端信号中,我们必须判断是否存在由发送端发出的信号。困难在于接收端信号中即使包含了发送端发出的信号,也可能因为各种原因产生了畸变。一个很自然的想法是用已知的发送波形与畸变了的接收波形相比较,利用它们的相似或相依性做出判断,这就需要首先解决信号之间的相似或相依性的度量问题。

2.4.1　自相关函数

为了表示一个信号在时间轴上平移后与原信号的相关特性,引入了自相关函数。

1. 自相关函数的概念

$x(t)$是各态历经随机信号,$x(t+\tau)$是$x(t)$时移τ后的样本。

用$R_x(\tau)$表示自相关函数,其定义为:

$$R_x(\tau) = \lim_{T \to \infty} \frac{1}{T} \int_0^T x(t)x(t+\tau)\mathrm{d}t \qquad (2\text{-}100)$$

以有限长样本作自相关函数的估计 $\hat{R}_x(\tau)$：

$$\hat{R}_x(\tau) = \frac{1}{T} \int_0^T x(t)x(t+\tau)\mathrm{d}t \qquad (2\text{-}101)$$

2. 自相关函数的物理意义

① 表达了信号的现在与时间坐标移动了 τ 之后的信号间的相似程度；

② 建立了随机信号一个时刻的幅值与另一个时刻幅值之间的依赖关系；

③ 描述了观测时间 T 内两个幅值乘积的集合平均值；

④ 从自相关函数的图形可分析信号的构成性质，从噪声（随机的干扰信号）背景下提取有用信号。

3. 自相关函数的基本性质

① 自相关函数是偶函数，即 $R_x(\tau) = R_x(-\tau)$，它对称于纵坐标轴。

② 自相关函数在 $\tau=0$ 处为最大值。τ 在任何值时，自相关函数都不会大于它的初始值，即 $|R_x(\tau)| \leqslant R_x(0)$，此时，自相关函数等于信号的均方值，即 $R_x(0) = \Psi_x^2$。

③ 随机信号中含有直流分量（即均值 $\mu_x \neq 0$），即：$\lim\limits_{|\tau| \to \infty} R_x(\tau) = \mu_x^2$，当随机信号不包含直流分量时，有 $\lim\limits_{|\tau| \to \infty} R_x(\tau) = 0$，这说明，当时移 τ 趋于无限大时，$x(t)$ 和 $x(t+\tau)$ 之间不存在内在联系，毫不相关了。

④ $R_x(\tau)$ 的值域为：$\mu_x^2 - \sigma_x^2 \leqslant R_x(\tau) \leqslant \mu_x^2 + \sigma_x^2$。

根据以上四个性质，可得出自相关函数可能的图形，如图 2-36 所示。

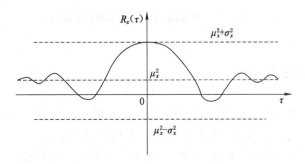

图 2-36　自相关函数可能的图形

⑤ 周期信号的自相关函数也是周期函数，且频率相同。正弦信号的自相关函数是同频率的余弦信号，它保留了幅值和频率信息，但丢失了初始相位信息。因此，若信号中含有周期成分时，其自相关函数也必定含有同频率的周期成分，可用它来鉴别随机信号中的周期成分。

⑥ 随机信号的频带越宽，$R_x(\tau)$ 衰减越快，即随时移 τ 增大，相关性迅速减弱，而窄带随机信号的 $R_x(\tau)$ 将集中成为过原点的 δ 函数。

⑦ 如果随机信号是由白噪声和完全独立的信号组成的，那么它的自相关函数是这两部分各个自相关函数的和。

图 2-37(a) 表示简谐信号、图 2-37(b) 表示简谐信号与噪声信号的叠加信号、图 2-37(c) 表示窄带随机信号、图 2-37(d) 表示宽带随机信号这四种典型信号的自相关函数图形。

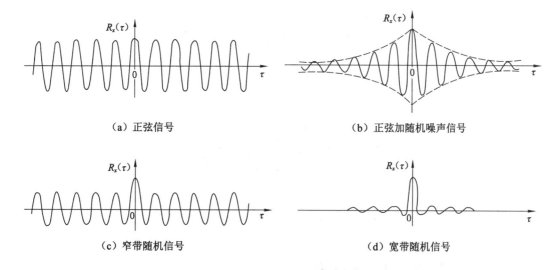

图 2-37　典型信号的自相关函数

4. 自相关函数的工程应用

自相关函数分析主要用来检测混淆在随机信号中的确定性信号。因为周期信号或任何确定性信号在所有时差 τ 值上都有自相关函数值,而随机信号当 τ 足够大以后其自相关函数趋于零。

【例 2-9】 求正弦信号 $x(t)=A\sin(\omega_0 t+\varphi)$ 的自相关函数。

解　由自相关函数的定义:

$$R_x(\tau)=\lim_{T\to\infty}\frac{1}{T}\int_0^T x(t)x(t+\tau)\mathrm{d}t$$

$$=\frac{1}{T}\int_0^T A^2\sin(\omega_0 t+\varphi)\sin[\omega_0(t+\tau)+\varphi]\mathrm{d}t$$

$$=\frac{A^2}{2}\cos\omega_0\tau$$

由上述分析可知,正弦信号 $x(t)=A\sin(\omega_0 t+\varphi)$ 的自相关函数为一余弦函数。但原信号中的相位信息 φ 在 $R_x(\tau)$ 中没有反映,即不管原信号中 φ 是什么值,$R_x(\tau)$ 均为初相角为零的余弦函数。

如图 2-38 所示,对汽车作平稳性试验时,在车架处测得振动加速度时间历程曲线并对其进行自相关分析。由图看出,尽管测得信号本身呈现杂乱无章的样子,但其自相关函数都有一定的周期性,说明存在着周期性激励源。如图 2-39 所示是机械加工中零件表面粗糙度的测量自相关分析。由电感式传感器测得零件表面粗糙程度的时间历程信号,并对其进行自相关分析,可提取出回转误差等周期性的故障源。

在工程应用中,常常要判断信号当中有无周期信号,这时利用自相关分析是十分方便的。如图 2-40 所示,一个微弱的正弦信号被淹没在强干扰噪声信号之中,但在通过自相关分析后,当 τ 足够大时该正弦信号能清楚地显露出来。另外,可利用自相关函数的傅立叶变换(自谱)来提取混在噪声中的周期信号,且比自相关函数更有效。由于自相关函数中丢失了相位信息,这使其应用受到限制。

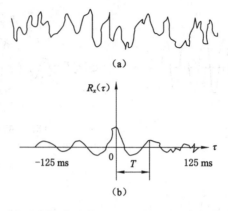

图 2-38　汽车车身振动的自相关分析

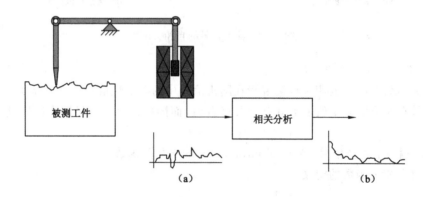

图 2-39　机械加工中零件表面粗糙度的测量与自相关分析

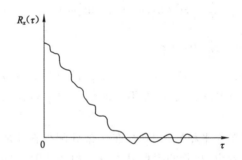

图 2-40　从强噪声中检测到微弱的正弦信号

2.4.2　互相关函数

1. 互相关函数的概念

两随机信号样本 $x(t)$ 和 $y(t)$，$y(t+\tau)$ 是 $y(t)$ 时移 τ 后的样本。定义 $x(t)$ 和 $y(t+\tau)$ 的互相关函数为：

$$R_{xy}(\tau) = \lim_{T \to \infty} \frac{1}{T} \int_0^T x(t) y(t+\tau) \mathrm{d}t \qquad (2-102)$$

以有限长样本作自相关函数的估计 $\hat{R}_{xy}(\tau)$ ：

$$\hat{R}_{xy}(\tau) = \frac{1}{T}\int_{0}^{T} x(t)y(t+\tau)\mathrm{d}t \tag{2-103}$$

2. 互相关函数的基本性质

① 互相关函数通常并非偶函数，而且不一定在 $\tau = 0$ 处为峰值。其峰值点偏离原点的距离反映了两个信号最大相关时的时间间隔 τ_0 。

② 反对称性 $R_{xy}(-\tau) = R_{yx}(\tau)$ ，即 $x(t)$ 和 $y(t)$ 取值互换时，互相关函数图形对称于纵坐标轴。

③ $R_{xy}(\tau)$ 的值域为：$\mu_x\mu_y - \sigma_x\sigma_y \leqslant R_{xy}(\tau) \leqslant \mu_x\mu_y + \sigma_x\sigma_y$ 。

④ 两信号互相关函数模的平方总是小于或等于其自相关函数峰值的乘积，两信号互相关函数的模总小于或等于其自相关函数峰值和一半。即：

$$|R_{xy}(\tau)|^2 \leqslant R_x(0)R_y(0)$$

$$|R_{xy}(\tau)|^2 \leqslant \frac{1}{2}[R_x(0) + R_y(0)]$$

这就是说：两个信号之间的相关程度总是小于或等于信号自身的相关程度。

⑤ 当 $x(t)$ 和 $y(t)$ 均为随机信号时，则：

$$\underset{\tau\to\infty}{R_{xy}(\tau)} = \mu_x\mu_y$$

若两个信号的均值都是零，则：

$$\underset{\tau\to\infty}{R_{xy}(\tau)} = 0$$

如果两个信号完全无关，则对所有时延 τ ，都有上述关系。

⑥ 同频率的两个周期信号的互相关函数也是具有相同频率的周期信号，而且保留了原信号的相位信息。

⑦ 不同频率的周期信号互不相关。

图 2-41 所示为互相关函数的可能图形。从图中可看出，在 τ_0 处出现最大值，反映了 $x(t)$ 和 $y(t)$ 的滞后时间。

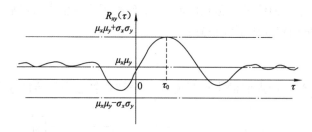

图 2-41　互相关函数可能的图形

3. 互相关函数的工程应用

由于互相关函数比自相关函数提供了更多的有用信息，所以它在工程上得到了更广泛的应用。

【例 2-10】　求 $x(t) = A\sin(\omega_0 t + \varphi_x)$ ，$y(t) = B\sin(\omega_0 t + \varphi_y)$ 两路信号的互相关函数（见图 2-42）。

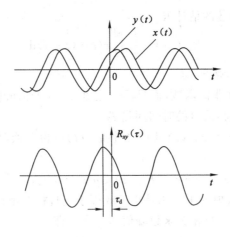

图 2-42　两正弦信号的互相关函数

解　由式(2-102)可得：

$$R_{xy}(\tau) = \lim_{T \to \infty} \frac{1}{T} \int_0^T x(t)y(t+\tau)\mathrm{d}t$$

$$= \frac{1}{T} \int_0^T AB\sin(\omega_0 t + \varphi_x)\sin[\omega_0(t+\tau) + \varphi_y]\mathrm{d}t$$

$$= \frac{AB}{2}\cos(\omega_0\tau + \varphi_y - \varphi_x) = \frac{AB}{2}\cos\omega_0\left(\tau + \frac{\varphi_y - \varphi_x}{\omega_0}\right)$$

由上式可看出,两具有相同频率的周期信号的互相关函数既保留了幅值信息($AB/2$),又有相位信息。

在工程上互相关函数被广泛应用于传播问题。例如,地下输油管道破裂位置的测定。如图 2-43 所示,输液管道在 C 点上有一破裂点,液体从此处泄漏时发出的声波由管道向两边传播出去。在输油管表面沿轴向 A、B 两点上设置两个相同的拾音传感器,A-C、B-C 的距离不等,由传感器检测出上述破裂处传出的声波信号,并送入相关分析仪,经相关处理后,得到互相关函数曲线,这一曲线的峰值点的时间 τ_m 反映了同一信号源在管壁上传递到两个传感器的时差,由 τ_m 可确定油管漏损位置：

$$s = \frac{1}{2}\upsilon\tau_m$$

式中,s 是破裂点与 A、B 两点间的中点距离;υ 是声波在管道中的传播速度。

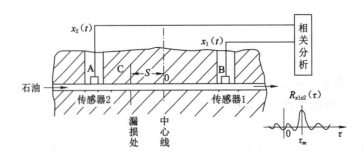

图 2-43　相关方法测量管道破裂点

这种工程应用是利用同一信号源,通过检测不同传递通道传递时间差而得到所需的特征参数,类似的应用还有流量的测试等。

2.4.3　相关函数的推广

以上相关函数是由随机信号引出的,若被推广至确定性信号,在含义上仍然反映信号的相关性,但其运算公式有所变化。

对于周期信号,其计算可用一个周期代替其整体:

$$R_x(\tau) = \frac{1}{T} \int_0^T x(t)x(t+\tau)\mathrm{d}t \tag{2-104}$$

式中,T 为周期信号的周期。而且 $R_x(\tau)$ 是其准确的相关函数而非估计。

对于确定性信号中的瞬变信号,由于其长度有限(假设区间为 $0\sim T$),反映了其"能量有限",它就不能用 $T\to\infty$ 作平均,否则相关函数就为零了。所以它的相关函数计算公式变为:

$$R_x(\tau) = \int_0^T x(t)x(t+\tau)\mathrm{d}t \tag{2-105}$$

$$R_{xy}(\tau) = \int_0^T x(t)y(t+\tau)\mathrm{d}t \tag{2-106}$$

2.4.4　功率谱分析

前面已经介绍相关函数用于描述时域中的随机信号。如果对相关函数应用傅立叶变换,则可得到一种相应的频域中描述随机信号的方法,这种傅立叶变换称为功率谱密度函数。

1. 自功率谱密度函数

设 $x(t)$ 为一零均值的随机过程,且 $x(t)$ 中无周期性分量,其自相关函数 $R_x(\tau)$ 在当 $\tau\to\infty$ 时有:

$$R_x(\tau \to \infty) \to 0$$

于是,该自相关函数 $R_x(\tau)$,满足傅立叶变换的条件 $\int_{-\infty}^{\infty} |R_x(\tau)| \mathrm{d}\tau < \infty$。对 $R_x(\tau)$ 作傅立叶变换,可得:

$$S_x(f) = \int_{-\infty}^{\infty} R_x(\tau)\mathrm{e}^{-2\pi f\tau}\mathrm{d}\tau \tag{2-107}$$

其逆变换为:

$$R_x(\tau) = \int_{-\infty}^{\infty} S_x(f)\mathrm{e}^{2\pi f\tau}\mathrm{d}f \tag{2-108}$$

$S_x(f)$ 称为 $x(t)$ 的自功率谱密度函数,简称自谱或功率谱。函数 $S_x(f)$ 之间是傅立叶变换对的关系(亦称维纳-辛钦关系),即:

$$R_x(\tau) \Leftrightarrow S_x(f)$$

由于 $R_x(\tau)$ 为实偶函数,因此 $S_x(f)$ 亦为实偶函数,其图形如图 2-44 中 $S_x(f)$ 曲线所示。

当 $\tau=0$ 时,根据自相关函数 $R_x(\tau)$ 和自功率谱密度函数 $S_x(f)$ 的定义,可得:

$$R_x(0) = \lim_{T\to\infty} \frac{1}{T} \int_{-T/2}^{T/2} x^2(t)\mathrm{d}t = \int_{-\infty}^{\infty} S_x(f)\mathrm{d}f \tag{2-109}$$

由此可见,$S_x(f)$ 曲线下面和频率轴所包围的面积,即为信号的平均功率,$S_x(f)$ 就是信

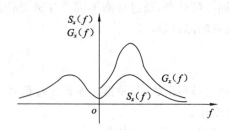

图 2-44 单边功率谱和双边功率谱

号的功率谱密度沿频率轴的分布,故也称 $S_x(f)$ 为功率谱。

2. 巴塞伐尔(Parseval)定理

设有变换对:

$$x(t) \Leftrightarrow X(f), h(t) \Leftrightarrow H(f)$$

按频域卷积定理有:

$$x(t) \cdot h(t) \Leftrightarrow X(f) * H(f)$$

$$\int_{-\infty}^{\infty} x(t)h(t)e^{-j2\pi kt} dt = \int_{-\infty}^{\infty} X(f)H(k-f)df$$

令 $k=0$,有:

$$\int_{-\infty}^{\infty} x(t)h(t)dt = \int_{-\infty}^{\infty} X(f)H(-f)df$$

又令 $x(t)=h(t)$,得:

$$\int_{-\infty}^{\infty} x^2(t)dt = \int_{-\infty}^{\infty} X(f)X(-f)df$$

$x(t)$ 为实函数,故 $X(-f) = X^*(f)$,即为 $X(f)$ 的共轭函数,于是有:

$$\int_{-\infty}^{\infty} x^2(t)dt = \int_{-\infty}^{\infty} X(f)X^*(f)df = \int_{-\infty}^{\infty} |X(f)|^2 df \qquad (2\text{-}110)$$

式(2-110)即为巴塞伐尔定理,它表明信号在时域中计算的总能量等于在频域中计算的总能量。因此,式(2-110)又称为信号能量等式。$|X(f)|^2$ 称为能量谱,它是沿频率轴的能量分布密度。这样在整个时间轴上信号的平均功率可计算为:

$$P = \lim_{T \to \infty} \frac{1}{T} \int_{-T/2}^{T/2} x^2(t)dt = \int_{-\infty}^{\infty} \frac{1}{T} |X(f)|^2 df \qquad (2\text{-}111)$$

上式是巴塞伐尔定理的另一种表达形式,由此列得自谱密度函数与幅值谱之间的关系为:

$$S_x(f) = \lim_{T \to \infty} \frac{1}{T} |X(f)|^2 \qquad (2\text{-}112)$$

利用式(2-112)便可对时域信号直接作傅立叶变换来计算功率谱。

$S_x(f)$ 是包含正、负频率的双边功率谱(见图 2-44)。在实际测量中也常采用不含负频率的单边功率谱 $G(f)$。因此 $G(f)$ 也应满足巴塞伐尔定理,即它与轴包围的面积应等于信号的平均功率,故有

$$P = \int_{-\infty}^{\infty} S_x(f)df = \int_{0}^{\infty} G_x(f)df$$

由此规定

$$G_x(f) = 2S_x(f), f \geqslant 0 \tag{2-113}$$

$G_x(f)$的图形如图 2-44 所示。

实际应用中有时还采用均方根谱，即有效值谱，用 $\Psi_x(f)$ 表示，规定

$$\Psi_x(f) = \sqrt{G_x(f)}, f \geqslant 0 \tag{2-114}$$

根据信号功率（或能量）在频域中的分布情况，将随机过程区分为窄带随机、宽带随机和白噪声等几种类型。窄带过程的功率谱（或能量）集中于某一中心频率附近，宽带过程的能量则分布在较宽的频率上，而白噪声过程的能量在所分析的频域内呈均匀分布状态。

3. 互功率谱密度函数

互功率谱密度函数与自功率谱密度函数的定义相类似，若互相关函数 $R_{xy}(\tau)$ 满足傅立叶变换的条件：

$$\int_{-\infty}^{\infty} |R_{xy}(\tau)| \mathrm{d}\tau < \infty$$

则定义 $R_{xy}(\tau)$ 的傅立叶变换：

$$S_{xy}(f) = \int_{-\infty}^{\infty} R_{xy}(\tau) \mathrm{e}^{-\mathrm{j}2\pi f\tau} \mathrm{d}\tau \tag{2-115}$$

为信号 $x(t)$ 和 $y(t)$ 的互功率谱密度函数，简称互谱密度函数或互谱。

根据维纳-辛钦关系，互谱与互相关函数也是一个傅立叶变换对，即：

$$R_{xy}(\tau) \Leftrightarrow S_{xy}(f)$$

因此 $S_{xy}(f)$ 的傅立叶逆变换为：

$$R_{xy}(\tau) = \int_{-\infty}^{\infty} S_{xy}(f) \mathrm{e}^{\mathrm{j}2\pi f\tau} \mathrm{d}f \tag{2-116}$$

定义信号 $x(t)$ 和 $y(t)$ 的互功率为：

$$P = \lim_{T \to \infty} \frac{1}{T} \int_{-T/2}^{T/2} x(t)y(t) \mathrm{d}t = \int_{-\infty}^{\infty} \lim_{T \to \infty} \frac{1}{T} |X^*(f)Y(f)| \mathrm{d}f \tag{2-117}$$

因此互谱和幅值谱的关系为：

$$S_{xy}(f) = \lim_{T \to \infty} \frac{1}{T} X^*(f)Y(f) \tag{2-118}$$

正如 $R_{yx}(\tau) \neq R_{xy}(\tau)$ 一样，当 x 和 y 的顺序调换时，$S_{yx}(f) \neq S_{xy}(f)$。但根据 $R_{yx}(\tau) = R_{xy}(-\tau)$ 及维纳-辛钦关系式，不难证明：

$$S_{xy}(-f) = S_{xy}^*(f) = S_{yx}(f) \tag{2-119}$$

其中

$$S_{yx}(f) = \lim_{T \to \infty} \frac{1}{T} X(f)Y^*(f)$$

$S_{xy}^*(f)$、$Y^*(f)$ 和 $X^*(f)$ 分别为 $S_{xy}(f)$、$Y(f)$ 和 $X(f)$ 的共轭复数。

$S_{xy}(f)$ 也是含正、负频率的双边互谱，实际应用中也常取只含非负频率的单边互谱 $G_{xy}(f)$，由此规定：

$$G_{xy}(f) = 2S_{xy}(f), f \geqslant 0$$

自谱是 f 的实函数，而互谱则为 f 的复函数，其实部 $C_{xy}(f)$ 称为共谱，虚部 $Q_{xy}(f)$ 称为重谱，即：

$$G_{xy}(f) = C_{xy}(f) - \mathrm{j}Q_{xy}(f)$$

或写为幅频和相频的形式为：

$$\begin{cases} G_{xy}(f) = |G_{xy}(f)| e^{-j\varphi_{xy}(f)} \\ |G_{xy}(f)| = \sqrt{C_{xy}^2(f) + Q_{xy}^2(f)} \\ \varphi_{xy}(f) = \arctan \dfrac{Q_{xy}(f)}{C_{xy}(f)} \end{cases} \tag{2-120}$$

4. 自谱和互谱的估计

以上介绍了自谱和互谱的理论计算公式，但在实际的工程应用中，不可能也没有必要在无限长的时间上计算整个随机过程的自谱和互谱。只能采用有限长度的样本进行计算，亦即用自谱和互谱的估计值来代替理论值。

定义功率谱亦即自谱的估计值：

$$\hat{S}_x(f) = \frac{1}{T} |X(f)|^2 \tag{2-121}$$

互谱的估计为：

$$\hat{S}_{xy}(f) = \frac{1}{T} X^*(f) \cdot Y(f) \tag{2-122}$$

$$\hat{S}_{yx}(f) = \frac{1}{T} Y^*(f) \cdot X(f) \tag{2-123}$$

通常采用计算机用快速傅立叶变换作数字运算，因此相应的计算公式为：

$$\hat{S}_x(k) = \frac{1}{N} |X(k)|^2 \tag{2-124}$$

$$\hat{S}_{xy}(k) = \frac{1}{N} X^*(k) Y(k) \tag{2-125}$$

$$\hat{S}_{yx}(k) = \frac{1}{N} Y^*(k) X(k) \tag{2-126}$$

谱估计法分经典法和现代法（时序模型法）两类，其中周期图法是经典谱估计法中最简单的一种。该法是建立在快速傅立叶变换（FFT）的基础上，计算效率高。以功率谱为例，它对离散信号 $\{x(n)\}$ 计算其模的平方，再除以 N，便可求得信号的功率谱估计。但当数据点 N 很大时，功率谱估计的方差与信号的标准差的平方成正比，即等于待估的功率谱值：

$$\lim_{N\to\infty} \mathrm{Var}[\hat{S}_x(f)] = \sigma^4 = \hat{S}_x(f)$$

因而是非一致性估计。图 2-45 示出一个高斯白噪声在记录长度分别为 $N=16$、32、64 个采样点时的周期图法估计结果。从图中可看出，N 增大时谱估值起伏加剧。通过对估计采取平滑处理可以改善估计的质量。分段平均法是常用的一种平滑措施。该法将 N 个数据点分成 L 段，各段不重叠，每段点数 $M=N/L$，然后用周期图法分别计算估计值 $\hat{S}_x^i(f)$，再对各段估计求平均作为最后的功率谱估计：

$$\hat{S}_{xM}(f) = \frac{1}{L} \sum_{i=0}^{L} \hat{S}_x(f) \tag{2-127}$$

其中

$$\hat{S}_x^i(f) = \frac{1}{M} |X^i(f)|^2 \tag{2-128}$$

当各段周期图不相关时，可以证明 $\hat{S}_{xM}(f)$ 的方差约为 $\hat{S}_x(f)$ 方差的 l/L，即

$$\mathrm{Var}[\hat{S}_{xM}(f)] = \frac{1}{L}\mathrm{Var}[\hat{S}_x(f)] \tag{2-129}$$

因此当分段数 L 增加时,估计方差趋于零,该估计便是一个一致估计。但分段数多且每段中数据点数 M 便减少,由于周期图的估计期望值是渐进无偏的,$\lim\limits_{N\to\infty} E[\hat{S}_x(f)] = \hat{S}_x(f)$,因而当 M 减少时,误差增加,频率分辨率降低。因此通常要综合考虑分段与每段数据点数这两个因素一般是根据频率分辨率 Δf 的要求,选定 $M\{M < 1/(\Delta f T_0)\}$,($T_0$ 为采样间隔),然后由允许的方差来确定数据点数 $N = LM$。为加强平滑效果,可允许相邻段之间重叠,使之在相同数据点 N 之下增加分段数。如上所述,周期图法的优点是算法简单、计算效率高,但由于它对随机过程所观测区之外的数据要假设为零,因而估计的分辨率低,谱线泄漏,并可歪曲其他频率分量。只有在观测数据较长时才可获得较高的估计精度。

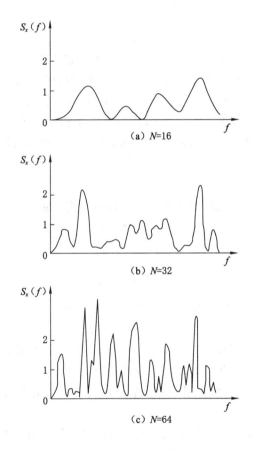

图 2-45 不同 N 点数的周期图法功率谱分析

5. 工程应用

线性系统的传递函数 $H(s)$ 或频响函数 $H(\mathrm{j}\omega)$ 是一个十分重要的概念,在机器故障诊断等多个领域常要用到它。比如,机器由于其轴承的缺陷而在运行中会造成冲击脉冲信号,此时,安装在机壳外部的加速度传感器接收信号时,必须考虑机壳的传递函数。又如,当信号经过一个复杂系统时,就必须考虑系统各环节的传递函数。

一个线性系统的输出 $y(t)$ 等于其输入 $x(t)$ 和系统的脉冲响应函数 $h(t)$ 的卷积,即:

$$y(t) = x(t) * h(t) \tag{2-130}$$

根据卷积定理,上式在频域中可化为:

$$Y(f) = X(f)H(f) \tag{2-131}$$

式中,$H(f)$ 为系统的频率响应函数,它反映了系统的传递特性。

通过自谱和互谱也可以求取 $H(f)$。对式(2-131)两端乘以 $Y(f)$ 的复共轭并取期望值,有:

$$S_y(f) = |H(f)|^2 S_x(f) \tag{2-132}$$

式(2-132)反映了输入与输出的功率谱密度和频响函数间的关系,但式中没有频响函数的相位信息,因此不可能得到系统的相频特性。如果在式(2-131)两端乘以 $X(f)$ 的复共轭并取期望值,则有

$$Y(f)X^*(f) = H(f)X(f)X^*(f)$$

进而有

$$S_{xy}(f) = H(f)S_x(f) \tag{2-133}$$

由于 $S_x(f)$ 为实偶函数,因此频响函数的相位变化完全取决于互谱密度函数的相位变化与式(2-132)相比,式(2-133)完全保留了输入、输出的相位关系,且输入的形式并不一定限制为确定性信号,也可以是随机信号。通常,一个测试系统往往受到内部噪声和外部噪声的干扰,从而输出也会带入干扰。但输入信号与噪声是独立无关的,因此它们的互相关为零。这一点说明,在用互谱和自谱求取系统频响函数时不会受到系统干扰的影响。

2.4.5 相干函数

与互相关函数的不等式类似,对互谱也有下列不等式成立:

$$|S_{xy}(f)|^2 \leqslant S_x(f)S_y(f) \tag{2-134}$$

根据上述不等式,定义:

$$\gamma_{xy}^2(f) = \frac{|S_{xy}(f)|^2}{S_x(f)S_y(f)} \tag{2-135}$$

$\gamma_{xy}^2(f)$ 为信号 $x(t)$ 和 $y(t)$ 的相干函数,是一个无量纲系数,它的取值范围为:

$$0 < \gamma_{xy}^2(f) < 1 \tag{2-136}$$

因此,如果 $\gamma_{xy}^2(f) = 0$,则称信号 $x(t)$ 和 $y(t)$ 在频率 f 上不相干;当 $\gamma_{xy}^2(f) = 1$,则称信号 $x(t)$ 和 $y(t)$ 在频率 f 上完全相干;当 $\gamma_{xy}^2(f)$ 明显小于 1 时,则说明信号受到噪声干扰,或说明系统具有非线性。相干函数常用来检验信号之间的因果关系,比如鉴别结构的不同响应间的关系。

图 2-46 是用柴油机润滑油泵的油压与油压管道振动的两信号求出的自谱和相干函数。润滑油泵转速为 781 r/min,油泵齿轮的齿数为 $z=14$,所以油压脉动的基频是 $f_0 = n\pi/60 = 182.24$ Hz。

所测得油压脉动信号 $x(t)$ 的功率谱 $S_x(f)$ 如图 2-46(a)所示,由于油压脉动并不完全是准确的正弦变化,而是以基频为基础的非正弦周期信号,所以,$S_x(f)$ 除了包含基频谱线外,还存在二次、三次、四次甚至更高的谐波谱线。此时在油压管道上测得的振动信号 $y(t)$ 的功率谱图 $S_y(f)$ 如图 2-46(b)所示。将两信号作相干分析,得到图 2-54(c)所示的曲线。由该相干函数图可见,当 $f=f_0$ 时 $\gamma_{xy}^2(f) \approx 0.9$;$f=2f_0$ 时 $\gamma_{xy}^2(f) \approx 0.37$;$f=3f_0$ 时 $\gamma_{xy}^2(f) \approx$

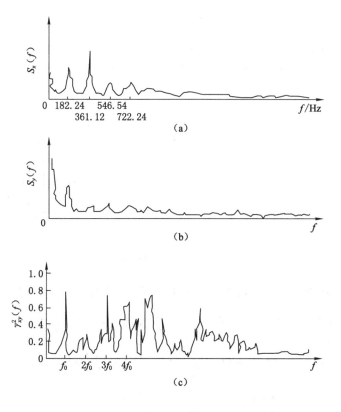

图 2-46　油压脉动与油管振动的相干分析

0.8；$f = 4f_0$ 时 $\gamma_{xy}^2(f) \approx 0.75$······可以看到，由于油压脉动引起各阶谐波所对应的相干函数值都比较大，而在非谐波的频率上相干函数值很小。所以可以得出，油管的振动主要是由于油压脉动所引起。

2.5　数字信号处理

目前测试技术中所采用的传感器、中间变换电路等大多是输出模拟信号或在传感器输出端集成数字信号转换电路输出数字信号，对这些模拟系统所输出的模拟信号进行数字信号处理，必须先进行信号的数字化，将模拟信号经过离散化、量化等转换，变成大多为二进制编码的数字信号，然后再交由专用的或通用的计算机作相应处理，如时域处理、频域处理和其他分析处理。数字信号处理的主要研究内容是用数字序列表示信号，并用数字计算方法对这些序列进行处理。

2.5.1　信号的数字化

1. 信号的采样

连续信号的离散化可以用图 2-47 所示的采样过程来完成。连续信号 $x(t)$ 经过采样开关装置，该开关周期性地开合，其开合周期为 T_s，每次闭合时间为 τ，当 $\tau \ll T_s$ 时，在采样开关的输出端得到的是一串时间上离散的脉冲信号 $x_s(t)$。为简化讨论，考虑一个定值的情况,即均匀采样,称 T_s 为采样周期,其倒数 $f_s = \dfrac{1}{T_s}$ 为采样频率或 $\omega_s = 2\pi f_s = \dfrac{2\pi}{T_s}$ 为采样角频率。按理想化的情况,由于 $\tau \ll T_s$,可认为 $\tau \to 0$,即 $x_s(t)$ 由一系列冲激函数构成。每个冲激函数的强度等于连续信号在该时刻的抽样值 $x(nT_s)$。于是可以用图 2-48 的框图来表示连续信号的采样过程。

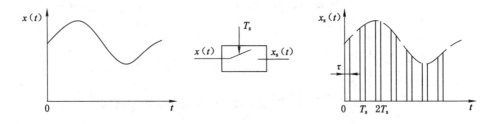

图 2-47 连续信号的采样过程

根据图 2-48,理想化的采样过程是一个将连续信号进行脉冲调制的过程,即 $x_s(t)$ 表示为连续信号 $x(t)$ 与单位周期脉冲信号 $p(t) = \displaystyle\sum_{n=-\infty}^{\infty} \delta(t - nT_s)$ 的乘积:

$$x_s(t) = x(t) \cdot p(t) = x(t) \sum_{n=-\infty}^{\infty} \delta(t - nT_s) = \sum_{n=-\infty}^{\infty} x(nT_s)\delta(t - nT_s) \quad (2\text{-}137)$$

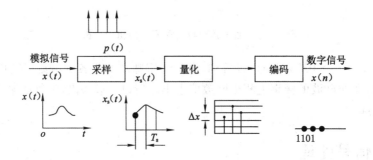

图 2-48 A/D 转换过程

离散信号 $x_s(t)$ 还要经过量化、编码处理,才能成为计算机能处理或能用来传输的数字信号。这是因为如前所述,$x_s(t)$ 是经过采样处理后,时间上离散化而幅值上仍然连续变化的信号,必须经过幅值上量化、编码处理等离散取值后才能成为数字信号。

2. 采样过程的频谱及采样定理

一个连续信号离散化后,有两个问题需要讨论:首先采样得到的信号 $x_s(t)$ 在频域上有什么特性?它与原连续信号 $x(t)$ 的频域特性有什么关系?其次,连续信号采样后,它是否保留了原信号的全部信息?或者说,从采样的信号 $x_s(t)$ 能否无失真地恢复原连续信号 $x(t)$?下面就这两个问题进行讨论。

(1) 采样与频谱

理论上时域采样是通过单位周期脉冲信号 $p(t)$ 与连续时间信号 $x(t)$ 相乘完成的。设采样时间间隔(即周期)为 T_s,采样频率则为 $f_s = 1/T_s$ 或 $\omega_s = 2\pi/T_s$,采样信号为:

$$x_s(t) = x(t) \cdot p(t)$$

单位周期采样脉冲信号的频谱函数为：

$$P(\omega) = 2\pi \sum_{n=-\infty}^{\infty} P_n \delta(\omega - n\omega_s)$$

根据卷积定理,采样信号的频谱函数为：

$$X_s(\omega) = \frac{1}{2\pi} X(\omega) * P(\omega) = \sum_{n=-\infty}^{\infty} P_n X(\omega - n\omega_s) \tag{2-138}$$

理想脉冲采样如图 2-49 所示。采样脉冲为周期单位脉冲信号,其傅立叶系数 $P_n = 1/T_s$,所以理想采样信号的频谱函数由式(2-53)可得：

$$\begin{aligned} X_s(\omega) &= \sum_{n=-\infty}^{\infty} P_n X(\omega - n\omega_s) \\ &= \frac{1}{T_s} \sum_{n=-\infty}^{\infty} X(\omega - n\omega_s) \end{aligned} \tag{2-139}$$

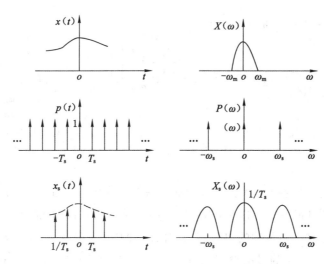

图 2-49　理想脉冲采样

上式表明,一个连续信号经理想采样后频谱发生了两个变化：

① 频谱发生了周期延拓,即将原连续信号的频谱 $X(\omega)$ 分别延拓到以 $\pm\omega_s$, $\pm 2\omega_s$, $\cdots$ 为中心的频谱,其中,ω_s 为采样角频率。

② 频谱的幅度乘上了一个 $\frac{1}{T_s}$ 因子,其中 T_s 为采样周期。

（2）混频现象

在时域中,模拟信号离散化时,采样间隔即采样时间决定离散信号与模拟信号的差异程度,如图 2-50 所示,图中有三个不同频率的正弦信号,在同样采样间隔 T_s 下,各采样点的瞬时值完全对应相等,采样后三者没有区别,都可以被看成图 2-50(b)所示的低频信号,图 2-50(a)、(c)信号发生变异,信号频率降低了。

在频域中,由式(2-139)和图 2-49 可看出,模拟信号 $x(t)$ 在时域中按时隔 T_s 离散化,在频域中频谱 $X(\omega)$ 按 $\omega_s = \frac{1}{T_s}$ 周期化。如果时域采样间隔 T_s 过大,必然造成频域周期化

的间隔 $\omega_s = \dfrac{1}{T_s}$ 过小,在重复频谱的交界处就会出现局部相互重叠,使延拓出的频率与原频谱部分发生混叠,称为频混现象,如图 2-51(c)所示。频混所合成的总频谱 $X_s(\omega)$ 失去了原来单个频谱 $X(\omega)$ 的形状,虽然采用滤波可以去除周期延拓所带来的多余高频成分,但是频域中不能得到原频谱 $X(\omega)$,时域中也无法恢复成原信号 $x(t)$。

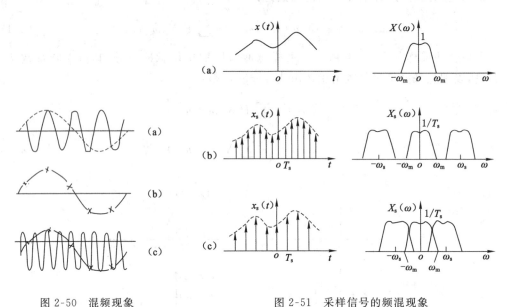

图 2-50　混频现象　　　　　图 2-51　采样信号的频混现象

（3）采样定理

信号 $x(t)$ 的傅立叶变换为 $X(\omega)$,其频带范围为 $-\omega_m \sim \omega_m$,当 $\omega_s < 2\omega_m$,频谱发生混叠。采样频率 ω_s 的选择对正确的采样是至关重要的。由图 2-54(b)可知,如果 $\omega_s \geqslant 2\omega_m$ 则不会发生频混现象,因此对采样脉冲的间隔 T_s 须加以限制:采样频率 $\omega_s(2\pi/T_s)$ 或 $f_s(1/T_s)$ 必须大于或等于信号 $x(t)$ 中的最高频率 ω_m 的两倍。这就是采样定理,其表达式为:

$$\omega_s \geqslant 2\omega_m \quad \text{或} \quad f_s \geqslant 2f_m \tag{2-140}$$

实际采样频率一般选得大于 $2\omega_m$,例如取 $(3 \sim 5)\omega_m$,甚至更高。

3. 量化和量化误差

将采样所得信号的电平幅值分为一组有限个离散电平,并在其中取一个来近似代表采样点上信号的实际幅值电平,每个量化电平对应一个二进制数码,使离散信号进一步变成数字信号,这一过程称为量化。

例如 A/D 转换器的位数 8 位,共有 256 个数码。如果 A/D 转换器允许的动态工作范围为 0～10 V,则两相邻量化电平之差 $\triangle x$ 为:

$$\triangle x = 10/256$$

当采样信号的实际电平落在两个相邻量化电平之间时,就要舍入到相近的一个量化电平上。该量化电平与实际电平的差值称为量化误差 $\varepsilon(n)$。

A/D 转换器的位数选择应视信号的具体情况和量化电平的精度要求而定,但应考虑位数增多后成本显著增加以及转换速率下降的影响。

4. 信号截断、能量泄漏及窗函数

(1) 截断与泄漏

在数字处理时必须把长时间的信号序列截断,截断就是将无限长的信号乘以有限宽的窗函数。"窗"的意思是指通过窗口使我们能够看到原始信号的一部分,原始信号在时域窗以外的部分均为零。

在图 2-52 中,$x(t)$ 为一余弦函数信号,其频谱是 $X(\omega)$ 或 $X(f)$,它是位于 $\pm\omega_0$ 处的 δ 函数。矩形窗函数 $g(t)$ 的频谱是 $G(\omega)$,它是一个 $\sin c(\omega)$ 函数。当用一个 $g(t)$ 去截断 $x(t)$ 时,得到截断后的信号为 $x(t) \cdot g(t)$,其频谱为 $X(\omega) * G(\omega)$。

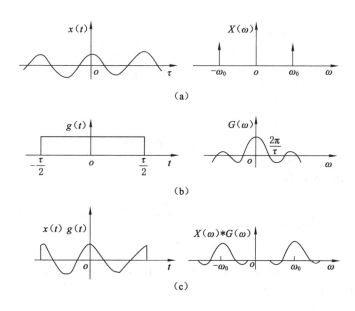

图 2-52　余弦信号的时域截断与能量泄漏现象

$x(t)$ 被截断后的频谱不同于加窗以前的频谱。由于 $g(t)$ 是一个无限频带的函数,所以即使 $x(t)$ 是有限频带信号,在截断以后也必然变成无限带宽的函数。原来集中在 $\pm\omega_0$ 处的量被分散到以 $\pm\omega_0$ 为中心的两个较宽的频带上,也就是有一部分能量泄漏到 $x(t)$ 的频带以外。因此信号截断必然产生一些误差,这种由于时域上的截断而在频域上出现附加频率分量的现象称为泄漏。

在图 2-52 中,频域中 $|\omega| < 2\pi/\tau$ 的部分称为 $G(\omega)$ 的主瓣,其余两旁的部分即附加频率分量称为旁瓣。为了减少泄漏,一方面应该尽量寻找频域中接近 $\delta(t)$ 的窗函数 $W(\omega)$,即主瓣窄旁瓣小的窗函数;另一方面可根据不同的信号采用不同的窗函数。

(2) 几种常用的窗函数

好的窗函数的条件:主瓣尽可能窄(提高频率分辨力)、旁瓣相对于主瓣尽可能小且衰减快(减小泄漏)。但两者往往不能同时满足,需要根据不同的信号选择窗函数。

下面给出几种常用的窗函数。

① 矩形窗函数

$$w(t) = \begin{cases} 1, |t| \leqslant \dfrac{\tau}{2} \\ 0, |t| > \dfrac{\tau}{2} \end{cases} \qquad (2\text{-}141)$$

$$W(f) = \tau \sin c(\pi f \tau) \qquad (2\text{-}142)$$

矩形窗及其频谱图形如图 2-53 所示。矩形窗使用最普遍,因为习惯中的不加窗就相当于使用了矩形窗。矩形窗的优点是主瓣比较集中;缺点是旁瓣较高,并有负旁瓣,导致变换中带进了高频干扰和泄漏,甚至出现负谱现象。

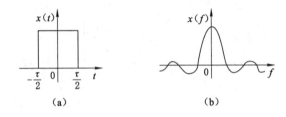

图 2-53　矩形窗及其频谱图形

② 汉宁(Hanning)窗函数

$$w(t) = \begin{cases} 0.5 + 0.5\cos\left(\dfrac{2\pi}{\tau}t\right) & |t| \leqslant \dfrac{\tau}{2} \\ 0 & |t| > \dfrac{\tau}{2} \end{cases} \qquad (2\text{-}143)$$

$$W(f) = 0.5Q(f) + 0.25[Q(f + 1/\tau) + Q(f - 1/\tau)] \qquad (2\text{-}144)$$

式中, $Q(f) = \tau \dfrac{\sin(\pi f \tau)}{\pi f \tau}$ 。

汉宁窗及其频谱的图形如图 2-54 所示,它的频率窗可以看作三个矩形时间窗的频谱之和,而括号中的两相对于第一个频率窗向左右各有位移 $1/\tau$ 。和矩形窗比较,汉宁窗的旁瓣小得多,因而泄漏也少得多,但是汉宁窗的主瓣较宽。

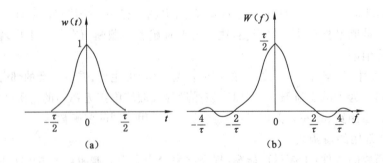

图 2-54　汉宁窗函数及其频谱

③ 海明(Hamming)窗函数

$$w(t) = \begin{cases} 0.54 + 0.46\cos\left(\dfrac{2\pi}{\tau}t\right), |t| \leqslant \dfrac{\tau}{2} \\ 0, |t| > \dfrac{\tau}{2} \end{cases} \tag{2-145}$$

$$W(f) = 0.54Q(f) + 0.23[Q(f+1/\tau) + Q(f-1/\tau)] \tag{2-146}$$

海明窗本质上和汉宁窗是一样的,只是系数不同。海明窗比汉宁窗消除旁瓣的效果好一些,而且主瓣稍窄,但是旁瓣衰减较慢是不利的方面。适当地改变系数,可得到不同特性的窗函数。

进行窗的选择时,可考虑对持续时间较短的信号选择矩形窗,并使整个信号都包括在窗内,这时,因两端截断处信号为零,也就没有泄漏发生;包含周期信号的无限长信号采用汉明窗、海宁窗等,以减少泄漏误差;确定频谱中的尖峰频率选主瓣最窄的矩形窗等。

2.5.2　离散傅立叶变换(DFT)

离散傅立叶变换是数字信号处理的数学基础。对模拟信号 $x(t)$ 进行傅立叶变换或傅立叶逆变换运算时,无论在时域或在频域都需要在无限区间 $(-\infty, +\infty)$ 上作积分运算,若在计算机上实现这一运算,则必须做到:① 把连续信号(包括时域、频域)变为离散信号;② 把计算范围收缩到一个有限区间;③ 实现正、逆傅立叶变换运算。

图 2-55 为离散傅立叶变换的图解法推演过程。

(1) 时域采样

图 2-55(a)为一连续时间信号 $x(t)$ 和它的傅立叶变换 $X(f)$。若要求在数字计算机上进行频谱分析,首先要对 $x(t)$ 进行采样使其离散化。$x(t)$ 乘以图 2-55(b)所示的周期脉冲信号 $p(t)$,得到图 2-55(c)所示的采样信号 $x_s(t)$,显然采样信号的频谱 $X_s(f)$ 与原连续信号的频谱 $X(f)$ 是不同的,它是 $X(f) * P(f)$ 的结果,在频域产生了"混叠",若采样间隔为 T_s,则采样频率 $f_s = 1/T_s$,该频率混叠出现在 $1/2T_s$(即 $f_s/2$)附近。如前所述,若 $X(f)$ 的带宽有限,最高频率为 f_m,则只要采样频率 $f \geqslant 2f_m$,就不会产生频混;若 $X(f)$ 不是带宽有限的,则不管采样频率 f_s 有多高,频混都不可避免。只能通过选择较小的采样间隔 T_s(即较高的采样频率 f_s)来减小这种误差。

(2) 时域截断

采样信号 $x_s(t)$ 有无限多个采样点,而计算机只能计算有限多个点,需要对 $x_s(t)$ 进行时域截断,截断长度为 τ 取出有限的 N 点,用矩形窗函数 $g(t)$ 与其相乘。根据频域卷积定理,N 个有限点的离散信号 $x_s(t) \cdot g(t)$ 的频谱函数为 $X_s(f) * G(f)$,此时频谱出现了"皱波",如图 2-55(e)所示。

(3) 频域采样

图 2-55(e)所示的频谱是连续的,仍不是计算机可接受的,还要将其离散化。频域采样在理论上是图 2-55(e)所示的连续频谱乘以频域周期脉冲信号 $D(f)$,根据时域卷积定理,频域两信号相乘对应于时域作卷积,其结果如图 2-55(g)所示。这里要注意,应使频域采样脉冲 $D(f)$ 的采样间隔 $\Delta f = 1/\tau$,以保证在时域作卷积时不会产生"混叠"现象。

(4) 频域截断

图 2-55(g)所示的是无限长的离散傅立叶变换对,同原来的 $x(t)$ 与 $X(f)$ 这一傅立叶变换对

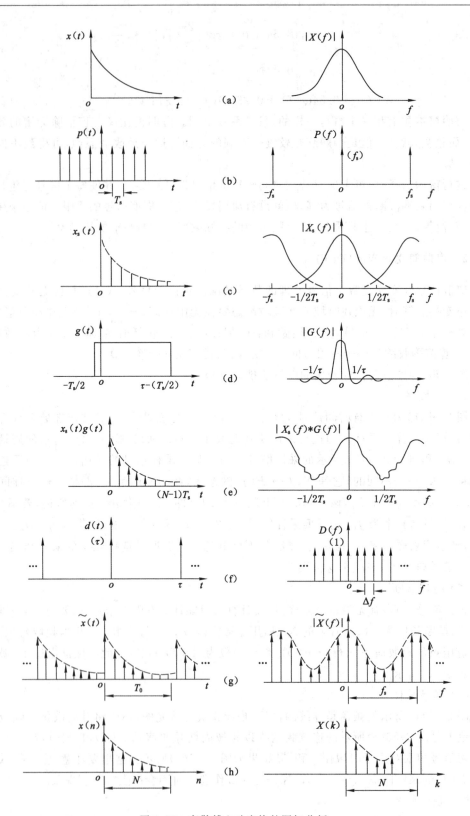

图 2-55　离散傅立叶变换的图解分析

相比较,它们在时域和频域都周期化了。这是因为在时域上采样使得频域周期化[见图 2-55(c)];而在频域上采样又使得时域周期化[见图 2-55(g)]。计算机所能给出的是有限区间上的离散傅立叶变换,因此从图 2-55(g)中分别取一个周期的 N 个时域采样值和 N 个频域采样值,最终得到与原连续信号 $x(t)$ 及其傅立叶变换 $X(f)$ 相对应的有限离散傅立叶变换对。

由于上述采样、截断等必须得处理,一般信号经过离散傅立叶变换得到频谱只能是"估计"值,它不仅存在着"混叠""泄漏""栅栏"等效应引起的误差,而且对于随机信号,它还存在用"样本"去估计"总体"所必然存在的统计误差。

以上离散傅立叶变换从理论上解决了在计算机上实现傅立叶变换的问题,但由于运算量很大,实际上在计算机上还是很难实现。于是人们力图寻找快速而简便的算法。1965 年美国人库利(J. W. Cooley)和图基(J. M. Tukey)突破了 DFT 的快速算法,并编制了该算法的程序,后来称之为快速傅立叶变换(FFT)。它不是一种新的变换理论,而只是一种 DFT 的快速算法,但由于它使得傅立叶变换技术真正在计算机上实现实用化,故不愧为运算技术上的一大突破。目前 FFT 不仅能在计算机上用软件实现,而且还可用硬件实现,变换速度极快。有关 FFT 的基本思路和计算方法及程序编制、硬件实现等问题请参考相关书籍。

思考题与习题

2-1 求周期信号方波(题图 2-1)的傅立叶级数,画出频谱图。

2-2 求周期信号三角波(题图 2-2)的傅立叶级数,画出频谱图。

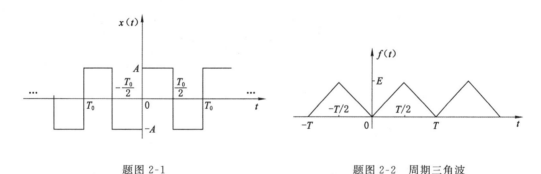

题图 2-1   题图 2-2   周期三角波

2-3 求指数信号 $x(t)=x_0 \mathrm{e}^{-at}(a>0,t\geqslant0)$ 的频谱 $X(\omega)$,并作出频谱图。

2-4 求被截断的余弦信号(题图 2-3)的傅立叶变换 $X(\omega)$。

2-5 假设有一个信号 $x(t)$,它由两个频率、幅值和相角均不相等的余弦分量叠加而成,其数学表达式为

$$x(t) = A_1\cos(\omega_1 t + \varphi_1) + A_2\cos(\omega_2 t + \varphi_2)$$

求该信号的自相关函数。

2-6 求周期相同的方波和正弦波(题图 2-4)的互相关函数 $R_{xy}(\tau)$。

2-7 对三个余弦信号 $x_1(t)=\cos 2\pi t,x_2(t)=\cos 6\pi t,x_3(t)=\cos 10\pi t$,做理想脉冲抽样,抽样频率 $\omega_s=8\pi$,求三个抽样信号的频谱图(用实线表示原信号的谱线,虚线表示延拓谱线),进行比较并解释频谱混叠现象。

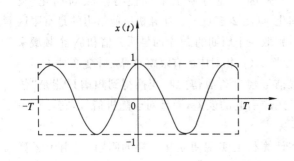

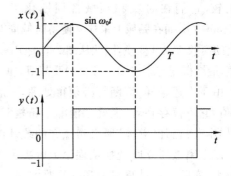

题图 2-3

题图 2-4

第3章 测试系统的特性分析

3.1 概 述

测试系统是从客观事物中获取有关信息的工具,是执行测试任务的传感器、仪器和设备的总称。测试系统的性能直接影响测试的有效性。建立测试系统的概念并掌握系统的基本特性对于正确选用测试系统、校准测试系统以及提高测试的准确性等尤为重要。本章将围绕测试结果能否真实反映被测信号这一测试中最重要的问题,探讨测试系统的静态、动态特性和不失真测试条件。

3.1.1 测试系统的基本要求

在测试中,输入信号 $x(t)$ 经过测试系统后变为输出信号 $y(t)$,如图 3-1 所示。一般的工程测试问题总是研究输入量 $x(t)$、系统的传输转换特性 $h(t)$ 和输出量 $y(t)$ 三者之间的关系,即:

图 3-1 系统、输入和输出

① $x(t),y(t)$ 是可以观察的量,则通过 $x(t)$、$y(t)$ 可推断测试系统的传输特性或转换特性 $h(t)$;

② $h(t)$ 已知,$y(t)$ 可测,则可通过 $h(t)$、$y(t)$ 推断导致该输出的相应输入量 $x(t)$,这是工程测试中最常见的问题;

③ 若 $x(t),h(t)$ 已知,则可推断或估计系统的输出量 $y(t)$。

理想的测试系统应该具有单值的、确定的输入和输出关系,其中以输出和输入呈线性关系为最佳。在静态测量中,测试系统的这种线性关系虽说总是所希望的,但不是必需的,因为在静态测试中可用曲线校正或输出补偿技术作非线性校正;在动态测试中,测试工作本身应该力求其是线性系统,这不仅因为目前只有对线性系统才能作比较完善的数学处理与分析,而且也因为在动态测试中作非线性校正目前还相当困难。一些实际测试系统不可能在较大的工作范围内完全保持线性,因此,只能在一定的工作范围内和一定的误差允许范围内作为线性处理。

3.1.2 线性系统及其主要性质

在工程测试实践和科学实验活动中,经常遇到的测试系统大多数属于线性时不变系统。一些非线性系统或时变系统,在限定的范围与指定的条件下,也遵从线性时不变的规律。对线性时不变系统的分析已经形成了完整严密的体系,日臻完善和成熟;而非线性系统与时变系统的研究还未能总结出令人满意的、具有普遍意义的分析方法,在动态测试中,要作非线性校正还存在一定的困难。基于以上几点原因,接下来将讨论的重点和范围限定在线性时不变系统。

对于线性时不变系统,可以用输入 $x(t)$、输出 $y(t)$ 之间的常系数线性微分方程来描述,其微分方程的一般形式为:

$$a_n \frac{\mathrm{d}^n y(t)}{\mathrm{d}t^n} + a_{n-1} \frac{\mathrm{d}^{n-1} y(t)}{\mathrm{d}t^{n-1}} + \cdots + a_1 \frac{\mathrm{d}y(t)}{\mathrm{d}t} + a_0 y(t) = b_m \frac{\mathrm{d}^m x(t)}{\mathrm{d}t^m} +$$

$$b_{m-1} \frac{\mathrm{d}^{m-1} x(t)}{\mathrm{d}t^{m-1}} + \cdots + b_1 \frac{\mathrm{d}x(t)}{\mathrm{d}t} + b_0 x(t) \tag{3-1}$$

式中,a_n、a_{n-1}、a_{n-2}、$\cdots$、a_0 和 b_m、b_{m-1}、b_{m-2}、$\cdots$、b_0 是与测试系统的物理特性、结构参数和输入状态有关的常数;n 和 m 为正整数,表示微分的阶次。一般 $n \geqslant m$ 并称 n 值为线性系统的阶数。

对于(3-1)式所确定的线性时不变系统,用 $x(t) \rightarrow y(t)$ 表示输入为 $x(t)$、输出为 $y(t)$ 的输入-输出对应关系,则线性时不变系统具有以下主要性质:

(1) 叠加性

若

$$x_1(t) \rightarrow y_1(t), x_2(t) \rightarrow y_2(t)$$
$$[x_1(t) + x_2(t)] \rightarrow [y_1(t) + y_2(t)]$$

上式表明,两个信号代数和(同时输入一个测试系统)的输出信号为这两个信号分别输入时输出信号的代数和。

当多个信号同时输入一个测试系统时,同样有下列结论:

$$[x_1(t) + x_2(t) + \cdots + x_n(t)] \rightarrow [y_1(t) + y_2(t) + \cdots + y_n(t)] \tag{3-2}$$

(2) 比例特性

对于任意常数 a,都有

$$ax(t) \rightarrow ay(t) \tag{3-3}$$

式(3-3)表明,测试系统的输入信号放大 a 倍,输出信号也放大 a 倍。

当多个放大的信号同时输入一个测试系统时,同样有下列结论:

$$[a_1 x_1(t) + a_2 x_2(t) + \cdots + a_n x_n(t)] \rightarrow [a_1 y_1(t) + a_2 y_2(t) + \cdots + a_n y_n(t)] \tag{3-4}$$

式中,$a_1, a_2, \cdots, a_n$ 为任意常数。该特性表明,对于线性系统,如果输入放大,则输出将呈比例放大。在分析线性系统多输入同时作用下的总输出时,可以将多输入分解成许多单独的输入分量,先分析各分量单独作用于系统所引起的输出,然后将各分量单独作用的输出叠加起来便可得到系统总输出。

(3) 微分特性

线性系统对输入微分的响应,等同于对原输入响应的微分,即若：

$$x(t) \to y(t)$$

则有：

$$\frac{\mathrm{d}x(t)}{\mathrm{d}t} \to \frac{\mathrm{d}y(t)}{\mathrm{d}t} \tag{3-5}$$

此特性可推广至多阶。

（4）积分特性

线性系统对输入积分的响应，等同于对原输入响应的积分，即

若：

$$x(t) \to y(t)$$

则有：

$$\int_0^t x(t)\mathrm{d}t \to \int_0^t y(t)\mathrm{d}t \tag{3-6}$$

（5）频率保持特性

线性系统的稳态输出 $y(t)$，和输入的频率成分相同，即若输入信号：

$$x(t) = \sum_{i=1}^n X_i \cdot \mathrm{e}^{\mathrm{j}\omega_i t}$$

则输出信号：

$$y(t) = \sum_{i=1}^n Y_i \cdot \mathrm{e}^{\mathrm{j}(\omega_i t + \varphi_i)} \tag{3-7}$$

该性质说明：一个系统如果处于线性工作范围内，当其输入是正弦信号时，它的稳态输出一定是与输入信号同频率的正弦信号，只是幅值和相位有所变化。若系统的输出信号中含有其他频率成分时，可以认为是外界干扰的影响或系统内部的噪声等原因所致，应采用滤波等方法进行处理，将干扰排除。

3.2　测试系统的静态特性

测试系统的静态特性是指当输入信号为一不变或缓变信号时，输出与输入之间的关系。测试系统处于静态测试时，输入量和输出量不随时间变化，因而输入和输出的各阶导数均为零，式(3-1)给出的微分方程将演变为代数方程(3-8)：

$$y(t) = \frac{b_0}{a_0}x(t) \tag{3-8}$$

式(3-8)是常系数线性微分方程的特例，称为测试系统的静态传递方程，简称静态方程。描述静态方程的曲线称为测试系统的静态特性曲线或定度曲线。常用的静态特性参数有灵敏度、量程、测量范围、线性度、精确度、分辨率与重复性，还有漂移、死区和迟滞等。静态特性参数是通过实验的方法测定的，测得静态测量下系统的输出 y 与输入 x 的关系曲线即静态特性曲线，然后再根据该曲线进行相应的数据处理，即可得到相应的静态特性参数。

（1）灵敏度

灵敏度 S 是测试系统在静态条件下响应量的变化 Δy 和与之相对应的输入量变化 Δx 的比值。理想的静态量测试系统应具有单调、线性的输入输出特性，其斜率为常数。在这种

情况下,测试系统的灵敏度 S 就等于特性曲线的斜率,即

$$S = \frac{\Delta y}{\Delta x} = \frac{y}{x} = \frac{b_0}{a_0} = 常数 \tag{3-9}$$

当特性曲线无线性关系时,灵敏度的表达式为

$$S = \lim_{\Delta x \to 0} \frac{\Delta y}{\Delta x} = \frac{\mathrm{d}y}{\mathrm{d}x} \tag{3-10}$$

灵敏度是一个推导量,因此在讨论测试系统的灵敏度时,必须确切地说明它的单位。例如,位移传感器的被测量(位移)的单位是 mm,输出量的单位是 mV,故位移传感器的灵敏度单位是 mV/mm。许多测试单元的灵敏度是由其物理属性或结构所决定的。灵敏度反映了系统对输入量变化的敏感程度,其值越大表示系统越灵敏。但应注意,灵敏度越高,系统的示值稳定性就越差且测量范围也越窄,实际中 S 值的选择要适当。

(2)非线性度

非线性度是指测试系统的实际输入-输出特性曲线对于理想线性输入-输出特性的偏离程度。实际的测试系统输出与输入之间,并非是严格的线性关系。反映在图形上为定标曲线偏离拟合直线的程度,其值用在系统的量程范围 A 内,定标曲线与拟合直线之间的最大偏 B_{max} 与 A 之比的百分数来确定,如图 3-2 所示,表达式如下:

$$\delta_f = \frac{B_{max}}{A} \times 100\% \tag{3-11}$$

确定拟合直线的方法较多,目前国内尚无统一的标准,较为常用的方法有两种:端基直线和最小二乘拟合直线。端基直线是一条通过测量范围的上下极限点所确定的直线,这种拟合直线的方法简单易行,但因与数据的分布无关,其拟合精度很低;最小二乘拟合直线是在以测试系统校准数据与拟合直线的偏差的平方和为最小的条件下所确定的直线,它是保证所有测量值最接近拟合直线、拟合精度很高的方法。

(3)回程误差

实际的测试系统中,由于其内部存在弹性元件的弹性滞后、磁性元件的磁滞现象以及机械摩擦、材料受力变形、间隙等原因,使得相同的测试条件下,在输入量由小增大和由大减小的测试过程中,对应于同一输入量所得到的输出量往往存在差值,这种现象称为迟滞。对于测试系统的迟滞的程度,用回程误差来描述。测试系统的回程误差是指在相同测试条件下,满量程范围内的最大迟滞差值 h_{max} 与标称满量程输出 A 的比值的百分率,如图 3-3 所示。

$$\delta_h = \frac{h_{max}}{A} \times 100\% \tag{3-12}$$

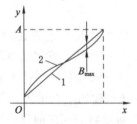

1—定标曲线;2—拟合直线
图 3-2 非线性度

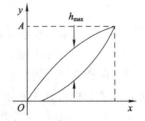

图 3-3 回程误差

（4）精确度

精确度是指测试系统的指示接近被测量真值的能力。精确度是重复误差和线性度等的综合。精确度可以用输出单位来表示，例如温度表的精确度为 ±1 ℃，千分尺的精确度为 ±0.001 mm 等。但大多数测量仪器或传感器的精确度是用无量纲的百分比误差或满量程百分比误差来表示的，即有：

$$百分比误差 = \frac{（指示值 - 真值）}{真值} \times 100\%$$

而在工程应用中多以仪器的满量程百分比误差来表示，即有：

$$满量程百分比误差 = \frac{指示值 - 真值}{最大量程} \times 100\%$$

精确度表示测量的可信程度，精确度不高可能是由仪器本身或计量基准的不完善两方面原因造成的。

（5）分辨率

分辨率（分辨力）是指测试系统能测量到输入量最小变化的能力，即能引起响应量发生变化的最小激励变化量，用 Δx 表示。由于测试系统或仪器在全量程范围内，各测量区间的 Δx 不完全相同，因此常用全量程范围内最大的 Δx，即 Δx_{max} 与测试系统满量程输出值 A 之比的百分率表示其分辨能力，称为分辨率，用 F 表示：

$$F = \frac{\Delta x_{max}}{A} \times 100\% \tag{3-13}$$

为了保证测试系统的测量准确度，工程上规定：测试系统的分辨率应小于允许误差的 $1/3$，$1/5$ 或 $1/10$。这可以通过提高仪器的敏感单元增益的方法来提高分辨率，如使用放大镜可比裸眼更清晰地观察刻度盘相对指针的刻度值，也可用放大器放大测量信号等。不应该将分辨率与重复性、准确度混淆起来。测量仪器必须有足够高的分辨率，但这还不是构成良好仪器的充分条件。分辨率的大小应能保证在稳态测量时仪器的测量值波动很小。分辨率过高会使信号波动过大，从而会对数据显示或校正系统提出过高的要求。一个好的设计应使其分辨率与仪器的功用相匹配。

3.3　测试系统的动态特性

动态特性是当输入信号为一随时间迅速变化的信号时，输出与输入之间的关系。在进行动态测量时，掌握测试系统的动态特性非常必要，尤其是要掌握测试系统工作的频率范围的动态特性。例如，用水银体温计测体温时，必须与人体有足够的接触时间，它的读数才能准确反映人体的温度，其原因是体温计的示值输出滞后于温度输入，这种现象称为时间响应。又比如当用千分表测量振动物体的振幅时，如果振动体的振幅一定，当振动体的振动频率很低时，千分表的指针将随其摆动，指示出各个时刻的幅值。随着振动频率的增加，指针摆动的幅度逐渐减小，以至近乎不动。表明指针的示值随振动频率的变化而改变，这种现象称为测试系统对输入的频率响应。时间响应和频率响应是动态测试过程中表现出的重要特征，是研究测试系统动态特性的主要内容。

对于测量动态信号的测试系统，要求它能迅速而准确地测出信号的大小和波形变化。但在实际测试系统中，总是存在诸如弹簧、质量和阻尼等元件，因此输出值 $y(t)$ 不仅与输入

量 $x(t)$、输入量的变化速度 $\dot{x}(t)$ 和加速度 $\ddot{x}(t)$ 有关,而且还受到测试系统的阻尼、质量的影响。

测试系统动态特性的描述,对线性定常系统,可采用常系数微分方程描述(时域描述),但对于高阶系统,求解其微分方程比较困难。在工程应用中,为了便于分析计算,通常情况采用频率响应函数(频域描述)或传递函数(复频域描述)来描述。下面重点对测试系统动态特性的频域描述进行介绍。

3.3.1 频域动态特性

传递函数 $H(s)$ 的定义是初始条件为零时,系统输出的拉氏变换与输入的拉氏变换之比,即:

$$H(s) = \frac{Y(s)}{X(s)} \tag{3-14}$$

式中,s 是复变量,$s = \sigma + j\omega$,其中虚部 ω 为角频率。

传递函数表示了系统的输入信号与输出信号之间在复频域中的关系。如果令其自变量 s 的实部 $\sigma = 0$,即令 $s = j\omega$,则复数域就变为频率域,传递函数 $H(s)$ 就变为频率响应函数 $H(j\omega)$。与传递函数相比,频率响应函数物理概念明确,且便于通过试验来建立,是研究测试系统动态特性的重要工具。

(1) 频率响应函数

① 由傅立叶变换求频率响应函数

设测试系统的输入信号为 $x(t)$,其相应的输出为 $y(t)$,系统的微分方程为:

$$\sum_{i=0}^{n} a_i y^{(i)}(t) = \sum_{r=0}^{m} b_r x^{(r)}(t)$$

利用傅立叶变换的微分性质($\frac{d^n x(t)}{dt^n} \Rightarrow (j\omega)^n X(j\omega)$),对上式进行傅立叶变换得到:

$$Y(j\omega) \sum_{i=0}^{n} a_i (j\omega)^i = X(j\omega) \sum_{r=0}^{m} b_r (j\omega)^r \tag{3-15}$$

对式(3-15)进行整理,取输出与输入的比,得到一个关于频率的复数函数 $H(j\omega)$,即频率响应函数:

$$H(j\omega) = \frac{Y(j\omega)}{X(j\omega)} = \frac{\sum\limits_{r=0}^{m} b_r (j\omega)^r}{\sum\limits_{i=0}^{n} a_i (j\omega)^i} \tag{3-16}$$

式(3-16)表明,在任意信号输入下,系统的频率响应是系统稳态输出与输入的傅立叶变换之比。这是频率响应的广义定义,它表明,在理论上,频率响应可以直接对系统的微分方程进行傅立叶变化得到。

② 由正弦输入求频率响应

假设测试系统的输入为 $x(t) = X e^{j(\omega t + \varphi_x)}$ 的指数形正弦信号,根据线性系统的频率保持性,输出信号的频率仍为 ω,但幅值和相角可能会有所变化,所以输出信号 $y(t) = Y e^{j(\omega t + \varphi_y)}$ 将它们代入式(3-1)得:

$$[a_n (j\omega)^n + a_{n-1} (j\omega)^{n-1} + \cdots + a_0] Y e^{j(\omega t + \varphi_y)} = [b_m (j\omega)^m + b_{m-1} (j\omega)^{m-1} + \cdots + b_0] X e^{j(\omega t + \varphi_x)}$$

经整理后可得:

$$H(j\omega) = \frac{Ye^{j(\omega t+\varphi_y)}}{Xe^{j(\omega t+\varphi_x)}} = \frac{Y}{X}e^{j(\varphi_y-\varphi_x)} = \frac{b_m (j\omega)^m + b_{m-1} (j\omega)^{m-1} + \cdots + b_0}{a_n (j\omega)^n + a_{n-1} (j\omega)^{n-1} + \cdots + a_0} \quad (3\text{-}17)$$

式(3-17)反映了信号频率为 ω 时的输入、输出关系,为输出的傅立叶变换和输入的傅立叶变换之比,即为频率响应函数。由此得到频率响应的第二种定义,即在正弦信号输入下,测试系统的频率响应是系统稳态输出与输入的频域描述之比。

(2) 频率响应的物理意义

通常,频率响应函数 $H(j\omega)$ 是一个复数函数,它可用指数形式表示,即有:

$$H(j\omega) = \text{Re}(\omega) + j\text{Im}(\omega) = |H(j\omega)|e^{j\angle H(j\omega)} \quad (3\text{-}18)$$

频率响应的模和幅角与实部和虚部有下列关系:

$$|H(j\omega)| = \sqrt{\text{Re}^2(\omega) + \text{Im}^2(\omega)} = A(\omega) \quad (3\text{-}19)$$

$$\angle H(j\omega) = \arctan\frac{\text{Im}(\omega)}{\text{Re}(\omega)} = \varphi(\omega) \quad (3\text{-}20)$$

因模 $|H(j\omega)|$ 和 $\angle H(j\omega)$ 都是实变函数,分别用 $A(\omega)$ 和 $\varphi(\omega)$ 来表达,式(3-18)可写为:

$$H(j\omega) = |H(j\omega)|e^{j\angle H(j\omega)} = A(\omega)e^{j\varphi(\omega)} \quad (3\text{-}21)$$

式(3-21)与式(3-17)比较可知:

$$A(\omega) = |H(j\omega)| = \frac{Y}{X} \quad (3\text{-}22)$$

$$\varphi(\omega) = \angle H(j\omega) = \varphi_y - \varphi_x \quad (3\text{-}23)$$

式(3-22)的物理意义为在正(余)弦信号输入下,其模 $A(\omega)$ 反映的是系统稳态输出与输入的幅值比(Y/X)与被测信号频率 ω 的对应关系,称为系统的幅频特性,根据式(3-22)绘制的曲线称为幅频特性曲线;式(3-23)表明,其幅角 $\varphi(\omega)$ 反映的是系统稳态输出与输入的相位差角$(\varphi_y - \varphi_x)$与被测信号频率 ω 的对应关系,称为系统的相频特性,根据式(3-23)绘制的曲线称为相频特性曲线。

3.3.2 常见测试系统的频率响应

组成测试系统的各功能部件多为一阶或二阶系统,而且由于高阶系统可理解为是由多个一阶和二阶环节组合而成的,因此讨论和熟悉一阶、二阶系统的频率响应函数及其特性是十分重要的。

(1) 一阶系统的频率响应

图 3-4 给出了常见的三个一阶系统实例。这里先以其中熟悉的一阶力学模型为对象进行讨论,并导出它的频率响应。图 3-4(a)所示为由弹簧、阻尼器组成的一阶系统。当输入为力 $x(t)$ 时,输出为位移 $y(t)$。根据力平衡条件,可列出描述这一力学模型的运动微分方程为:

$$c\frac{dy(t)}{dt} + ky(t) = x(t)$$

或

$$\tau\frac{dy(t)}{dt} + y(t) = Sx(t) \quad (3\text{-}24)$$

式中，c 阻尼系数，k 弹簧刚度，τ 时间常数，即 $\tau=c/k$，$1/k$ 为系统的静态灵敏度，即 $S=1/k$。

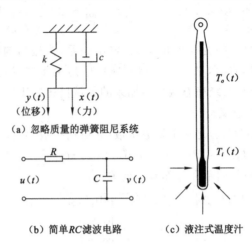

（a）忽略质量的弹簧阻尼系统

（b）简单RC滤波电路　　　（c）液注式温度汁

图 3-4　一阶系统实例

式（3-24）的傅立叶变换为：

$$\tau j\omega Y(j\omega) + Y(j\omega) = SX(j\omega)$$

按频率响应的定义得到一阶系统频率响应函数的一般形式为：

$$H(s) = \frac{Y(j\omega)}{X(j\omega)} = \frac{S}{j\omega\tau + 1} \tag{3-25}$$

对于图 3-4 所示的另外两个实例，也可以用一阶微分方程来描述它们的输入-输出关系。对于无源 RC 电路：

$$RC\frac{dv(t)}{dt} + v(t) = u(t)$$

对于液柱式温度计：

$$R'C'\frac{dT_0(t)}{dt} + T_0(t) = T_t(t)$$

式中，$T_t(t)$ 和 $T_0(t)$ 分别表示被测温度和指示温度；C' 表示温度计的热容量；R' 表示传导介质的热阻。

显然，如果统一用 $x(t)$ 表示输入，$y(t)$ 表示输出，不难看出，描述一阶系统的微分方程具有完全相同的数学形式。因此，对于物理结构完全不同的一阶系统，其频率响应函数的形式是完全相同的，其标准形式如式（3-25）所示，只是参数 τ 的值因系统的不同而异。

考察动态特性时，为分析方便起见，可令式（3-25）中 $S=1$，并以这种归一化系统作为研究对象，即有：

$$H(j\omega) = \frac{1}{j\omega\tau + 1} \tag{3-26}$$

幅频、相频特性表达式为：

$$A(\omega) = \frac{1}{\sqrt{1 + (\omega\tau)^2}} \tag{3-27}$$

$$\varphi(\omega) = -\arctan(\omega\tau) \tag{3-28}$$

一阶系统以 $\omega\tau$ 为横坐标,绘制幅、相频特性曲线,如图 3-5 所示。

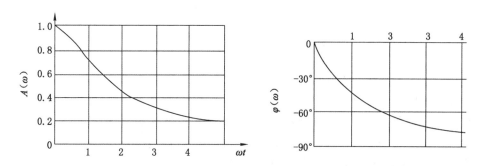

图 3-5　一阶系统的幅频和相频特性曲线

讨论:

① 当输入信号的频率 $\omega \ll \dfrac{1}{\tau}$ 时,$A(\omega) \approx 1$,$\varphi(\omega) = 0$,输出信号几乎等于输入信号;

② 当输入信号的频率 $\omega = \dfrac{1}{\tau}$ 时,$A(\omega) = \dfrac{1}{\sqrt{2}} = 0.707$,$\varphi(\omega) = -\dfrac{\pi}{4}$,该点为截止频率处;

③ 当输入信号的频率 $\omega \gg \dfrac{1}{\tau}$ 时,$A(\omega) \to 0$,$\varphi(\omega) = -\dfrac{\pi}{2}$,此频区上几乎测不出信号。

时间常数 τ 是反映一阶系统动态特性的重要参数,时间常数 τ 决定一阶系统适用的频率范围,τ 值越小,动态响应特性越好,测试系统的频带越宽。

(2)二阶系统的频率响应

图 3-6 所示为三个常见的二阶系统实例。

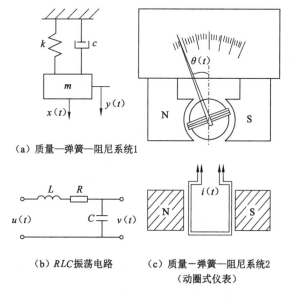

(a)质量—弹簧—阻尼系统1

(b)RLC振荡电路　　(c)质量—弹簧—阻尼系统2
　　　　　　　　　　　　（动圈式仪表）

图 3-6　二阶系统实例

对于如图 3-6(a)和图 3-6(c)所示的质量-弹簧-阻尼器二阶系统力学模型,根据力平衡条件,可列出描述这一力学模型的运动微分方程分别为:

$$m \frac{\mathrm{d}^2 y(t)}{\mathrm{d}t^2} + c \frac{\mathrm{d}y(t)}{\mathrm{d}t} + ky(t) = x(t) \tag{3-29}$$

$$J \frac{\mathrm{d}^2 \theta(t)}{\mathrm{d}t^2} + c \frac{\mathrm{d}\theta(t)}{\mathrm{d}t} + k_\theta \theta(t) = k_i i(t) \tag{3-30}$$

式中,m 为质量块的质量;k 为弹簧刚度;c 为阻尼器的阻尼系数;$i(t)$ 为输入的电流信号;$\theta(t)$ 为转动部件的角位移;J 为转动部件的转动惯量;c 为阻尼系数(用于表示空气、电磁力矩等的阻碍作用);k_θ 为游丝(扭转弹簧)的扭转刚度;k_i 为电磁转矩系数,反映单位电流产生电磁力矩的能力,和磁感应强度 B、线圈面积等参数有关。

而描述图 3-6(b)所示的 RLC 电路输入、输出电压关系的微分方程为:

$$LC \frac{\mathrm{d}^2 v(t)}{\mathrm{d}t^2} + RC \frac{\mathrm{d}v(t)}{\mathrm{d}t} + v(t) = u(t)$$

若对以上各式进行不同形式的变量代换,都可以统一为相同形式的数学表达式。例如对于图 3-6(a)所示的质量-弹簧-阻尼器系统,令 $\omega_n = \sqrt{k/m}$,阻尼比 $\zeta = c/2\sqrt{km}$,另外,灵敏度 $S = 1/k$,则式(3-29)可改写为:

$$\frac{\mathrm{d}^2 y(t)}{\mathrm{d}t^2} + 2\zeta\omega_n \frac{\mathrm{d}y(t)}{\mathrm{d}t} + \omega_n^2 y(t) = S\omega_n^2 x(t) \tag{3-31}$$

对式(3-31)两边进行傅立叶变换,令 $S=1$,得:

$$(j\omega)^2 Y(\omega) + 2\zeta\omega_n (j\omega) y(\omega) + \omega_n^2 Y(\omega) = \omega_n^2 X(\omega)$$

整理后,二阶系统的频率响应函数为:

$$\begin{aligned} H(j\omega) &= \frac{\omega_n^2}{(j\omega)^2 + 2\zeta\omega_n (j\omega) + \omega_n^2} \\ &= \frac{1}{\left[1 - \left(\dfrac{\omega}{\omega_n}\right)^2\right] + j2\zeta\dfrac{\omega}{\omega_n}} \end{aligned} \tag{3-32}$$

幅频特性和相频特性分别为:

$$A(\omega) = \frac{1}{\sqrt{\left[1 - \left(\dfrac{\omega}{\omega_n}\right)^2\right]^2 + 4\zeta^2 \left(\dfrac{\omega}{\omega_n}\right)^2}} \tag{3-33}$$

$$\varphi(\omega) = -\arctan \frac{2\zeta\dfrac{\omega}{\omega_n}}{1 - \left(\dfrac{\omega}{\omega_n}\right)^2} \tag{3-34}$$

二阶系统的幅频和相频特性曲线如图 3-7 所示。

讨论:

① 当输入信号的频率 $\omega \ll \omega_n$ 时,$A(\omega) \approx 1$,$\varphi(\omega) = 0$,输出信号几乎等于输入信号。

② 当输入信号的频率 $\omega = \omega_n$ 时,$A(\omega) = \dfrac{1}{2\zeta}$,$\varphi(\omega) = -\dfrac{\pi}{2}$。该点是系统的共振点,当阻尼比 ζ 很小时,将产生很高的共振峰。当阻尼比 $\zeta = 0.7$ 左右时,从幅频特性曲线上看,几乎无共振现象,而且其水平段最长。为了获得尽可能宽的工作频率范围并兼顾相频特性,在实

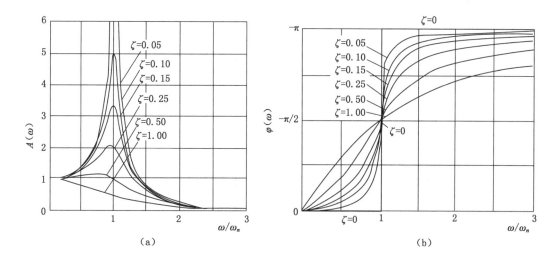

图 3-7　二阶系统的幅频与相频特性曲线

际的测试系统中,一般取阻尼比 $\zeta = 0.65$ 左右,并称之为最佳阻尼比。

③ 当 $\omega \gg \omega_n$ 时,$A(\omega) \to 0$,$\varphi(\omega) = -\pi$,此频区上几乎测不出信号。由图 3-7 分析可见,二阶测试系统是一个低通环节。

影响二阶系统动态特性的参数是固有频率 ω_n 与阻尼比 ζ。ω_n 越大,测试系统的频带越宽,阻尼比 $\zeta = 0.65$ 左右,共振现象最小,且水平段最长。

3.3.3　测试系统动态特性参数的测定

(1) 一阶系统动态特性参数的测定

① 由频率响应法测动态参数

根据系统的幅频特性曲线和相频特性曲线可知,在 $A(\omega) = 0.707$ 或 $\varphi(\omega) = -\dfrac{\pi}{4}$ 处所对应的频率 $\omega = \dfrac{1}{\tau}$,可以直接得到时间常数 τ。

② 由单位阶跃法测动态参数

给系统加阶跃激励,单位阶跃信号的傅立叶变换为 $\dfrac{1}{\mathrm{j}\omega}$,由式(3-25)得:

$$Y(\omega) = H(\omega) \cdot X(\omega) = \frac{1}{\mathrm{j}\omega\tau + 1} \cdot \frac{1}{\mathrm{j}\omega} \tag{3-35}$$

对上式取傅立叶逆变换可得一阶系统的单位阶跃响应:

$$y(t) = 1 - \mathrm{e}^{-t/\tau} \tag{3-36}$$

图 3-8(b)是一阶系统的单位阶跃响应曲线,通过不同的方法可从曲线上求出时间常数 τ。

(a) 由过 0 点切线的斜率求:

$$\frac{\mathrm{d}y(t)}{\mathrm{d}t}\Big|_{t=0} = \frac{1}{\tau}\mathrm{e}^{-\frac{t}{\tau}}\Big|_{t=0} = \frac{1}{\tau}$$

这是一阶系统单位阶跃响应的一个特点,我们可由此确定系统的时间常数。

(b) 输出达到稳态值的 63.2% 所需时间便是时间常数 τ。

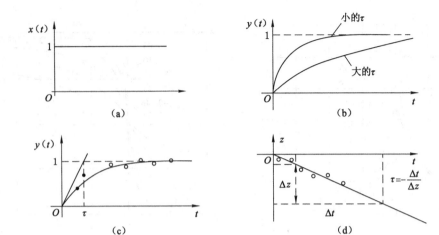

图 3-8 一阶系统时间常数的求取

（c）由 z-t 曲线求系统的时间常数。

式（3-36）可写为：

$$1 - y(t) = e^{-t/\tau}$$

两边取对数，并令：

$$z = \ln[1 - y(t)] \tag{3-37}$$

得：

$$z = -\frac{t}{\tau}$$

$$\frac{\mathrm{d}z}{\mathrm{d}t} = -\frac{1}{\tau}$$

将测得的 $y(t)$-t 数据按式（3-37）求得 z-t 的相对应值，并绘制 z-t 曲线，如图 3-8（d）所示。该直线的斜率在数值上等于 $-1/\tau$，由此可求得时间常数 τ。

（2）二阶系统动态特性参数的测定

① 由频率响应法测动态参数

由相频特性曲线求，在 $\omega = \omega_n$ 处，$\varphi(\omega) = -\dfrac{\pi}{2}$，该点的斜率反映了阻尼比的大小：

$$\frac{\mathrm{d}\varphi(\omega)}{\mathrm{d}\left(\dfrac{\omega}{\omega_n}\right)} = -\frac{1}{\zeta} \tag{3-38}$$

也可由幅频特性曲线求得，当 $\zeta < 1$，在 ω_r 处，幅频特性曲线出现"峰"值。由式（3-39）求得 ζ：

$$A(\omega)\big|_{\max} = \frac{1}{2\zeta\sqrt{1-\zeta^2}} \tag{3-39}$$

再由下式求得 ω_n。

$$\omega_r = \omega_n\sqrt{1 - 2\zeta^2} \tag{3-40}$$

② 由单位阶跃法测动态参数

欠阻尼二阶系统的单位阶跃响应：

$$y(t) = 1 - \frac{e^{-\zeta\omega_n t}}{\sqrt{1-\zeta^2}} \sin\left(\omega_n \sqrt{1-\zeta^2}\, t + \arctan\frac{\sqrt{1-\zeta^2}}{\zeta}\right) \tag{3-41}$$

其单位阶跃响应曲线如图 3-9 所示。测得最大超调量 M_1，根据 M_1 和阻尼比 ζ 的关系求得 ζ：

$$M_1 = e^{-\frac{\zeta\pi}{\sqrt{1-\zeta^2}}} \tag{3-42}$$

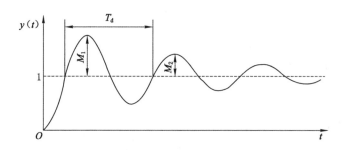

图 3-9 欠阻尼二阶系统单位阶跃响应

$$\zeta = \sqrt{\frac{1}{\left(\frac{\pi}{\ln(M_1)}\right)^2 + 1}} \tag{3-43}$$

测得相邻振荡峰值间隔时间 T_d，由下式求得固有角频率 ω_n。

$$\omega_n = \frac{2\pi}{T_d \sqrt{1-\zeta^2}} \tag{3-44}$$

3.4 测试系统的不失真测试条件

对于任何一个测试系统，总是希望它们具有良好的响应特性，即精度高、灵敏度高、输出波形无失真地复现输入波形等。但要满足上面的要求是有条件的，具体条件如下所述。

3.4.1 时域中不失真测试的条件

如图 3-10 所示，系统的输出 $y(t)$ 和它对应的输入 $x(t)$ 相比，在时间轴上所占的宽度相等，对应的高度成比例，只是滞后了一个位置 t_0。这样我们就认为输出信号的波形没有失真，或者说实现了不失真的测试。其数学表达式为：

$$y(t) = A_0 x(t - t_0) \tag{3-45}$$

式(3-44)中，A_0 和 t_0 都是常数，此式表明系统的输出波形和输入波形一致，只是幅值放大了 A_0 倍和时间上延迟了 t_0 而已。

3.4.2 频域中不失真测试的条件

对式(3-45)两边做傅立叶变换，并根据时移性质可得：

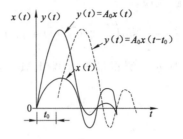

图 3-10 不失真测试的时域波形

$$Y(j\omega) = X(j\omega) \cdot A_0 e^{-j\omega t_0} \tag{3-46}$$

则系统的频率响应函数为：

$$H(j\omega) = \frac{Y(j\omega)}{X(j\omega)} = A_0 e^{-j\omega t_0} \tag{3-47}$$

系统的幅频特性和相频特性为：

$$A(\omega) = A_0 = 常数 \tag{3-48}$$

$$\varphi(\omega) = -\omega t_0 \tag{3-49}$$

以上两式表明测试系统实现信号不失真传递,必须满足两个条件:① 系统的幅频特性在输入信号 $x(t)$ 的频谱范围内为常数;② 系统的相频特性 $\varphi(\omega)$ 是过原点且具有负斜率的直线,如图 3-11 所示。

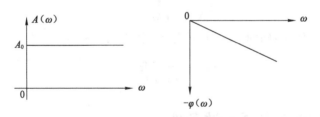

图 3-11 不失真测试的频率响应

实际的测试系统不可能在很宽的频带范围内满足不失真传递的两个条件,一般情况下,通过测试系统传递的信号既有幅值失真又有相位失真,即使只在某一段频带范围内,也难以完全理想地实现不失真传递信号。为此,在实际测试时,首先应根据被测对象的特征,选择适当特性的测试系统,使其幅频特性和相频特性尽可能接近不失真传递的条件并限制幅值失真和相位失真在一定的误差范围内;其次,应对输入信号做必要的前置处理,及时滤除非信号频带的噪声,以避免噪声进入测试系统的共振区,造成信噪比降低。

3.5 测试系统的负载效应

3.5.1 概述

在实际测试工作中,测试系统和被测对象之间,测试系统内部各环节之间相互连接并因而产生相互作用,测试装置接入后就成为被测对象的负载。

现以图 3-12 为例来说明环节之间连接的复杂性。设被测对象是安装在电动机中的滚珠轴承,测试的目的在于判断轴承是否良好。此时,源信号之一 $x(t)$ 可认为是轴承内滚道上的一个缺损所引起的滚珠在滚动中的周期性冲击。由于测振传感器只能安装在电动机外壳近轴承座的某处,因此,对传感器来说,无法直接输入 $x(t)$,而只能间接地输入某一信号 $y(t)$。显然,$y(t)$ 是 $x(t)$ 经过电动机转轴-轴承-轴承座等机械结构传输后的输出,并且是测试系统的输入。而最后的测试结果却是 $y(t)$ 经过测试系统传输后的响应 $z(t)$。因此,$z(t)$ 和 $x(t)$ 的关系,实际上取决于从电动机转轴-轴承-轴承座-测试装置整个系统的特性,取决于测试装置与被测对象两部分的连接。整个系统是由众多环节、装置连接而成的,后接环节总是成为前接环节的负载,两者总是存在能量交换和相互影响,以致系统的传递函数不再是各组成环节传递函数的叠加(如并联时)或连乘(如串联时)。

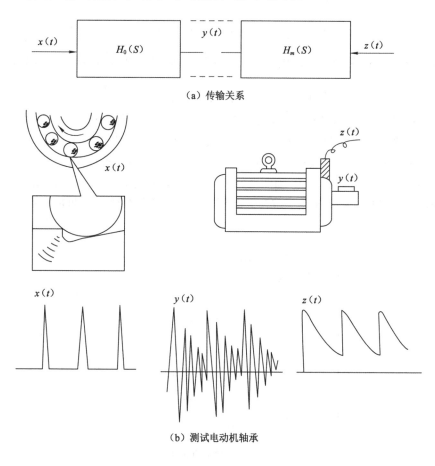

图 3-12　测试装置和测试对象的串接

当一个装置连接到另一个装置上,并发生能量交换时,就会发生两种现象:① 前装置的连接处甚至整个装置的状态和输出都将发生变化。② 两个装置共同形成一个新的整体,该整体虽然保留其两组成装置的某些主要特征,但其传递函数已不能用下列两式所表示:

$$H(\omega) = \frac{Y(\omega)}{X(\omega)} \qquad (3\text{-}50)$$

$$H(s) = \prod_{i=1}^{n} H_i(s) \qquad (3\text{-}51)$$

某装置由于后接另一装置而产生的种种现象,称为负载效应。

负载效应产生的后果,有的可以忽略,有的却是很严重的,不能对其掉以轻心。下面举一些例子来说明负载效应的严重后果。

集成电路芯片温度虽高但功耗很小,约十几毫瓦,相当于是一种小功率的热源。若用一个带探针的温度计去测其结点温度,显然温度计会从芯片吸收热量而成为芯片的散热元件。这样不仅不能测出正确的结点工作温度,而且整个电路的工作温度都会下降。又如若在一个单自由度振动系统的质量块 m 上连接一个质量为 m_f 的传感器,致使参与振动的质量称为 $m+m_f$,从而导致系统的固有频率下降。

图 3-13 是一个简单的直流电路。不难算出电阻器 R_2 电压降 U_0 为 $U_0 = \dfrac{R_2}{R_1+R_2}E$,为测量该量,可在 R_2 两端并联一个内阻为 R_m 的接入电阻,R_2 和 R_m 两端的电压降 U 为:

$$U = \frac{R_L}{R_1 + R_L}E = \frac{R_m R_2}{R_1(R_m + R_2) + R_m R_2}E$$

显然,由于接入测试装置(电表)、被测系统(原电路)状态及被测量(R_2 的电压降)都发生了变化。原来电压降为 U_0,接入电表后,变为 U,$U \neq U_0$,两者的差值随 R_m 的增大而减小。为了定量说明这种负载效应的影响程度,令 $R_L = 100$ kΩ,$R_2 = R_m = 150$ kΩ,$E = 150$ V,代入上式,可以得到 $U_0 = 90$ V,而 $U = 64.3$ V,误差竟然达到 28.6%。若 R_m 改为 1 MΩ,其余不变,则 $U = 84.9$ V,误差为 5.7%。此例充分说明了负载效应对测量结果影响有时是很大的。

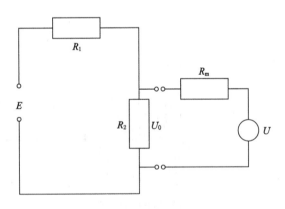

图 3-13　简单的直流电路

3.5.2　减轻负载效应的措施

负载效应所造成的影响,应根据具体环节及具体装置来具体分析。如果将电阻的概念推广为广义阻抗,那么就可以比较简捷地研究各种物理环节之间的负载效应。

对于电压输出的环节,减轻负载效应的办法有:

（1）提高后续环节（负载）的输入阻抗。

（2）在原来两个相连的环节之中，插入高输入阻抗、低输出阻抗的放大器，以便一方面减少从前一环节吸收能量，另一方面在承受后一环节（负载）后又能减小电压输出的变化，从而减轻负载效应。

（3）使用反馈或零点测量原理，使后一环节几乎不从前一环节吸收能量。如用电位差计测量电压等。

总之，在进行测试工作中，应当建立系统整体的概念，充分考虑各种装置、环节的连接后可能产生的影响。测量装置的接入就成为被测对象的负载，将会产生测量误差。两环节连接，后环节将成为前环节的负载，并产生相应的负载效应。进行测试工作时，在选择成品传感器时，必须仔细考虑传感器对被测对象的负载效应。在组成测试系统时，要考虑各组成环节之间连接时的负载效应，尽可能减小负载效应的影响。对于成套仪器系统来说，各组成部分间的相互影响，仪器生产厂家应作充分考虑，对一般使用者来说，只需考虑传感器对被测对象所产生的负载效应。

思考题与习题

3-1　频率响应的物理意义是什么？它是如何获得的？为什么说它反映了测试系统的性能？

3-2　测试系统的工作频带是如何确定的？一、二阶系统动态特性主要参数及其合理取值范围是多少？并说明原因。

3-3　进行某次动态压力测量时，所采用的压电式力传感器的灵敏度为 90.9 nC/MPa，它与增益为 0.005 V/nC 的电荷放大器相连，而电荷放大器的输出接到一台笔式记录仪上，记录仪的灵敏度为 20 mm/V。试计算这个测量系统的总灵敏度。当压力变化 3.5 MPa 时，记录笔在记录纸上的偏移量是多少？

3-4　用一个时间常数为 3.35 s 的一阶装置去测量周期分别为 1 s 和 5 s 的正弦信号，问幅值误差各为多少？

3-5　设某力传感器为二阶振荡环节。已知传感器的固有频率为 800 Hz，阻尼比 $\zeta=0.14$，问使用该传感器对频率为 400 Hz 的正弦力测试时，其幅值比和相位差角各为多少？若该装置的阻尼比改为 $\zeta=0.7$，则幅值比和相位差将如何变化？

3-6　对一个二阶装置输入一单位阶跃信号后，测得其响应中产生了数值为 1.5 的第一个超调量峰值。同时测得其振荡周期为 6.28 s，设已知该装置的灵敏度为 3，试求该装置的频率响应和该装置在 ω_n 处的频率响应。

第4章 常用传感器

4.1 概 述

4.1.1 传感器及其组成

人体有五种感觉器官，眼、耳、舌、鼻、手，它们可以分别用来感知外部世界的变化。眼用于看，耳用于听，舌用于品尝，鼻用于闻，手用于触摸。这五种感觉器官是人类获取信息的主要途径，在人类活动中起着至关重要的作用。传感器是人类感官的延伸，如视觉——光传感器；听觉——声压传感器；嗅觉——气敏传感器；触觉——温度和压力传感器等。

传感器（Sensor）是能够感知被测量并按照一定规律转换成可用输出信号的器件或装置。这种转化包括各种物理形式，如机-电、热-电、声-电或机-光、热-光、光-电等。传感器是人类器官的延伸，是现代测控系统的关键环节。

一般来讲，传感器由敏感元件、转换元件和测量电路组成。图 4-1 为传感器组成框图。

图 4-1 传感器组成框图

4.1.2 传感器的分类

由于被测物理量的多样性，测量范围又很广，传感技术借以变换的物理现象和定律很多，所处的工作环境又有很大的不同，所以传感器的品种、规格十分繁杂。新型的传感器被不断地研究出来，每年都有千种新的类型出现。为了便于研究，必须予以适当的科学分类。目前分类方法常用的有两种，一是按传感器的输入量来分类，另一种是按其输出量来分类。

按传感器的输入量分类就是用它所测量的物理量来分类。例如用来测量力的则称为测力传感器；测量位移的则称为位移传感器；测量温度的则称为温度传感器等等。这种分类方法便于使用者选用。

按输出量分类就是按传感器输送出何种参量来分。如果输出量是电量则还可分为电路参数型传感器和发电型传感器。电路参数型传感器如电阻式、电容式、电感式传感器。发电型传感器可输出电源性参量如电势、电荷等。按输出量分类的方法基本上反映了传感器的工作原理，便于学习和研究传感器的原理。

另外,由于数字技术的发展,出现的以数字量输出的传感器称为数字式传感器一类,而传统的是以连续变化信号作输出量的则称为模拟式传感器。

随着计算机技术的发展,近年来出现的智能传感器是一种带有微处理器并兼有监测和信息处理功能的传感器,虽然它是在传统传感器的基础上发展起来的,但与传统传感器相比,其各项性能指标要高得多,是传感器的发展趋势。

4.2　参数型传感器

参数型传感器的工作原理是将被测物理量转化为电路参数,主要有电阻、电容和电感。

4.2.1　电阻式传感器

电阻式传感器是把被测量转变为电阻变化量的传感器,图 4-2 是几种可变电阻传感器的传感元件。(a)是用来测量直线位移的电位计;(b)是测量应变的电阻应变片;(c)是用以测量温度的热敏电阻;(d)是热线风速计,它使用加热金属处在周围流动介质冷却效应下的电阻变化来测量流动速度的;(e)是用来测量流体压力的金属丝压敏传感元件。它们都是将被测物理量转化为电阻变化的传感元件。除所列举的各项外,还有反映气体浓度或成分的气敏电阻;反映介质含水量的湿敏电阻;反映光信号强弱的光敏电阻等等。

电阻式传感器按其工作原理可分为变阻器式和电阻应变式。

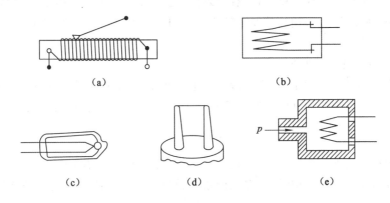

图 4-2　可变电阻传感元件

(1) 变阻器式传感器

变阻器式传感器通过改变电位器触头位置实现将位移的变化转换为电阻的变化。在输入量变化时,起点阻值可由零变化到一个相当于接近原电阻值的数,甚至可在全部阻值范围内变化。传统的滑线式电阻器使用电阻材料导线覆以绝缘涂层后排绕而成,弹性导体制成的电刷在工作表面上滑动,电刷位移的变化引起电阻值的变化。变阻器式传感器的后接电路一般采用分压电路。常用的变阻器型传感器用来测量线位移或角位移等,如图 4-3 所示。

图 4-3(a)为直线位移型,触点 C 沿变阻器移动,若移动位移 x,则 C 点与 A 点之间的电阻值为

$$R = kx$$

传感器灵敏度为:

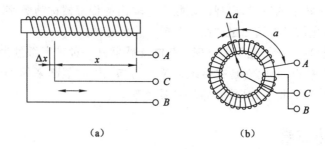

图 4-3　变阻器式传感器

$$S = \frac{dR}{dx} = k$$

式中，k 为单位长度的电阻值。当导线分布均匀时，k 为常数，这时传感器的输出 R 与输入 x 呈线性关系。

图 4-3(b)为回转型变阻式传感器，其电阻值随电刷转角的变化而变化。其灵敏度为：

$$S = \frac{dR}{d\alpha} = k_\alpha$$

式中，α 为电刷转角；k_a 为单位弧度所对应的电阻值。

（2）电阻应变式传感器

电阻应变式传感器是应用最为广泛的传感器之一，它的体积小、结构简单、分辨力高、动态响应比较快、测量精度高、使用简便。特别是在引入光刻工艺后，技术上有新的突破，精度和可靠性有较大提高。

① 电阻应变片的工作原理

电阻应变片的工作原理基于"力→应变→电阻变化"三个基本转换环节。被测量与应变电阻的函数关系可以根据物理学的基本原理导出。设一根导体的电阻值为：

$$R = \rho \frac{l}{A} \tag{4-1}$$

当电阻丝在长度方向变形时，其长度为 l，截面积 A 和电阻率 ρ 均会变化，三个因素各有增量 $dl, dA, d\rho$，所引起的 dR 可由多元函数全微分公式推导而得。设电阻丝是半径为 r，则圆形截面 $A = \pi r^2$，故：

$$R = \rho \frac{l}{\pi r^2} \tag{4-2}$$

所以：

$$dR = \frac{\partial R}{\partial l} dl + \frac{\partial R}{\partial r} dr + \frac{\partial R}{\partial \rho} d\rho$$

$$= \frac{\rho}{\pi r^2} dl - \frac{2\rho l}{\pi r^3} dr + \frac{l}{\pi r^2} d\rho$$

$$= R(\frac{dl}{l} - \frac{2dr}{r} + \frac{d\rho}{\rho})$$

电阻的相对变化量为：

$$\frac{dR}{R} = \frac{dl}{l} - \frac{2dr}{r} + \frac{d\rho}{\rho} \tag{4-3}$$

式中，$dl/l = \varepsilon$ 称为纵向应变。电阻丝沿其轴向拉长必然使其沿径向缩小，dr/r 为径向应变。二者的关系为：

$$-\frac{dr}{r} = -\mu\frac{dl}{l}$$

式中，μ 为电阻丝材料的泊松比。

$d\rho/\rho$ 是电阻丝电阻率的相对变化，这一变化与电阻丝轴向所受正应力 σ 有关：

$$\frac{d\rho}{\rho} = \pi_L\sigma$$

式中，π_L 电阻丝材料的压阻系数；

$$\sigma = E\varepsilon$$

式中，E 电阻丝材料的弹性模量，则有：

$$\frac{d\rho}{\rho} = \pi_L E\varepsilon$$

将这些参量均代入式(4-3)可得：

$$\frac{dR}{R} = (1+2\mu)\varepsilon + \pi_L E\varepsilon \tag{4-4}$$

在式(4-4)中，$(1+2\mu)\varepsilon$ 是由于电阻丝几何尺寸变化而引起的电阻相对变化量；$\pi_L E\varepsilon$ 是电阻丝材料导电率因材料变形而引起电阻的相对变化。

通常定义电阻应变丝的灵敏度为：

$$S = \frac{d\left[\dfrac{dR}{R}\right]}{d\left[\dfrac{dl}{l}\right]} = \frac{d\left[\dfrac{dR}{R}\right]}{d\varepsilon} \tag{4-5}$$

制造应变电阻丝所用的材料常用的是金属材料和半导体材料。对于金属材料电阻应变片，$(1+2\mu)\varepsilon \gg \pi_L E\varepsilon$，所以式(4-4)变为：

$$\frac{dR}{R} \approx (1+2\mu)\varepsilon \tag{4-6}$$

制作金属应变片的材料有铜镍合金、镍铬合金、镍铬铝合金、铁铬铝合金以及某些贵金属铂和铂钨合金等，它们的灵敏度 S 在 $1.7 \sim 3.6$ 之间，常用的灵敏度 S 为 2.08。

对半导体材料的电阻应变片，$\pi_L E\varepsilon \gg (1+2\mu)\varepsilon$，所以式(4-4)变为：

$$\frac{dR}{R} \approx \pi_L E\varepsilon \tag{4-7}$$

② 电阻应变片的结构

金属材料应变片的结构形式在早期是用金属丝排布并将其贴在基体上而成，如图 4-4 所示。近代采用了照相光刻工艺，制成金属箔式应变片，如图 4-5(a)所示。这种工艺适合于大量生产，金属箔与基片的粘结较金属丝可靠，而且适合于做成各种不同的复杂形状，照相光刻工艺制成的应变片，由于较薄且面积大，有利于散热，因此稳定性好。图 4-5(b)是用来测量两个方向、三个方向以至多个方向应

图 4-4　丝式应变片结构

变的应变片,常称应变花。随着光刻工艺的发展,不断有更新的图样或分层,或更为微小的结构问世,以适应不同行业的需要。

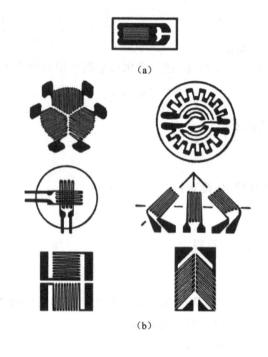

图 4-5 箔式应变片与应变花

半导体电阻材料应变片的工作原理主要是利用半导体材料的电阻率随应力变化,常称压阻效应。

常用半导体应变材料,有 P 型和 N 型硅或锗,其结构如图 4-6 所示。

半导体应变片的灵敏度在 $100\sim175$ 之间,较之金属应变片要大数十倍,这是它的一个突出优点,但是它在性能上的严重缺陷是应变灵敏度随温度变化较大,这一缺点可以对半导体材料进行适当地掺杂

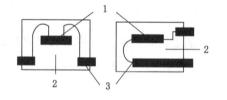

1—半导体条;2—基片;3—电极。

图 4-6 半导体应变片结构

来加以改善。半导体应变片还具有机械滞后小、横向效应小,本身体积小等优点。但也还有灵敏度的离散性大和大应变下的非线性大等缺点。

(3)电阻式传感器的应用

电阻式传感器中应用最广的是电阻应变式传感器,可以用于测力、扭矩、压力、位移、加速度等。这类传感器主要有两种应用方式,一种是直接用于测定被测物体的应力或应变;另一种是将应变片贴于弹性元件上进行测量。

在生产实际中,常常需要对机械装置、桥梁、建筑物等结构件进行工作状态下的受力、变形等情况分析。这种情况下,常采用测力传感器,即直接将应变片贴在结构件受力变形的位置,以测得其所受力、力矩、发生应变等参数。如图 4-7 所示,其中(a)为齿轮轮齿弯矩的测试;(b)为飞机机身应力测试;(c)为水压机立柱压力测试;(d)为桥梁构件应力测试。

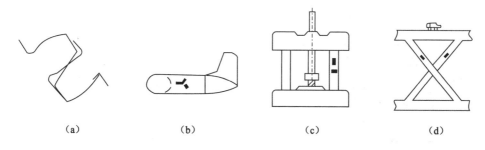

图 4-7　构件应力测试

电阻应变式传感器常利用弹性元件的形变进行测量,常用的弹性元件有柱(筒)式、梁式、环式等,如图 4-8 所示。在工作时,弹性元件随被测量的变化而产生不同的应变,贴于弹性元件上的应变片也随之发生应变,并转换为电阻的变化。

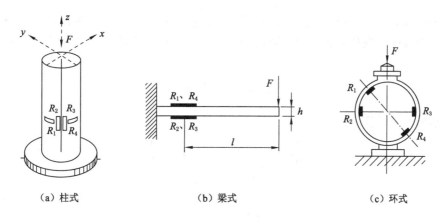

图 4-8　弹性元件结构

应变式加速度传感器的结构如图 4-9 所示,其由端部固定并带有惯性质量块 m 的悬臂梁及贴在梁根部的应变片、基座及外壳等组成。测量时,根据所测振动体加速度的方向,把传感器基座固定在振动体上。当被测点的加速度沿图中箭头所示方向时,振动加速度使质量块产生惯性力,惯性力使其向箭头相反的方向相对于基座运动,悬臂梁的自由端受质量块的惯性力 $F=ma$ 的作用而产生弯曲变形,应变片电阻也发生相应的变化,产生输出信号,输出信号的大小与加速度的大小成正比。

4.2.2　电容式传感器

电容传感器是将各种被测物理量转换成电容量变化的装置。其最基本结构形式如图 4-10所示,根据物理学中的推导,两平行平面导体之间的电容量为:

$$C = \frac{\varepsilon \varepsilon_0 A}{\delta} \tag{4-8}$$

式中,ε 为极板间介质的相对介电常数;ε_0 为真空中的介电常数 $\varepsilon_0 = 8.854 \times 10^{-12}$ F/m;A 为两极板间相互覆盖面积,m^2;δ 为两极板之间的距离,m。

δ、A 和 ε 三个参数都直接影响电容的大小,测量中只要使其中两个保持恒定,另一个参

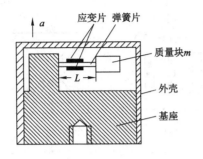

图 4-9 应变式加速度传感器

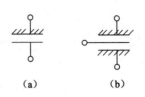

图 4-10 变极距型电容传感器

量的变化就与电容的变化构成单值函数关系。根据这一原理可以做成变极距型、变面积型、变介电常数型三种传感器。

(1) 变极距型电容传感器

图 4-10 所示是一些变极距型电容器的传感元件。图(a)中一个极板固定,一个极板可动。当活动极板随被测位移移动时,两极板间距发生变化,从而改变二极板之间的电容量。电容的改变量为:

$$dC = -\frac{\varepsilon_0 \varepsilon_r A}{\delta^2} d\delta \tag{4-9}$$

则传感器的灵敏度为:

$$S = \frac{dC}{d\delta} = -\frac{\varepsilon_0 \varepsilon_r A}{\delta^2} = -\frac{\varepsilon_0 \varepsilon_r A}{(\delta_0 + \Delta\delta)^2}$$

$$= -\frac{\dfrac{\varepsilon_0 \varepsilon_r A}{\delta_0^2}}{\left(1 + \dfrac{\Delta\delta}{\delta_0}\right)^2} \tag{4-10}$$

由式(4-10)可知,电容与极距之间的关系是一非线性关系,如图 4-11 所示,仅当 $\dfrac{\Delta\delta}{\delta_0} \ll 1$ 时 $S \approx -\dfrac{\varepsilon_0 \varepsilon_r A}{\delta_0^2}$ 可视为为常量。为了减小非线性误差,通常规定这种传感元件在极小测量范围内工作,使之获得近似线性的特性。另外也可用后续电路作非线性校正,以扩大测量范围。

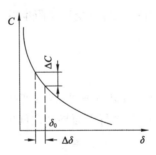

图 4-11 $C-\delta$ 特性曲线

在实际中,为了提高灵敏度和线性度,以及克服一些共模干扰的影响,常采用差动型式的电容传感元件,其原理结构如图 4-10(b)所示。上下两极板为固定极板,中间极板为活动极板。初始状态下,活动极板调整至中间位置,这时两边电容相等。测量时,中间极板向上或下平移,就会引起电容量的上增下降,也就是说 C_1 和 C_2 成差动变化,则两边电容的差值为:

$$C_1 - C_2 = (C + \Delta C) - (C - \Delta C) = 2\Delta C \tag{4-11}$$

这样既提高了灵敏度,同时在零点附近工作的线性度也得到改善。

(2) 变面积型电容传感器

变面积型电容传感器主要用于线位移和角位移的测量。图 4-12 是用以测量线位移(a)、(b)、(c)、(d)以及角位移(e)的电容传感元件,它们都是将位移变为电容器的相互覆盖面积的变化。当两极板面积发生变化时,其电容的改变量为:

$$dC = \frac{\varepsilon_0 \varepsilon_r}{\delta_0} dA \tag{4-12}$$

则灵敏度为:

$$S = \frac{dC}{dA} = \frac{\varepsilon_0 \varepsilon_r}{\delta_0} \tag{4-13}$$

由式(4-13)可知,变面积型电容传感器灵敏度为常数,输入输出呈线性关系,与变极距型电容传感器相比,其灵敏度较低,适用于较大直线位移及角位移的测量。为了提高灵敏度,可以采用差动式(b)、多片式(a)、(e)或多齿式(d)变面积电容传感器。

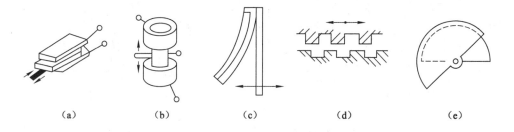

图 4-12 变面积型电容传感元件

(3) 变介电常数型电容传感器

图 4-13 是改变介电常数的电容传感元件。(a)是在两固定极板间有一介质层通过,介质层的厚度变化或湿度变化均会引起其在极板内的介电常数总的变化;(b)是一工业上广泛使用的液位计,内外两圆筒作为电容器的二极板,液位的变化引起二极板间总的介电常数的变化,介电常数的变化引起电容的变化,从而达到测量厚度、湿度或液体等物理参数的目的。

(4) 电容式传感器的应用

电容式传感器具有结构简单、灵敏度高、动态性能好以及非接触测量等优点,所以在工程技术方面,特别是在微小尺寸变化测量方面得到广泛的应用。

图 4-14 为差动电容加速度传感器的结构图。它有两个固定电极-定极板 1 和定极板 2。两极板间有一个用弹簧支撑的质量块 m,质量块的两端面经抛光后作为动极板,当传感器测量到竖直方向的振动时,由于 m 的惯性作用,使其相对固定电极产生位移,两个差动电

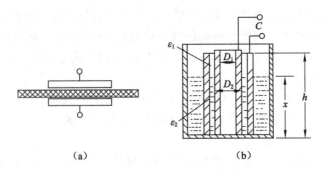

图 4-13　变介电常数电容传感器

容器 C_1 和 C_2 的电容量发生相应的变化,其中一个增大,另一个减小,以此来测定被测物体的加速度。

图 4-15 为电容式转速传感器的工作原理图。当定极板与齿顶相对时电容量最大,与齿隙相对时,电容量最小。齿轮转动时,电容传感器将产生周期信号,测量周期信号的频率即可得到齿轮转速。

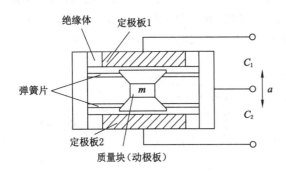

图 4-14　差动电容加速度传感器的结构图

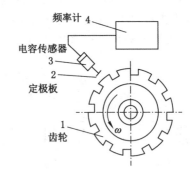

图 4-15　电容式转速传感器工作原理

4.2.3　电感式传感器

电感式传感器是把被测物理量如位移、力等参量转化成自感 L、互感 M 变化的一种传感器,其主要类型有自感式、互感式、涡流式等。

（1）自感式传感元件

自感式传感器结构如图 4-16 所示。传感器由线圈、铁芯和衔铁组成。缠绕在铁芯上的线圈中通以交变电流 I,产生磁通 Φ_m,根据电磁感应原理可知:

$$L = \frac{N\Phi_\mathrm{m}}{I} \tag{4-14}$$

式中,N 为线圈匝数;L 为自感量,H。

根据磁路欧姆定律:

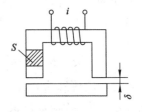

图 4-16　自感式传感器

$$\Phi_{\mathrm{m}} = \frac{NI}{R_{\mathrm{m}}} \tag{4-15}$$

式中，R_{m} 为磁阻，H^{-1}。

将式(4-15)代入式(4-14)得：

$$L = \frac{N^2}{R_{\mathrm{m}}} \tag{4-16}$$

如果空气气隙 δ 较小，且忽略磁路的铁损，则总磁阻 R_{m}(包括有三部分，铁芯、衔铁和气隙中的磁阻)：

$$R_{\mathrm{m}} = \frac{l}{\mu A} + \frac{2\delta}{\mu_0 A_0} \tag{4-17}$$

式中　l——铁芯与衔铁中的导磁长度，m；

　　　μ——铁芯与衔铁的导磁率，H/m；

　　　A——铁芯与衔铁中的导磁面积，m^2；

　　　δ——气隙宽度，m；

　　　μ_0——气隙中的空气导磁率 $\mu_0 = 4\pi \times 10^{-7}$，H/m；

　　　A_0——气隙导磁横截面积，m^2。

因为 $\mu \gg \mu_0$，故：

$$R_{\mathrm{m}} \approx \frac{2\delta}{\mu_0 A_0} \tag{4-18}$$

将式(4-18)代入式(4-16)得：

$$L \approx \frac{N^2 \mu_0 A_0}{2\delta} \tag{4-19}$$

当 N，μ_0 为常数时，$L \approx f(\delta, A_0)$。如果保持 δ 或 A_0 不变，可以形成变气隙和变面积两种类型的自感式传感器。

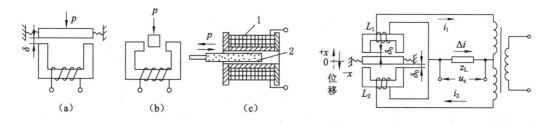

图 4-17　自感式位移传感元件　　　图 4-18　差动式自感传感元件

图 4-17 是常用的三种类型自感式传感器。(a)通过改变气隙厚度 δ 改变磁阻，L 与 δ 的关系不是线性关系，这与电容传感器中的情况相类似，这类传感器适合微小位移的测量；(b)是改变导磁面积改变磁阻，其 L 与 A_0 呈线性关系，这类传感器灵敏度相对较低；(c)是螺管式，其工作原理是利用铁芯在螺管线圈中的直线位移来改变总的磁阻。三种传感元件均可用来测量变换为直线位移的物理参量。为了提高自感传感元件的精度和灵敏度，可以增大线性段。大多自感传感器都做成差动式的，如图 4-18 所示，相当于两个变气隙厚度元件的组合。

(2) 互感式传感器

互感式传感器是将被测量的物理量如力、位移等转换成互感系数的一种传感器。其基本结构与原理与常用变压器类似,故亦称其为变压器式传感器。

图 4-19 为互感式传感器的原理结构。线圈 1 为原边线圈,线圈 2 为副边线圈。根据变压器的原理可知,当原边通过一交变电流 i_1 时,在副边上产生感应电势,这一电势的大小为:

$$\dot{E}_2 = -\,j\omega M\dot{I}_1 \tag{4-20}$$

式中,$\dot{E}_2$ 为副边感应电势相量;$\dot{I}_1$ 为原边交变电流相量;ω 为工作交变电流角频率;M 为互感系数。

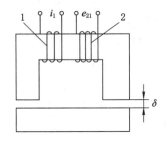

图 4-19 互感式传感器

由于在原边线圈上还存在有自感 L_1,故

$$\dot{I}_1 = \frac{\dot{E}_i}{R_1 + j\omega L_1} \tag{4-21}$$

式中,$\dot{E}_i$ 为原边交变电势相量;R_1 为原边线圈的电阻。

将式(4-21)代入式(2-20)得:

$$\dot{E}_2 = -\,j\omega\,\frac{\dot{E}_i}{R_1 + j\omega L_1}M \tag{4-22}$$

式(4-22)表明,副边感生电势在原边所施加的电势、工作频率、原边线圈参数等确定的情况下,是互感系数 M 的单值函数。

在实际中,次级线圈采用差动式结构,即采用差动变压器型的电感传感器,如图 4-20 所示。两次级线圈上分别具有感应电势,将两电势相互反接,如图 4-20(b)所示。则所输出的总电势为:

$$\dot{E}_0 = \dot{E}_{21} - \dot{E}_{22} = -\,j\omega(M_1 - M_2)\dot{I}_1 \tag{4-23}$$

当衔铁处于中央位置时,若两次级线圈参数及磁路尺寸相等时,$M_1 = M_2 = M$,故 $\dot{E}_0 = 0$;当衔铁偏离中央位置时,$M_1 \neq M_2$。当衔铁向上运动时,$M_1 > M_2$,$M_1 = M + \Delta M_1$,$M_2 = M - \Delta M_2$,工作时使 $\Delta M_1 = \Delta M_2$,则式(4-23)为:

$$\dot{E}_0 = \dot{E}_{21} - \dot{E}_{22} = -\,2\Delta M j\omega\dot{I}_1 \tag{4-24}$$

与当衔铁向下运动时,$M_1 < M_2$,$M_1 = M - \Delta M_1$,$M_2 = M + \Delta M_2$,则式(4-23)为:

$$\dot{E}_0 = \dot{E}_{21} - \dot{E}_{22} = 2\Delta M j\omega\dot{I}_1 \tag{4-25}$$

差动变压器的输出特性如图 4-20(c)所示。

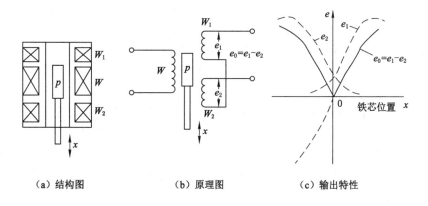

|（a）结构图|（b）原理图|（c）输出特性|

图 4-20　差动变压器结构原理及输出特性

（3）涡流式传感器

涡流式传感器的工作原理是基于涡流效应。金属平面置于交变磁场中时，就会产生感应电流，这种电流在金属平面内是自己闭合的，称之为涡流。电涡流的产生必然会消耗一部分能量，从而使产生磁场的线圈阻抗发生变化，这种现象称为涡流效应。

图 4-21 是涡流传感元件的工作原理图。A 为传感头，它是一个扁平线圈，B 是被测金属平面。工作时在扁平线圈上施加高频激励电流，这一电流通过线圈产生高频交变磁场 H_1，H_1 在靠近传感头的金属表面内产生感应电势，而在金属表面内形成涡电流，此涡电流又形成涡流磁场 H_2，根据电工学中的楞次定律可知，H_2 是阻止 H_1 变化的，这样会影响原线圈等效参数改变。线圈阻抗的变化与金属导体的几何形状、电导率、磁导率、线圈的几何参数、激励电流的频率及线圈到被测金属导体的距离等参数有关。所以总等效阻抗是以上各参数的函数，即：

$$Z = f(\delta, \rho, \omega, \mu)$$

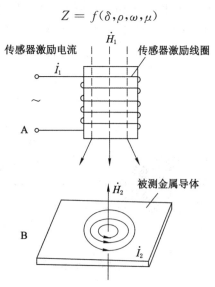

图 4-21　涡流传感器工作原理图

涡流传感器可用来做两个方面参数的测量,一是用以测量以位移为基本量的机械量参数,也就是利用阻抗与δ的函数关系,它可以用来测量位移、厚度、振幅、压力、转速等。另一是用以测量与被测材料导电导磁性能有关的参量,如电导率、导磁率、温度、硬度、材质、裂纹缺陷等等。涡流传感器一般有高频反射式和低频透射式两种,由于其具有灵敏度高、非接触式测量和工作条件要求低等特点,得到了广泛的应用。

(4)电感式传感器的应用

图4-22是电感式压差压力传感器的结构图。工作期间,当被测压力差 $\Delta p = p_1 - p_2 = 0$ 时,膜片在初始位置,固接在膜片中心的衔铁位于差动变压器线圈的中间位置,因而输出电压为零。当被测压力差 $\Delta p = p_1 - p_2 \neq 0$ 时,膜片产生一个正比于被测压力的位移,并且带动衔铁在差动变压器线圈中移动,从而使差动变压器输出电压。其产生的输出电压能反映被测压力的大小。

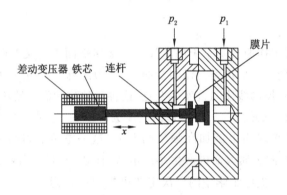

图4-22　电感式压力传感器

涡流传感器一个主要用途是位移的测量,如图4-23所示。当被测物体(金属物体)移动时,其相对于传感器的距离发生变化,从而引起传感器的线圈阻抗变化,经过测量电路可转换为电压的变化。涡流传感器输出电压反映了被测物体位移的大小。在实际中,涡流传感器也常用于径向振动、回转轴误差、转速、板材厚度、零件计数、表面裂纹、缺陷等测量中,如图4-24所示。

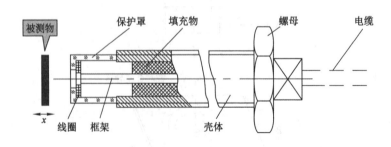

图4-23　涡流传感器测位移

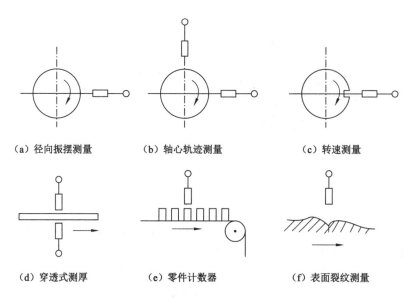

（a）径向振摆测量   （b）轴心轨迹测量   （c）转速测量

（d）穿透式测厚   （e）零件计数器   （f）表面裂纹测量

图 4-24 涡流传感器的工程应用

4.3 发电型传感器

发电型传感器是将被测物理量转化为电源性参量，如电势、电荷等的一种传感器。这种传感器实际上是一种能量转换元件，属于这类元件的有磁电型、压电型、热电型以及光电型等种类。

4.3.1 磁电传感器

磁电式传感器是将被测机械量转化为感应电动势的一种传感器，故又称电动力式传感器。根据电磁感应定律，匝数为 N 的线圈处在变化的磁场中所感生的电势 e 取决于穿过线圈的磁通 $\varPhi$ 的变化率，即：

$$e = -N \frac{\mathrm{d}\varPhi}{\mathrm{d}t} \tag{4-26}$$

磁通变化与磁场强度、磁路磁阻、线圈运动速度有关。磁电式传感器有动圈式、动磁铁式和变磁阻式等类型。

（1）动圈式磁电传感器

动圈式磁电传感器有线速度型和角速度型两种，如图 4-25(a)和(b)所示。

在图 4-25(a)中，动圈式传感器的线圈处于永久磁铁所形成的闭合磁路工作气隙中，当此线圈相对磁场作直线运动时，在其上所感生的电势为：

$$e = NBl \frac{\mathrm{d}x}{\mathrm{d}t} \sin\theta = NBlv \sin\theta \tag{4-27}$$

式中，B 为工作气隙中的磁感应强度；l 为线圈的单匝长度；v 为线圈相对于磁场的运动线速度；θ 为线圈运动方向相对于磁场方向的夹角。此处 $\theta = 90°$，故

$$e = NBlv \tag{4-28}$$

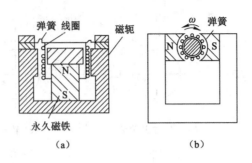

图 4-25　动圈式磁电传感器

如选定结构参数,即 B、l 和 N 已定,那么感应电势 e 与运动速度 v 就成为单值函数关系。所以,可用输出的电势值测量线圈运动的速度。

在图 4-25(b)中,线圈作旋转运动,其上产生的感应电动势为:

$$e = KNBA\omega \tag{4-29}$$

式中,K 是与结构有关的系数,$K<1$;ω 为线圈与磁场相对角速度,rad/s;A 为单匝线圈的截面积,m^2。

当 N、B、A 和 K(传感器结构已定)均为常数时,感应电动势与角速度成正比,构成单值函数。这种传感器用于转速测量。

(2) 磁阻式磁电传感器

图 4-26 是变磁阻式磁电传感器,用来测量旋转物体的角速度。图 4-26(a)为开磁路变磁阻式,其线圈、磁铁静止不动,测量齿轮安装在被测旋转体上,随被测体一起转动。每转动一个齿,齿的凹凸引起磁路磁阻变化一次,磁通也就变化一次,线圈中产生感应电势,其变化频率等于被测转速与测量齿轮上齿数的乘积。这种传感器结构简单,但输出信号较小,且高速轴上加装齿轮较为危险而不宜用在测量高转速的场合。

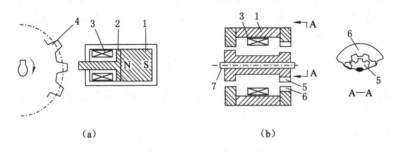

图 4-26　变磁阻式磁电传感器

图 4-26(b)为闭磁路变磁阻式传感器,它由装在转轴上的内齿轮和外齿轮、永久磁铁和感应线圈组成,内外齿轮齿数相同。当传感器连接到被测转轴上时,外齿轮不动,内齿轮随被测轴而转动,内、外齿轮的相对转动使气隙磁阻产生周期性变化,从而引起磁路中磁通的变化,使线圈内产生周期性变化的感应电动势。显然,感应电动势的频率与被测转速成正比。

4.3.2　压电式传感器

（1）压电效应和压电材料

某些晶体电介质材料,在沿一定方向对其施加外力使之变形时,其表面将产生电荷,在外力去除后,介质表面又回到不带电的状态,这种现象称为正压电效应。同样,这些材料也具有逆压电效应,即对其表面施以电场,则此种介质将产生机械变形。压电效应是具有极性的,如果外加作用力从压力改变为拉力,则在介质表面上所产生电荷的极性将发生改变。

具有压电效应的材料称为压电材料。压电材料有压电晶体,即天然的单晶体,如天然石英晶体等;另外还有压电陶瓷,即人工制造的多晶体,如钛酸钡、锆钛酸铅(简称 PZT)等;近年来新发展起来的用有机聚合物的铁电体加工出的压电薄膜,是一种具有柔性的薄膜压电材料,常用的有聚偏氟乙烯(PVDF)等,它适于特殊表面形状上的测力,是一种很有前途的压电材料。

天然晶体性能稳定,机械性能也很好;人造晶体的灵敏度较高,所以它们各在不同的领域中得到应用。

压电陶瓷和压电薄膜等人造压电材料需做人工极化处理后才具有压电性能。极化处理是按一定的规范在高压电场下放置人造压电材料几小时,使之内部晶体排列整齐的处理过程。只有通过极化处理这种材料才能实际应用于测量。

（2）压电元件及其等效电路

压电式传感器是利用压电材料的压电效应特性制成的传感器。压电传感器的敏感元件是由压电材料按特定方向切成的长方体压电晶片组成的,为提高传感器的灵敏度往往采用两片对放。在两个产生电荷的面上镀上金属膜,形成了两个金属平面电极,如图 4-27 所示。

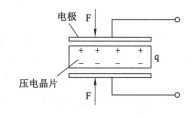

图 4-27　压电晶体

当有力作用在压电元件上时,压电元件就有电荷输出,输出电荷量 q 与作用力 F 的关系为：

$$q = d \cdot F \tag{4-30}$$

式中,d 为材料的压电系数。

由压电元件的工作原理可知,压电式传感器可以看作一个电荷发生器。同时,它也是一个电容器,晶体上聚集正负电荷的两表面相当于电容的两个极板,极板间物质等效于一种介质,则其电容量为：

$$C_a = \frac{\varepsilon_r \varepsilon_0 A}{\delta} \tag{4-31}$$

式中,A 为压电片的面积;δ 为压电片的厚度;ε_r 为压电材料的相对介电常数。

压电传感器可以等效为一个电荷源或与电容相串联的电压源。如图 4-28 所示,电容器上的电压 U_a、电荷量 q 和电容量 C_a 三者关系为：

$$U_a = \frac{q}{C_a} \tag{4-32}$$

在实际使用时,压电传感器总要与测量仪器或测量电路相连接,因此需要考虑连接电缆的等

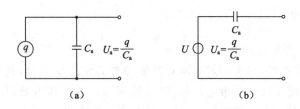

图 4-28 压电元件的等效电路

效电容 C_c,放大器的输入电阻 R_i、输入电容 C_i 以及压电传感器的泄漏电阻 R_a。这样,压电传感器在测量系统中的实际等效电路如图 4-29 所示。图中 $C = C_c + C_i, R = R_a R_i / (R_a + R_i)$。

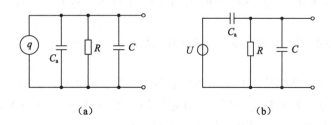

图 4-29 压电元件的实际等效电路

压电晶体在受力变形后所产生的电荷量是极其微弱的,压电片本身的内阻很大,压电片所能输出的功率极为微弱,所以对后续放大电路有两个方面的要求:一是高灵敏度、二是高输入阻抗。只有满足这些要求,才能把微弱的电荷信号测量出来。目前所采用主要有电压放大器和电荷放大器两种形式。电压放大器输出电压与电缆电容有关,如果电缆长度变化,输出电压也随之变化,使用时电缆长度受到限制。目前使用较多的是电荷放大器,其等效电路如图 4-30 所示。图中:

$$C = C_a + C_c + C_i, R = R_a R_i / (R_a + R_i)$$

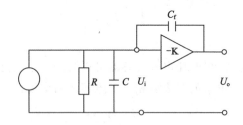

图 4-30 电荷放大器等效电路

当 R_a 和 R_i 很大时,可忽略电阻的影响,则有:

$$q \approx U_i C + (U_i - U_o) C_f \tag{4-33}$$

式中,U_i 放大器的输入电压;U_o 放大器的输出电压;C_f 为反馈电容。

其中,$U_o = -K U_i$,输出电压为:

$$U_o = \frac{-K \cdot q}{C + (1+K) C_f} \tag{4-34}$$

如果开环增益足够大时, $KC_f \gg C_f + C$,则式(4-34)为:

$$U_o \approx \frac{-q}{C_f} \qquad (4\text{-}35)$$

由式(4-35)可知,电荷放大器输出电压只与传感器的电荷量及反馈电容有关,无须考虑电缆的电容。

(3) 压电式传感器的应用

由于压电元件的自振频率高,特别适合测量变化剧烈的载荷。图 4-31 是压电式加速度传感器的结构图。在测振动时,将传感器与被测物体固定在一起,当被测物体振动时,压电元件受质量块惯性力的作用,根据牛顿第二定律,此惯性力是加速度的函数,即:

$$F = ma \qquad (4\text{-}36)$$

式中, m 为质量块的质量; a 为加速度。

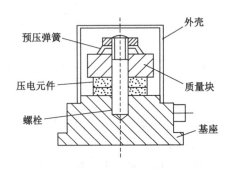

图 4-31 压电式加速度传感器的结构图

此时惯性力 F 作用于压电元件上,因而产生电荷 q ,当传感器选定后, m 为常数,则传感器输出电荷为:

$$q = d \cdot F = d \cdot ma \qquad (4\text{-}37)$$

电荷量的大小与加速度成正比。因此,测得加速度传感器输出的电荷便可知加速度的大小。经过一次积分可得速度,二次积分可得位移。

图 4-32 是利用压电传感器测量刀具切削力的示意图。图中压电传感器位于车刀前部的下方,当进行切削加工时,切削力通过刀具传给压电传感器,压电传感器将切削力转换为电信号输出,记录下电信号的变化便可测得车刀切削力的变化。

4.3.3 热电式传感器

热电式传感器是把温度转换为电量的一种传感器,其变换是金属的热电效应。最常用的热电式传感器是热电偶。

(1) 热电偶的工作原理

将 A、B 两种不同的导体组成一个闭合回路(见

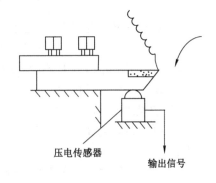

图 4-32 压电传感器测量
刀具切削力

图 4-33),若两个接点的温度不同,则在回路中就有电流产生,这种现象称热电效应,相应的电势称为热电势。A、B 组成的闭合回路称热电偶,A、B 称热电极,两电极的连接点称接点。测温时置于被测温度场 T 的接点称热端,另一端称冷端。

热电偶产生的热电势是由两个导体的接触电势和单一导体的温差电势组成。

由导体 A、B 组成的闭合回路,当两接点温度 $T > T_0$ 时,回路的总热电势为两个接点的接触电势和两个导体温差电势的代数和(图 4-34),即

$$E_{AB}(T, T_0) = [E_{AB}(T) - E_{AB}(T_0)] + [-E_A(T, T_0) + E_B(T, T_0)]$$

$$= \frac{K}{e}(T - T_0)\ln\frac{n_A}{n_B} - \int_{T_0}^{T}(\sigma_A - \sigma_B)dT \qquad (4-38)$$

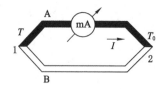

图 4-33　热电效应示意图

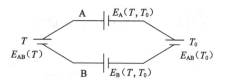

图 4-34　热电偶回路的热电势

由式(4-38)可知:

① 如果热电偶的两个热电极材料相同,两接点温度虽然不同,但总热电势仍为零。因此,热电偶必须由两种不同的材料构成。

② 如果热电偶两个接点的温度相同,即使两个热电极 A、B 的材料不同,回路中热电势仍然为零。因此要产生热电势不但要求两个电极材料不同,而且两个接点必须有温度差。

③ 热电势的大小仅与热电极材料的性质、两个接点的温度有关,与热电偶的尺寸及形状无关。同样材料的热电极其温度与电势的关系是一样的,因此热电极材料相同的热电偶可以互换。

由于金属中的自由电子很多,温度变化对电子密度的影响很小,所以在同一导体内的温差电势极小,可以忽略不计。因此式(4-38)可写为:

$$E_{AB}(T, T_0) = \frac{K}{e}(T - T_0)\ln\frac{n_A}{n_B} \qquad (4-39)$$

所以 A、B 材料选定后,热电势 $E_{AB}(T, T_0)$ 是温度 T 和 T_0 的函数差,即有:

$$E_{AB}(T, T_0) = f(T) - f(T_0)$$

若使冷端温度 T_0 保持不变,则热电势 $E_{AB}(T, T_0)$ 为 T 的单值函数。因此通过测量热电势 E_{AB} 就可求出被测温度 T。

(2)热电偶的基本定律

① 均质导体定律。由一种性质均匀的导体组成的闭合回路,当有温差时不产生热电势。

② 中间导体定律。在热电偶测温线路中,需要用连接导线将热电偶与测量仪表接通,这相当于在热电偶回路中接入第三种导体 C,如图 4-35 所示。只要第三种导体两端的温度相等,就不会改变总热电势 $E_{AB}(T, T_0)$ 的大小。因此可以在回路中引入各种仪表直接测量其热电势,也允许采用不同方法来焊接热电偶,或将两热电极直接焊接在被测导体表面。

③ 中间温度定律。热电偶回路中,热端温度为 T、冷端为 T_0 时的热电势,等于此热电

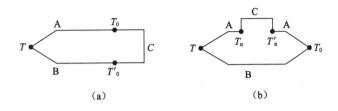

图 4-35　有中间导体的热电偶回路

偶热端为 T、冷端为 T_n，及同一热电偶热端为 T_n，冷端为 T_0 时热电势的代数和，如图 4-36 所示。即

$$E_{AB}(T,T_0) = E_{AB}(T,T_n) + E_{AB}(T_n,T_0) \tag{4-40}$$

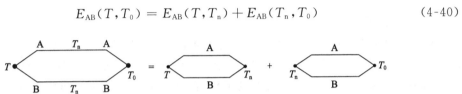

图 4-36　中间温度定律示意图

中间温度定律是制定热电偶分度表的理论基础。由于热电偶分度表都是以冷端温度为 0 ℃时做出的。但一般工程测量中冷端都不为零，因此，只要得出热端 T 与冷端 T_n 的热电势，便可利用中间温度定律求出热端温度 T。

④ 标准电极定律。若两种导体 A、B 分别与第三种导体 C 组成的热电偶所产生的热电势已知，则导体 A、B 组成热电偶的热电势（见图 4-37）为：

$$E_{AB}(T,T_0) = E_{AC}(T,T_0) - E_{BC}(T,T_0) \tag{4-41}$$

C 称为标准电极，且因为铂容易提纯，且熔点高、性能稳定。实用中一般是以纯铂作为标准热电极。有了标准电极定律，就使热电偶的选配工作大为简化，只要知道一些材料与标准电极相配时的热电势，就可用公式（4-41）求出任何两种材料配成热电偶的热电势。

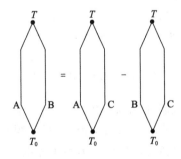

图 4-37　标准电极定律

4.4　光电式传感器

光电传感器是各种光电检测系统中实现光电转换的关键元件，它是把光信号转变为电

信号的器件。其工作原理是基于一些物质的光电效应,光电效应分为外光电效应和内光电效应。

外光电效应是指在光照作用下,物体内的电子从物体表面逸出的现象。基于外光电效应的光电元件有光电管、光电倍增管等;内光电效应是指在光照作用下,物体的导电性能发生变化或产生光生电动势的现象。内光电效应又可分为两类:一类是光电导效应,即在光作用下,电子吸收光子能量,使半导体材料导电率显著改变,基于这种光电效应的光电元件有光敏电阻;其二是在光作用下,使半导体材料产生一定方向的电动势,基于这种光电效应的光电元件有光电池。

4.4.1　光电元件

(1) 光敏电阻

光敏电阻是用半导体材料制成的纯电阻元件,当无光照射时,光敏电阻(暗电阻)值很大,电路中暗电流很小;当光敏电阻受到一定波长范围的光照射时,它的电阻(亮电阻)急剧减少,电路中光电流迅速增大。光敏电阻没有极性,使用时既可加直流电压,也可加交流电压。

图 4-38(a)为金属封装的硫化镉光敏电阻的结构图。在玻璃底板上均匀地涂上一层薄薄的半导体物质,称为光导层。半导体的两端装有金属电极,金属电极与引出线端相连接,光敏电阻通过引出线端接入电路。为了提高灵敏度,光敏电阻的电极一般采用梳状图案,如图 4-38(b)所示。图 4-38(c)为光敏电阻的接线图。

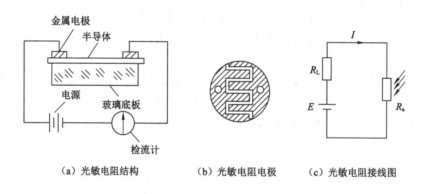

（a）光敏电阻结构　　（b）光敏电阻电极　　（c）光敏电阻接线图

图 4-38　光敏电阻与电路

光敏电阻的主要参数有暗电阻、暗电流、亮电阻、亮电流、光电流等。光敏电阻不受光照射时的阻值为暗电阻,此时流过的电流为暗电流;光敏电阻在受到光照射时的阻值为亮电阻,此时流过的电流为电流;亮电流与暗电流之差称为光电流。

(2) 光电池

光电池是利用光生伏特效应把光直接转变成电能的器件,它是基于光生伏特效应制成的,是发电式有源元件。

图 4-39 是硅光电池的结构及电路图。在一块 N 型硅片上用扩散的办法掺入一些 P 型杂质(如硼)形成 PN 结。当光照到 PN 结区时,如果光子能量足够大,将在结区附近激发出电子-空穴对,在 N 区聚积负电荷,P 区聚积正电荷,这样 N 区和 P 区之间出现电位差。若

将 PN 结两端用导线连起来,电路中有电流流过,电流的方向由 P 区流经外电路至 N 区。若将外电路断开,就可测出光生电动势。

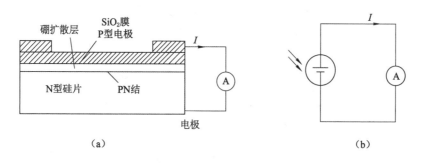

图 4-39　硅光电池的结构与等效电路

(3) 光敏二极管和光敏三极管

光敏二极管和光敏三极管工作原理是基于内光电效应。

光敏二极管的结构与一般二极管相似,其基本结构也是一个 PN 结。它装在透明玻璃外壳中,其 PN 结装在管的顶部,可以直接受到光照射。光敏二极管在电路中一般是处于反向工作状态,没有光照射时,反向电阻很大,反向电流很小。受光照射时,PN 结附近受光子轰击,吸收其能量而产生电子-空穴对,使通过 PN 结的反向电流大为增加,形成了光电流。光敏二极管的结构、符号及接线如图 4-40 所示。

图 4-40　光敏二极管的结构、符号及接线

光敏三极管有 PNP 型和 NPN 型两种。其结构与一般三极管相似,具有两个 PN 结。发射极一边做得很大,以扩大光的照射面积。大多数光敏三极管基极不接引线,当集电极加上相对于发射极为正的电压而不接基极时,集电结就是反向偏压,当光照射在集电结时,就会在 PN 结附近产生电子-空穴对,光生电子被拉到集电极,基区留下空穴,使基极与发射极间的电压升高,这样便会有大量的电子流向集电极,形成输出电流,并是光电流的 β 倍。光敏三极管的结构、符号及接线如图 4-41 所示。

(4) 光电开关

光电开关是一种利用感光元件对变化的入射光加以接收,并进行光电转换,同时进行放大,最终获得输出"开"、"关"信号的器件。

光电开关一般有透射式和反射式两种,如图 4-42 所示。

图 4-42(a)是一种透射式的光电开关的结构图,它的发光元件和接收元件的光轴是重合的。当不透明的物体位于或经过它们之间时,会阻断光路,使接收元件接收不到来自发光元

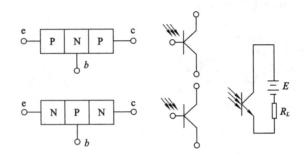

图 4-41 光敏三极管的结构、符号及接线

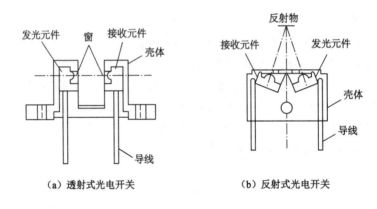

（a）透射式光电开关   （b）反射式光电开关

图 4-42 光电开关结构图

件的光,这样就会输出"开"或"关"信号。

图 4-42(b)是一种反射式的光电开关的结构图,它的发光元件和接收元件的光轴在同一平面且以某一角度相交,交点一般即为待测物所在处。当有物体经过时,接收元件将接收到从物体表面反射的光,没有物体时则接收不到,这样就会输出"开"或"关"信号。

光电开关的特点是小型、高速、非接触,而且容易与 TTL 和 CMOS 等电路结合。

4.4.2 光电传感器的应用

光电传感器在工业上的应用可归纳为辐射式、吸收式、遮光式、反射式四种基本形式,其工作原理如图 4-43 所示。辐射式光电传感器中,光辐射本身是被测物,被测物发出的光通量射向光电元件,可用于光电比色高温计,它的光通量是被测温度的函数。吸收式光电传感器让恒光源的光通量穿过被测物,部分被吸收后到达光电元件,吸收量取决于被测物介质的被测参数。例如,测量液体、气体的透明度、浑浊度的光电比色计;遮光式光电传感器,从恒光源发射到光电元件的光通量遇到被测物,被遮住了一部分,由此改变了照射到光电元件上的光通量;反射式光电传感器,恒光源发出的光通量到被测物体上,再从被测物表面反射后投到光电元件上。被测物表面的反射条件决定于表面性质或状态,光电元件的输出信号是被测量的函数。例如,测量表面光洁度、粗糙度的传感器。

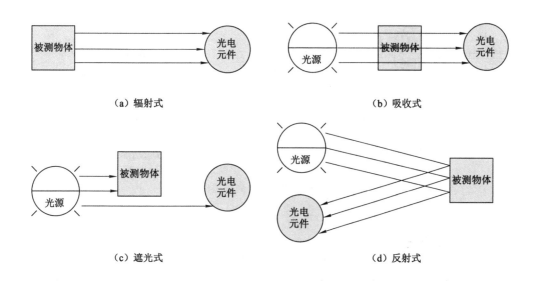

图 4-43 光电传感器工作原理

图 4-44 是由光电传感器测量零件表面状态的示意图。当光源发出的光射在转动的工件上,经工件表面反射后,由光电元件接收。工件表面的变化(粗糙、裂纹、凹坑等)引起反射光的强弱变化,光电元件接收到的光量就不同,这样,输出信号的强弱就可以反映工件表面的情况。

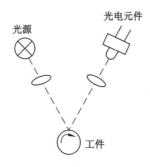

图 4-44 零件表面状态测量示意图

图 4-45 是利用光电传感器测量转速的工作原理图。图 4-45(a)为透射式测速传感器,在待测转轴上固定一个带孔的调制圆盘,在调制圆盘的一边由发光元件产生恒定光,光透过圆盘上的小孔到达光敏元件,并由电路转换成相应的电脉冲信号。若在圆盘上开 n 个小孔,则旋转一周,光线透过小孔 n 次,输出 n 个脉冲信号,孔越多分辨率越高。图 4-45(b)为反射式测速传感器,在被测旋转体上贴上等间隔的反光纸或有黑白相间条纹的纸,由发光元件产生恒定光照射其上,另由一光敏元件接收反射光。当被测物体转动时,光敏元件就会接收到明、暗变化的反射光,从而产生相应数量的电脉冲信号。

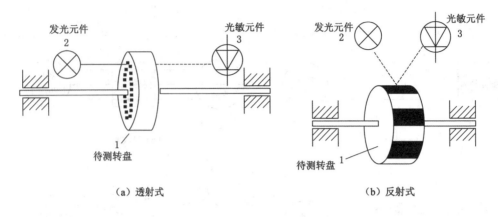

图 4-45 光电传感器转速测量工作原理图

4.5 霍尔传感器

1879 年美国物理学家爱德文·霍尔首先在金属材料中发现了霍尔效应,但由于金属材料的霍尔效应太弱而没有得到应用。直到 20 世纪中叶,随着半导体技术的发展,开始用半导体材料制成霍尔元件,由于半导体材料的霍尔效应显著而得到了应用和发展。

4.5.1 霍尔效应

图 4-46 是霍尔元件工作的基本原理图。在厚度为 d 的 N 型半导体薄片上垂直作用了磁感应强度为 B 的磁场,若在其另一个方向上通以电流 I,则在 N 型半导体中由于多数载流子为电子,它沿与电流的相反方向运动,这种带电粒子在磁场中的运动会受到洛伦兹力 F_L 的作用,其作用力方向由左手定则决定,这种作用力的结果,使带电粒子偏向 c、d 电极,就会在垂直于 B 和 I 的方向上产生一感应电动势 V_H,这种现象称为霍尔效应,所产生的电动势 V_H 称为霍尔电势。霍尔电势的大小为:

$$V_H = K_H IB \sin \alpha \tag{4-42}$$

式中,K_H 霍尔元件的灵敏度,它表示了单位磁感应强度和单位控制电流下所得到的开路霍尔电势,K_H 取决于材质、元件尺寸,并受温度变化的影响;α 为电流方向与磁场方向的夹角,如二者相互垂直,则 $\sin \alpha = 1$。

4.5.2 霍尔元件

为获得较强霍尔效应,霍尔元件全部采用半导体材料制成。霍尔元件由霍耳片、两对电极和外壳组成。霍尔片是一个矩形半导体基片,从基片两个垂直方向上各引出一对电极,其中一对是激励电极,一对是霍尔电势输出电极。基片用陶瓷、金属、环氧树脂等封装作为外壳。霍尔元件的外形如图 4-47(a)所示,符号如图 4-47(b)所示。

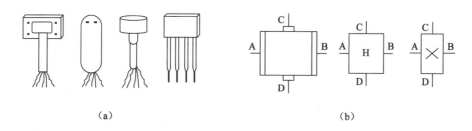

（a）　　　　　　　　　　　　　　（b）

图 4-47　霍尔元件

霍尔元件的基本测量电路如图 4-48 所示。由电源 E 提供激励电流，W 为调节电阻，调节控制电流的大小，R_L 为负载电阻，U_H 两端为霍尔电势输出端。在磁场和控制电流的作用下，输出端有电压输出。实际使用时 I 和 B 都可作为信号输入，而输出信号则正比于此二者的乘积。

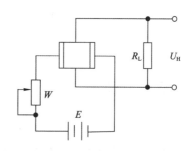

4.5.3　霍尔传感器的应用

图 4-49 是霍尔位移传感器。霍尔元件置于磁场强度相同、极性相反的磁场中，如果保持霍尔元件的

图 4-48　霍尔元件基本测量电路

工作电流不变，则霍尔电势与外加磁场强度 B 成正比。将磁场做成一梯度磁场，其磁场强度沿 x 方向变化，且在一定范围内的变化梯度 $\mathrm{d}B/\mathrm{d}x$ 为一常数。由霍尔效应分析可知，霍尔元件左半产生的霍尔电势 U_{H1} 和右半产生的霍尔电势 U_{H2} 方向相反。输出电压是 $U_{H1}-U_{H2}$，若使初始位置时 $U_{H1}=U_{H2}$，则输出电压为零。当霍尔元件相对于磁极作 x 方向位移时，即可得到输出电压 $U_H=U_{H1}-U_{H2}$，且 U_H 数值正比于位移量 Δx，正负方向取决于位移 Δx 的方向。所以这一传感器既能测量位移的大小，又能鉴别位移的方向。

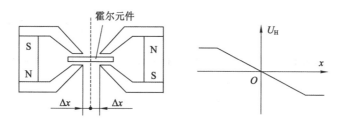

图 4-49　霍尔位移传感器

图 4-50 是几种不同结构的霍尔式转速传感器。转盘的输入轴与被测转轴相连，当被测轴转动时，转盘随之转动，固定在转盘附近的霍尔传感器便可在每一个小磁铁通过时产生一个相应的脉冲，检测出单位时间的脉冲数，便可知被测转速。磁性转盘上小磁铁数目越多传感器测量转速的分辨率就越高。

霍尔元件在静止状态下具有感受磁场的独特能力，而且元件的结构简单可靠，体积小，噪声低，动态范围大，频率范围宽，寿命长，价格低，广泛应用于测量位移和可转化为位移的力、加速度等参量。另外还可用它来测量磁场变化。

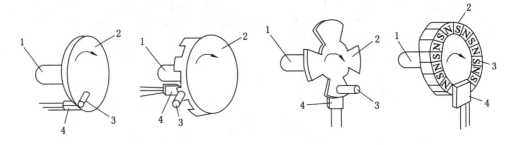

1—输入轴;2—转盘;3—小磁铁;4—霍尔传感器。

图 4-50　霍尔式转速传感器

思考题与习题

4-1　试举出你所熟悉的几种传感器,并说明它们的变换原理。

4-2　试按接触式与非接触式区分传感器,列出它们的名称、变换原理和用途。

4-3　金属电阻应变片与半导体应变片有何不同,应如何针对具体情况选用?

4-4　试述电容传感器的分类,并说明其工作原理。

4-5　试设计差动式电容金属钢板厚度测量方案,并简述其工作原理。

4-6　电阻应变片产生温度误差的原因有哪些?怎样消除误差?

4-7　试分析比较自感式、互感式和涡流传感器的工作原理和灵敏度。

4-8　分析产生非线性误差的原因和消除非线性误差的措施。

4-9　电容式、电感式、电阻应变式传感器的测量电路有何异同?举例说明?

4-10　何谓压电和逆压电效应?常用的压电材料有哪些?压电传感器适合测静态量还是动态量?为什么?

4-11　何谓霍尔效应?其物理本质是什么?用霍尔元件可测哪些物理量?请举出三个例子说明。

4-12　光电传感器包含哪几种类型?各有何特点?用光电式传感器可以测量哪些物理量?

第 5 章　中间变换器

测试系统的第二个环节为信号的转换与调理。信号的转换与调理涉及的范围很广,本章将集中讨论一些常用的环节如电桥、调制与解调、信号的滤波及 A/D 转换。

5.1　电桥

电桥是将电阻、电容、电感等参数的变化转换为电压或电流输出的一种测量电路。按其所采用的激励电源类型可分为直流电桥和交流电桥两类。桥电源电压为直流电压时,称直流电桥,为交流电压时,称交流电桥。

5.1.1　直流电桥

图 5-1 所示为直流电桥的基本结构形式,其中电阻 R_1、R_2、R_3、R_4 组成电桥的四个桥臂,在电桥的一条对角线两端 a 和 c 接入直流电源 e_x 作为电桥的激励电源。而在电桥的另一对角线两端 b 和 d 上输出电压值 e_0,该输出可直接用于驱动指示仪表,也可接入后续放大电路。

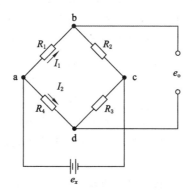

图 5-1　直流电桥结构形式

作为测量电路的直流电桥其工作原理是利用四个桥臂中的一个或数个的阻值变化而引起电桥输出电压的变化,因此桥臂可采用电阻式敏感元件组成并接入测量系统。

图 5-1 所示为直流电桥,当输出端后接输入阻抗较大的仪表或放大电路时,可视为开路,其输出电流为零,此时有:

$$I_1 = \frac{e_x}{R_1 + R_2}$$

$$I_2 = \frac{e_x}{R_3 + R_4} \tag{5-1}$$

a 和 b 之间与 a 和 d 之间的电位差分别为：

$$U_{ab} = I_1 R_1 = \frac{R_1}{R_1 + R_2} e_x \tag{5-2}$$

$$U_{ad} = I_2 R_4 = \frac{R_4}{R_3 + R_4} e_x \tag{5-3}$$

由此可得输出电压：

$$e_o = U_{ab} - U_{ad} = \left(\frac{R_1}{R_1 + R_2} e_x - \frac{R_4}{R_3 + R_4} e_x \right) = \frac{R_1 R_3 - R_2 R_4}{(R_1 + R_2)(R_3 + R_4)} e_x \tag{5-4}$$

由式(5-4)可知,若要使输出为零,亦需要电桥平衡,则应有：

$$R_1 R_3 = R_2 R_4 \tag{5-5}$$

式(5-5)即为直流电桥的平衡公式。由式可知,公式中四个电阻的任何一个或数个阻值发生变化而使电桥的平衡不成立时,均可引起电桥输出电压的变化,因此适当选取各桥臂电阻值,可使输出电压仅与被测量引起的电阻值变化有关。常用的电桥连接形式有单臂、半桥和全桥连接。

电桥的灵敏度定义为：

$$S = \frac{\Delta e_o}{\Delta R} \tag{5-6}$$

也有的将电桥的灵敏度定义为 $S = \dfrac{\Delta e_o}{\Delta R / R}$,其中将 $\Delta R / R$ 作为输入量。

直流电桥的优点是采用直流电源作激励电源,而直流电源稳定性高。电桥的输出 e_o 是直流量,可用直流仪表测量,精度高。电桥与后接仪表间的连接导线不会形成分布参数,因此对导线连接的方式要求较低。另外,电桥的平衡电路简单,仅需对纯电阻的桥臂调整即可,直流电桥平衡调节有串联平衡、并联平衡、差动平衡和非差动平衡四种配置方式。直流电桥的缺点是易引入工频干扰,由于输出为直流量,故需对其作直流放大,而直流放大器一般都比较复杂,易受零漂和接地电位的影响,因此直流电桥适合于静态量的测量。

5.1.2 交流电桥

交流电桥电路结构与直流电桥相似,所不同的是：交流电桥的激励电源为交流电源,四个桥臂可以是电感 L、电容 C 或者电阻 R,均用阻抗符号 Z 表示,如图 5-2 所示,图中的 $Z_1 \sim Z_4$ 表示四桥臂的交流阻抗。

若将交流电桥的阻抗、电流及电压用复数表示,则直流电桥的平衡关系式也可用于交流电桥。由图 5-2 可知,当电桥平衡时有：

$$Z_1 Z_3 = Z_2 Z_4 \tag{5-7}$$

设 Z_i 为各桥臂的复数阻抗,$Z_i = z_i e^{j\varphi_i}$,而 z_i 为复数阻抗的模,φ_i 为复数阻抗的阻抗角。

代入式(5-7)得

$$z_1 z_3 e^{j(\varphi_1 + \varphi_3)} = z_2 z_4 e^{j(\varphi_2 + \varphi_4)} \tag{5-8}$$

上式成立的条件是：

$$\begin{cases} z_1 z_3 = z_2 z_4 \\ \varphi_1 + \varphi_3 = \varphi_2 + \varphi_4 \end{cases} \tag{5-9}$$

式(5-9)表明,交流电桥平衡要满足两个条件,即两相对桥臂的阻抗模的乘积相等,阻抗角的和相等。

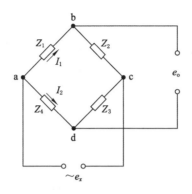

图 5-2　交流电桥结构

由于阻抗角表示桥臂电流与电压之间的相位差,而当桥臂为纯电阻时,$\varphi=0$,即电流与电压同相位;若为电感性阻抗,$\varphi>0$;电容性阻抗时,$\varphi<0$。由于交流电桥平衡必须同时满足模及阻抗角的两个条件,因此桥臂结构可采取不同的组合方式,以满足相对桥臂阻抗角之和相等这一条件。

在交流电桥的使用中,影响交流电桥测量精度及误差的因素较之直流电桥要多得多,如电桥各元件之间的互感耦合、无感电阻的残余电抗、泄漏电阻、元件间以及元件对地之间的分布电容、邻近交流电路对电桥的感应影响等。另外,对交流电桥的激励电源要求其电压波形和频率必须具有很好的稳定性,否则将影响到电桥的平衡。当电源电压波形畸变时,其中亦即包含了高次谐波。即使针对基波频率将电桥调至平衡,由于电源电压波形中有高次谐波,仍将有高次谐波的输出,电桥仍不一定能平衡,作为电桥电源一般多采用频率范围为 5～10 kHz 的音频交流电源,此时电桥输出将为调制波,外界工频干扰便不易被引入电桥线路中,由此后接交流放大电路便可采用一般简单的形式,且没有零漂的问题。

5.1.3　变压器式电桥

变压器式电桥将变压器中感应耦合的两线圈绕组作为电桥的桥臂,图 5-3 所示是其常用的两种形式。图 5-3(a)所示电桥常用于电感比较仪中,其中感应耦合绕组 W_1、W_2(阻抗 Z_1、Z_2)与阻抗 Z_3、Z_4 组成电桥的四个臂,绕组 W_1、W_2 为变压器副边,平衡时有 $Z_1Z_3=Z_2Z_4$。如果任一桥臂阻抗有变化,则电桥有电压输出。图 5-3(b)为另一种变压器式电桥,其中变压器的原边绕组 W_1、W_2(阻抗 Z_1、Z_2)与阻抗 Z_3、Z_4 构成电桥的四个臂,若使阻抗 Z_3、Z_4 相等并保持不变,电桥平衡时,绕组 W_1、W_2 中两磁通大小相等但方向相反,激磁效应互相抵消,因此变压器副边绕组中无感应电势产生,输出为零。反之当移动变压器中铁芯位置时,电桥失去平衡,促使副边绕组中产生感应电势,从而有电压输出。

上述两种电桥中的变压器结构实际上均为差动变压器式传感器,通过移动其中的敏感元件铁芯的位置将被测位移转换为绕组间互感的变化,再转换为电压或电流输出量。与普通电桥相比,变压器式电桥具有较高的测量精度和灵敏度,且性能也较稳定,因此在非电量测量中得到广泛的应用。

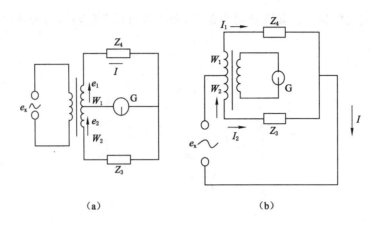

图 5-3 变压器式电桥

5.1.4 电桥使用中应注意的问题

（1）连接导线的补偿

实际应用中，所用的传感器与所接的桥式仪表常常相隔一定的距离[见图 5-4(a)]，这样连接导线会给电桥的一臂引入附加的阻抗，由此会带来测量误差。而图 5-4(b)所示的三导线结构形式，由于其中附加的补偿导线与传感器的连接电线处在相邻桥臂上，因此它平衡了整个导线的长度，也消除了由此所引起的任何不平衡。

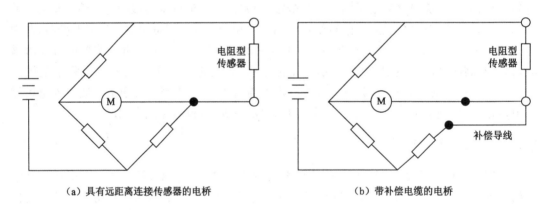

（a）具有远距离连接传感器的电桥   （b）带补偿电缆的电桥

图 5-4 电桥接线的补偿方法

（2）电桥灵敏度的调节

图 5-5(a)所示为一种调节电桥灵敏度的方法，其中在一根或两根输入导线上加入一可变串联电阻 R_s。假设电桥所有臂的电阻值均为 R，则由电压源所看到的电阻值亦将为 R。因此若如图所示串联一电阻 R_s，那么根据分压电路原理，电桥的输入将减小一个因子：

$$n = \frac{R}{R + R_s} = \frac{1}{1 + R_s/R}$$

式中，n 为电桥因子。

电桥输入也相应地减小一个成比例的量，该方法简单，但对电桥灵敏度控制十分有用。

（3）电桥的并联校正法

实际中常常需要对电桥进行标定或校正,所采用的方法是对电桥直接引入一个已知的电阻变化来观察其对电桥输出的效果。图 5-5（b）所示是一种电桥的并联校正法,图中的标定电阻 R_c 的阻值已知。若开始电桥在图中开关打开时是平衡的,则当开关闭合时,臂 AB 上的电阻改变导致整个电桥失去平衡。从表上可读出输出电压 e_{AC},引起该电压输出的电阻改变,电阻的改变值 ΔR 可由下式计算:

$$\Delta R = R_1 - \frac{R_1 R_c}{R_1 + R_c} \tag{5-10}$$

电桥灵敏度为:

$$S = \frac{e_{AC}}{\Delta R}(V/\Omega) \tag{5-11}$$

上述过程能够实现电桥的一种整体标定,因为其中考虑了所有的电阻值和电源电压。

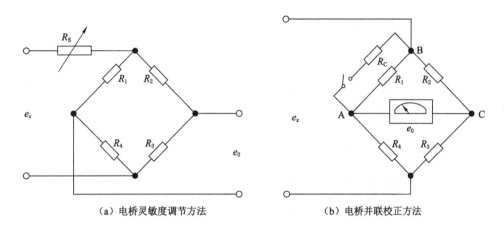

（a）电桥灵敏度调节方法　　　　　　　（b）电桥并联校正方法

图 5-5　电桥调节

5.2　调制与解调

所谓调制是指利用某种信号来控制或改变一般为高频振荡信号的某个参数（幅值、频率或相位）的过程。当被控制的量是高频振荡信号的幅值时,称为幅值调制或调幅;当被控制的量为高频振荡信号的频率时,称为频率调制或调频;而当被控制的量为高频振荡信号的相位时,则称为相位调制或调相。

在调制解调技术中,将控制高频振荡的低频信号称为调制波,载送低频信号的高频振荡信号称为载波,将经过调制过程所得的高频振荡波称为已调制波。根据被控制参数（如幅值、频率）的不同分别有调幅波、调频波等不同的称谓。从时域上讲,调制过程即是使载波的某一参量随调制波的变化而变化的过程,而在频域上,调制过程则是一个移频的过程。

解调是从已调制波信号中恢复出原有低频调制信号的过程。调制与解调（MODEM）是一对信号变换过程,在工程上常常结合在一起使用。

5.2.1 幅值调制与解调

(1) 幅值调制

幅值调制是将一个高频载波信号同被测信号(调制信号)相乘,使载波信号的幅值随着被测信号的变化而变化。调制信号 $x(t)$ 可以有不同的形式,以下就 $x(t)$ 为正(余)弦信号、周期信号和瞬态信号的三种不同形式分析它们各自的调幅过程中幅值与相位的变化情况。

设调制信号 $x(t)$,载波信号 $y(t)=\cos 2\pi f_0 t$,则经调制后的已调制波为:

$$x_{\mathrm{m}}(t) = x(t) \cdot y(t) = x(t)\cos 2\pi f_0 t \tag{5-12}$$

由傅立叶变换的卷积特性得:

$$x(t) \cdot y(t) \Leftrightarrow X(f) * Y(f)$$

$$\because y(t) = \cos 2\pi f_0 t \Leftrightarrow \frac{1}{2}\delta(f-f_0) + \frac{1}{2}\delta(f+f_0)$$

$$\therefore x(t) \cdot \cos 2\pi f_0 t \Leftrightarrow \frac{1}{2}X(f) * \delta(f-f_0) + X(f) * \frac{1}{2}\delta(f+f_0)$$

$$= \frac{1}{2}X(f-f_0) + \frac{1}{2}X(f+f_0) \tag{5-13}$$

其信号波形和频谱如图 5-6 所示。其中,调制信号处于正半周时,已调制波与载波信号同相;当调制信号处于负半周时,已调制波与载波信号反相。

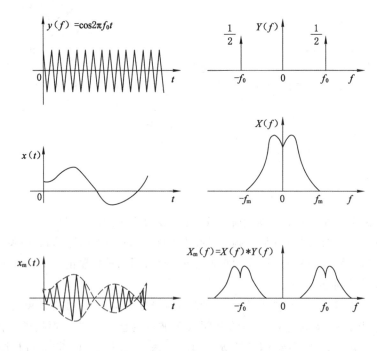

图 5-6 幅值调制

(2) 幅值解调

幅值调制的解调有多种方法,常用的有同步解调、整流检波和相敏解调法。

① 同步解调法

将调幅波经一乘法器与原载波信号相乘,则调幅波的频谱在频域上被再次移频,频谱如图 5-7 所示。由于载波信号的频率仍为 f_0,再次移频的结果是使原信号的频谱图形出现在 0 和 $\pm 2\,f_0$ 的频率处。设计一个低通滤波器将位于中心频率 $\pm 2\,f_0$ 处的高频成分滤去,便可恢复原信号的频谱,同步解调原理如图 5-8 所示。由于在解调过程中所乘的信号与调制时的载波信号具有相同的频率与相位,因此这一解调的方法的称为同步解调。时域分析上有:

$$x(t)\cos 2\pi f_0 t \cdot \cos 2\pi f_0 t = \frac{x(t)}{2} + \frac{1}{2}x(t)\cos 4\pi f_0 t \tag{5-14}$$

故只需将频率为 $2f_0$ 的高频信号滤去,即可得到原信号 $x(t)$,但须注意,原信号的幅值减小了一半,通过后续放大可对此进行补偿。同步解调方法简单,但要求有性能良好的线性乘法器件,否则将引起信号失真。

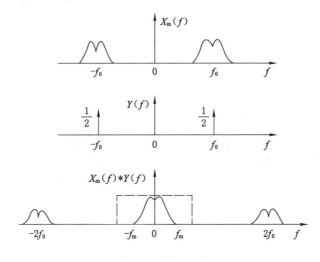

图 5-7　同步解调

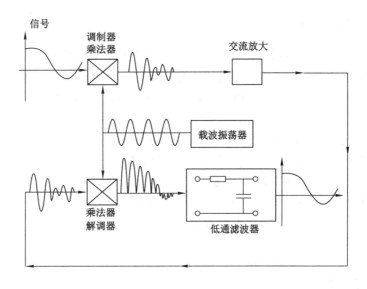

图 5-8　同步解调原理及电路

② 整流检波解调

整流检波是另一种简单的解调方法。其原理是:对调制信号偏置一个直流分量 A,使偏置后的信号具有正电压值[见图 5-9(a)],那么该信号作调幅后得到的已调制波 $x_m(t)$ 的包络线将具有原信号形状。对调幅波 $x_m(t)$ 作简单的整流(全波或半波整流)和滤波便可恢复原调制信号,信号在整流滤波之后仍需准确地减去所加的偏置直流电压。

上述方法的关键是准确地加、减偏置电压。若所加偏置电压未能使调制信号电压位于零位的同一侧[见图 5-9(b)],那么在调幅之后便不能简单地通过整流滤波来恢复原信号。

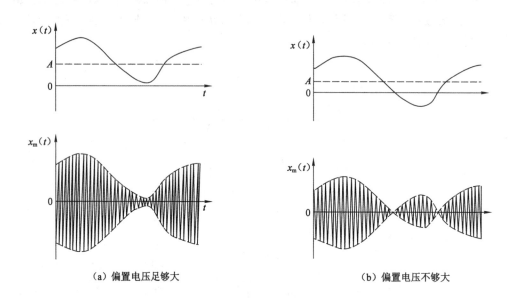

（a）偏置电压足够大　　　　　　　　　（b）偏置电压不够大

图 5-9　调制信号加偏置的调幅波

5.2.2　频率调制与解调

利用调制信号控制高频载波信号频率变化的过程称为频率调制。在频率调制过程中载波幅值保持不变,仅载波的频率随调制信号的幅值成正比地变化,因此调频波的功率也是个常量。频率按照调制信号规律变化的信号称为调频信号或已调频信号。

（1）频率调制

频率调制一般用振荡电路来实现,如 LC 振荡电路、变容二极管调制器、压控振荡器等。以 LC 振荡回路为例,如图 5-10 所示,该电路常被用于电容、涡流、电感等传感器中作测量电路,将电容(或电感)作为自激振荡器的谐振回路的一调谐参数,则电路的谐振频率为:

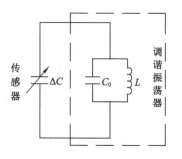

$$f_0 = \frac{1}{2\pi\sqrt{LC_0}} \qquad (5\text{-}15)$$

若电容 C_0 的变化量为 ΔC,则式(5-15)变为:

图 5-10　LC 振荡器

$$f = \frac{1}{2\pi\sqrt{LC_0(1+\frac{\Delta C}{C_0})}} = f_0\frac{1}{\sqrt{(1+\frac{\Delta C}{C_0})}} \tag{5-16}$$

上式按泰勒级数展开并忽略高阶项得：

$$f \approx f_0(1-\frac{\Delta C}{2C_0}) = f_0 - \Delta f \tag{5-17}$$

由式(5-17)可知，LC 振荡回路的振荡频率 f 与调谐参数的变化呈线性关系，亦即振荡频率 f 受控于被测物理量(这里是电容 C_0)。这种将被测参数的变化直接转换为振荡频率变化的过程称直接调频式测量。如图 5-11 所示，是一个调频过程中的时域波形。

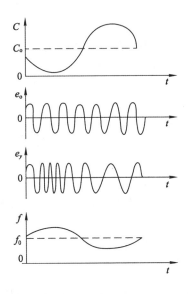

图 5-11　频率调制波形

（2）频率解调

对调频波的解调亦称鉴频，鉴频原理是将频率的变化相应地复原为原来电压幅值的变化。即将等幅调频波变换成幅度与调频波频率变化成正比的调频调幅波，再进行幅度检波，以恢复调制信号。

鉴频器一般由线性变换电路和幅值检波器构成。如图 5-12 是变压器耦合的谐振回路鉴频器。L_1、L_2 是变压器原、副线圈，它们和 C_1、C_2 组成并联谐振回路。e_f 为输入的调频信号，在回路的谐振频率 ω_n 处，线圈 L_1、L_2 的耦合电流最大，副边输出电压 e_a 也最大；e_f 频率离 ω_n 越远，线圈 L_1、L_2 的耦合电流越小，副边输出电压 e_a 也越小；从而将调频波信号频率的变化转化为电压幅值的变化。

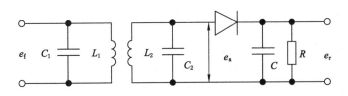

图 5-12　鉴频器线性变换电路和幅值检波器

后续的幅值检波电路是最常见的整流滤波部分,它将调频调幅波变换成只剩下它的包络线的电压变化波形,它与原始的频率偏差信号 $\Delta\omega$ 即被测量对应的 ΔC 信号在幅值变化上是完全一致的,即恢复了原来的信号。

5.3 滤波器

滤波器是一种选频装置,可以使信号中特定的频率成分通过,而极大地衰减其他频率成分。在测试装置中,利用滤波器的这种选频作用,可以滤除干扰噪声或进行频谱分析。

5.3.1 滤波器的分类

根据滤波器的选频方式一般可将其分为低通滤波器、高通滤波器、带通滤波器和带阻滤波器。这四种滤波器的幅频特性如图 5-13 所示。

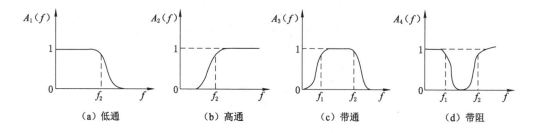

图 5-13 不同滤波器的幅频特性

(1) 低通滤波器

频率从 0 到 f_2,幅频特性平直,该段范围称为通频带,信号中高于 f_2 的频率成分则被衰减。

(2) 高通滤波器

滤波器通频带为从频率 $f_2 \sim \infty$,信号中高于 f_2 的频率成分可不受衰减地通过,而低于 f_1 的频率成分被衰减。

(3) 带通滤波器

它的通频带在 $f_1 \sim f_2$ 之间,信号中高于 f_1 而低于 f_2 的频带成分可以通过,而其他频率成分被衰减。

(4) 带阻滤波器

与带通滤波器相反,其阻带在 $f_1 \sim f_2$ 之间;在该阻带之间的信号频率成分被衰减掉,而其他频率成分则可通过。

5.3.2 理想滤波器

理想滤波器是一个理想化的模型,是根据滤波网络的某些特性理想化而定义的,是一种物理不可实现的系统。但对它的研究,有助于理解滤波器的传输特性,并且由此导出的一些理论,可作为实际滤波器传输特性分析的基础。

若要满足不失真测试的条件,该系统的频率响应函数应为:

$$H(f) = A_0 \mathrm{e}^{-\mathrm{j}2\pi f t_0} \tag{5-18}$$

式中，A_0 和 t_0 均为常数。同样，若一个滤波器的频率响应函数 $H(f)$ 具有如下形式：

$$H(f) = \begin{cases} A_0 \mathrm{e}^{-\mathrm{j}2\pi f t_0} & |f| < f_c \\ 0 & \text{其他} \end{cases} \tag{5-19}$$

则该滤波器称为理想滤波器，其幅频与相频特性如图 5-14 所示。

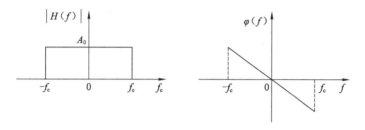

图 5-14　理想低通滤波器的幅频、相频特性

若将单位脉冲输入理想低通滤波器，则它的响应应为一个 $\sin c$ 函数（见图 5-15）。如无相角滞后，即 $t_0 = 0$，则有：

$$h(t) = 2A_0 f_c \sin c(2\pi f_c t) \tag{5-20}$$

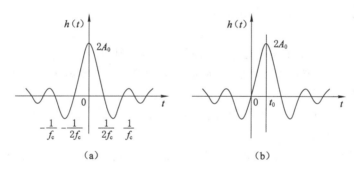

（a）　　　　　　　　　　　（b）

图 5-15　理想低通滤波器的脉冲响应

若考虑 $t_0 \neq 0$，亦即有时延时，则公式变为：

$$h(t) = 2A_0 f_c \sin c[2\pi f_c(t - t_0)] \tag{5-21}$$

从图可看出，理想低通滤波器的脉冲响应函数的波形在整个时间轴上延伸，且其输出在输入 $\delta(t)$ 到来之前，亦即 $t < 0$ 时便已经出现，对于实际的物理系统来说，在信号被输入之前是不可能有任何输出的，出现上述结果是由于采取了实际中不可能实现的理想化传输特性的缘故。因此理想低通滤波器（推而广之也包括理想高通、带通在内的一切理想化滤波器）在物理上是不可实现的。

5.3.3　实际滤波器

图 5-16 表示理想滤波器（虚线）和实际滤波器的幅频特性，从中可看出两者间的差别。对于理想滤波器来说，在两截止频率 f_{c1} 和 f_{c2} 之间的幅频特性为常数 A_0，截止频率之外的

幅频特性均为零。对于实际滤波器，其特性曲线无明显转折点，通带中幅频特性也并非常数。因此对它的描述要求有更多的参数，主要的有截止频率、带宽、纹波幅度、品质因数（Q值）以及倍频程选择性等。

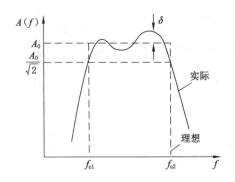

图 5-16　实际滤波器和理想滤波器的幅频特性

（1）滤波器的参数

① 截止频率

幅频特性值等于$\dfrac{A_0}{\sqrt{2}}$（-3dB）所对应的频率点（图 5-16 中的 f_{c1} 和 f_{c2}）。若以信号的幅值平方表示信号功率，该频率对应的点为半功率点。

② 带宽

滤波器带宽定义为上下两截止频率之间的频率范围 $B = f_{c2} - f_{c1}$，又称-3dB带宽，单位为 Hz。带宽表示滤波器的分辨能力，即滤波器分离信号中相邻频率成分的能力。

③ 纹波幅度

通带中幅频特性值的起伏变化值，图 5-16 中以$\pm\delta$表示δ值应越小越好。

④ 品质因数（Q值）

电工学中以 Q 表示谐振回路的品质因子，而在二阶振荡环节中，Q 值相当于谐振点的幅值增益系数，$Q = \dfrac{1}{2\zeta}$。对于一个带通滤波器来说，其品质因子 Q 定义为中心频率 f_0 与带宽 B 之比，即 $Q = \dfrac{f_0}{B}$，其中 $f_0 = \sqrt{f_{c1} \cdot f_{c2}}$。

⑤ 倍频程选择性

从阻带到通带，实际滤波器还有一个过渡带，过渡带的曲线倾斜度代表着幅频特性衰减的快慢程度，通常用倍频程选择性来表征。倍频程选择性是指上截止频率 f_{c2} 与 $2f_{c2}$ 之间或下截止频率 f_{c1} 与 $2f_{c1}$ 间频率变化一个倍频程的衰减量，即

$$W = -20\lg\frac{A(2f_{c2})}{A(f_{c2})} \tag{5-22}$$

显然，衰减越快，选择性越好。

⑥ 滤波器因数（矩形系数）

滤波器因数 λ 定义为滤波器幅频特性的-60dB带宽与-3dB带宽的比，即有：

$$\lambda = \frac{B_{-60\text{dB}}}{B_{-3\text{dB}}} \tag{5-23}$$

对理想滤波器有 $\lambda=1$。对普遍使用的滤波器,λ 一般为 $1\sim5$。

（2）一阶 RC 低通滤波器

图 5-17(a)是 RC 低通滤波器的电路,其幅、相频特性如图 5-18 所示。其中频率点 $\omega_c=\dfrac{1}{RC}$ 对应于幅值衰减为 -3 dB 的点,即为低通滤波器的上截止频率。调节 RC 可方便地调节截止频率,从而也改变着滤波器的带宽。如其输入、输出分别为 e_i 和 e_o,电路的微分方程为:

$$RC\,\frac{\mathrm{d}e_o}{\mathrm{d}t}+e_o=e_i \tag{5-24}$$

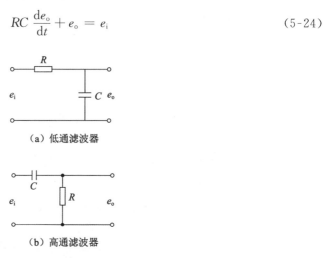

（a）低通滤波器

（b）高通滤波器

图 5-17　RC 滤波器

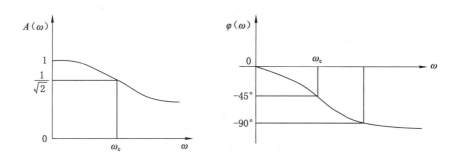

图 5-18　一阶 RC 低通滤波器的幅、相频特性

令 $\tau=RC$,称其为系统的时间常数,对上式作傅氏变换,可得频率响应函数:

$$H(\mathrm{j}\omega)=\frac{e_0(\mathrm{j}\omega)}{e_i(\mathrm{j}\omega)}=\frac{1}{\tau\mathrm{j}\omega+1} \tag{5-25}$$

幅频、相频特性为:

$$A(\omega)=\frac{1}{\sqrt{1+(\tau\omega)^2}} \tag{5-26}$$

$$\varphi(\omega)=-\arctan(\tau\omega) \tag{5-27}$$

① 当输入信号的频率 $\omega\ll\dfrac{1}{\tau}$ 时,$A(\omega)\approx1$,$\varphi(\omega)=0$,RC 低通滤波器为不失真测试

系统；

② 当输入信号的频率 $\omega = \dfrac{1}{\tau}$ 时，$A(\omega) = \dfrac{1}{\sqrt{2}} = 0.707$，$\varphi(\omega) = -\dfrac{\pi}{4}$，$\omega_c$ 为滤波器的截止频率；

③ $\tau = RC$，改变 R、C 值可以改变截止频率 ω_c 的大小。

（3）RC 高通滤波器

图 5-17(b) 是 RC 高通滤波器，图 5-19 显示其幅频、相频特性。设输入信号电压为 e_i，输出为 e_o，则微分方程式为：

$$e_o + \frac{1}{RC}\int e_o \mathrm{d}t = e_i \tag{5-28}$$

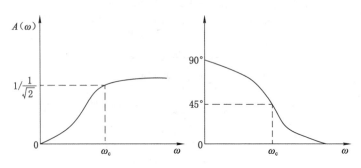

图 5-19 RC 高通滤波器及其幅频、相频特性

令 $RC = \tau$，频率响应函数为：

$$H(\mathrm{j}\omega) = \frac{\mathrm{j}\omega\tau}{1 + \mathrm{j}\omega\tau} \tag{5-29}$$

其幅频与相频分别为：

$$A(\omega) = |H(\mathrm{j}\omega)| = \frac{\omega\tau}{\sqrt{1 + (\omega\tau)^2}} \tag{5-30}$$

$$\varphi(\omega) = \arctan\frac{1}{\omega\tau} \tag{5-31}$$

当 ω 很小时，$A(\omega) \approx 0$，信号受到抑制，无法通过；当 ω 很大时，$A(\omega) \approx 1$，信号不受抑制而通过。滤波器的 $-3\,\mathrm{dB}$ 截止频率为 $\omega_c = \dfrac{1}{RC}$。

这种无源一阶高通滤波器的过渡带衰减也是十分缓慢的，可采用更为复杂的无源或有源结构来获得更陡的频率衰减过程。

（4）RC 带通滤波器

将一个低通和一个高通滤波器级联便可获得一个带通滤波器特性（见图 5-20），串联后的频率响应函数、幅频特性、相频特性如下：

$$H(\mathrm{j}\omega) = H_1(\mathrm{j}\omega)H_2(\mathrm{j}\omega) = \frac{\tau_1\mathrm{j}\omega}{\tau_1\mathrm{j}\omega + 1} \cdot \frac{1}{\tau_2\mathrm{j}\omega + 1} \tag{5-32}$$

$$A(f) = \frac{\omega\tau_1}{\sqrt{1 + (\omega\tau_1)^2}} \cdot \frac{1}{\sqrt{1 + (\omega\tau_2)^2}} \tag{5-33}$$

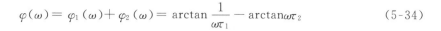

$$\varphi(\omega) = \varphi_1(\omega) + \varphi_2(\omega) = \arctan\frac{1}{\omega\tau_1} - \arctan\omega\tau_2 \qquad (5\text{-}34)$$

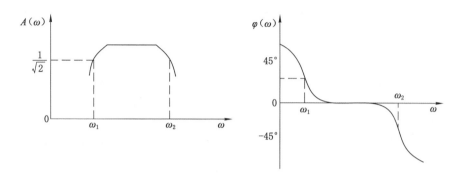

图 5-20　带通滤波器频率特性

分析可知,当 $\omega = \dfrac{1}{\tau_1}$ 时,$A(\omega) = \dfrac{1}{\sqrt{2}}$,此时对应的频率 $\omega_1 = \dfrac{1}{\tau_1}$,即为原高通滤波器的截止频率,此时为带通滤波器的下截止频率;当 $\omega = \dfrac{1}{\tau_2}$ 时,$A(\omega) = \dfrac{1}{\sqrt{2}}$,可认为是 $\omega \gg \dfrac{1}{\tau_1}$,对应于原低通滤波器的截止频率,此时为带通滤波器的上截止频率。分别调节高、低通滤波器的时间常数 τ_1、τ_2,就可以得到不同的上、下截止频率和带宽的带通滤波器。但是应注意,当高、低通两级串联时应消除两级耦合时的相互影响,因为后一级成为前一级的"负载",而前一级又是后一级的信号源内阻。实际上两级间常用射极输出器或者用运算放大器进行隔离。所以实际的带通滤波器常常是有源的。有源滤波器由 RC 调谐网络和运算放大器组成。运算放大器既可起到级间隔离作用,又可起到信号幅值的放大作用。

5.4　模拟/数字转换器

将数字量转换成与之相应的模拟量的装置称为数字/模拟转换器,简称数/模转换器,或者 D/A 转换器;将模拟量转换成与之相应的数字量的装置称为模拟/数字转换器,简称模/数转换器,或者 A/D 转换器。通常使用的 A/D 或者 D/A 转换器中数字量大多是用二进制编码表示。

5.4.1　D/A 转换电路

D/A 转换器是把数字量转换成模拟量的器件,其输入量为数字信号,输出量为模拟信号,两者的转换关系如图 5-21 所示。图中输入的数字量是二进制编码的数字信号,如0101、0011、0110、1011 等,最左面的一位是符号量,"0"代表正值,"1"代表负值,其余为二进制编码;它代表的模拟电平值是各位数所代表的十进制数的总和乘以最后位所代表的电平值即量化当量 Δ。

$$A = (2^0 a_0 + 2^1 a_1 + \cdots + 2^{n-1} a_{n-1})\Delta \qquad (5\text{-}35)$$

式中　n——数字量编码从右到左的位数;

a_n——等于 0 或 1,用于表示该位存在与否。一个二进制编码数字信号可以表达为 $a_s a_n a_{n-1} \cdots a_3 a_2 a_1 a_0$($a_s$ 是符号位)

如输出的模拟信号 A 是以模拟电压表示,其输入输出特性如图 5-21(b)所示。可见 D/A 转换器实质上是一种译码电路。

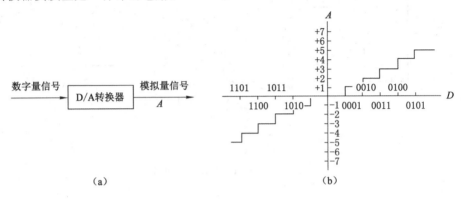

(a)　　　　　　　　　　(b)

图 5-21　D/A 转换关系

(1) D/A 转换原理

D/A 转换器的基本组成如图 5-22 所示,它由模拟开关、电阻网络、基准电源和运算放大器四部分组成。

图 5-22　D/A 转换器的基本组成

根据电阻网络结构不同,D/A 转换器有两种类型:一种是权电阻网络的 D/A 转换器,另一种是 T 形或反 T 形电阻网络的 D/A 转换器。本节仅介绍目前大多采用的 T 形电阻网络 D/A 转换器。T 形电阻网络 D/A 转换器的原理如图 5-23 所示。T 形电阻网络由 R 和 $2R$ 电阻组成。网络下端与参考电源 V_{REF} 相接,网络的上端通过模拟开关 S 与运算放大器反向输入端或同向输入端相接。

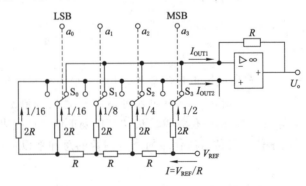

图 5-23　T 形电阻网络 D/A 转换器

① 模拟开关 S

开关 S_3、S_2、S_1、S_0 分别受输入的数字信号代码 a_3、a_2、a_1、a_0 控制。代码为"1",开关 S 将电阻 $2R$ 接向集成运放的反相输入端;当代码为"0"时,开关 S 将电阻 $2R$ 接向集成运放的同相输入端。这样,开关的状态就表示了相应位的二进制代码。

② 求和集成运放

作为电阻网络的缓冲器,集成运放使输出的模拟电压 U_0 不受负载变化的影响。同时还可通过改变反馈电阻的大小方便地调节变换系数(即改变放大器的放大倍数),使输出的模拟信号电压符合实际的需要。

③ 基准源 V_{REF}

它能够使电阻网络产生和输入数字信号相对应的电流,提供恒压源。由图 5-23 可看出,不管输入的数字信号状态是"1"还是"0",对应数字信号各位的模拟开关 S 不是接同相输入端的地,就是接反相输入端虚地点。所以,该电路电阻网络的特点则是从参考电源(基准源)V_{REF} 看进去的等效电阻,不管输入数字信号的大小如何,始终为 R。因此,由参考电源 V_{REF} 输入的总电流为:

$$I = \frac{V_{REF}}{R} \tag{5-36}$$

每条支路的电流大小如下。

对应 S_3 开关的支路为:

$$I_3 = \frac{I}{2} = \frac{V_{REF}}{2R} \tag{5-37}$$

对应 S_2 开关的支路为:

$$I_2 = \frac{I}{4} = \frac{V_{REF}}{4R} \tag{5-38}$$

对应 S_1 开关的支路为:

$$I_1 = \frac{I}{8} = \frac{V_{REF}}{8R} \tag{5-39}$$

对应 S_0 开关的支路为:

$$I_0 = \frac{I}{16} = \frac{V_{REF}}{16R} \tag{5-40}$$

图中最左边支路的电流为:

$$\frac{I}{16} = \frac{V_{REF}}{16R}$$

对于不同的输入数字信号,流向运放反相输入端的总电流为:

$$
\begin{aligned}
I_{OUT1} &= \frac{V_{REF}}{2R}a_3 + \frac{V_{REF}}{4R}a_2 + \frac{V_{REF}}{8R}a_1 + \frac{V_{REF}}{16R} \\
&= \frac{V_{REF}}{2^4 R}(2^3 a_3 + 2^2 a_2 + 2^1 a_1 + 2^0 a_0)
\end{aligned}
\tag{5-41}
$$

流向同相输入端的总电流为:

$$I_{OUT2} = I - I_{OUT1} \tag{5-42}$$

由于集成运放的输入阻抗为无穷大,流入运算放大器的电流为零,所以,求得 T 形 D/A 转换器的输出电压为:

$$U_{\circ} - I_{OUT1}R = -\frac{V_{REF}}{2^4}(2^3 a_3 + 2^2 a_2 + 2^1 a_1 + 2^0 a_0) \tag{5-43}$$

对于 n 位转换器有：

$$U_{\circ} = -\frac{V_{REF}}{2^n}(2^{n-1} a_{n-1} + 2^{n-2} a_{n-2} + \cdots + 2^1 a_1 + 2^0 a_0) \tag{5-44}$$

该式表明:在 V_{REF} 不变时,输出的模拟信号电压 $U_{\circ}$ 与输入的数字信号的大小成正比。

(2) D/A 转换器的主要技术指标

① 转换精度

指在 D/A 转换器的输入端加上给定的数字量时所测得的实际模拟量输出值与理论输出值之间的差异程度,通常用最大绝对误差或相对误差来表示,这个静态的转换误差是增益误差、零位误差和非线性误差等的综合。

② 分辨率

D/A 的分辨率是指其数字量输入变化一个最小单位时,所对应的模拟量输出的变化量与满度输出值之比,通常用 D/A 的位数来表示,如 12 位的 D/A 转换器有 12 位二进制数的分辨率($1/2^{12}$)。

③ 线性度

通常用 D/A 转换器的非线性误差来表示其线性度,它是指转换器实际的输入-输出特性曲线与理想的输入-输出直线的偏离程度。

④ 微分非线性误差

它表示在输入数字量的整个范围内,相邻两个数码之间引起的模拟量输出跃变值差异程度。若相邻跃变值相等,则微分非线性误差为零。

⑤ D/A 转换时间

指当输入数字量产生满度值的变化时,其模拟量输出达到稳态值所需的时间。

⑥ 温度系数

指满刻度条件下,其工作环境温度升高 1 ℃引起输出模拟量变化的百分数。

⑦ 电源抑制比

当电源电压发生变化时,所引起的模拟输出变化量与相应的电源变化量之比称为电源抑制比。

5.4.2 A/D 转换电路

模拟/数字转换是将模拟量转换为一定码制的数字量。模拟信号在转化为数字信号过程中要经过三个步骤,一是要从随时间连续变化的信号转换为在时间上是离散的信号,称时域采样;二是在幅值上转换成量化信号,称幅值量化;三是编码过程,即由几个脉冲组成一组代码来表示某一量化信号值。多组代码表达多个量化信号后成为数字信号。假如数字信号采用二进制编码,那么量化过程中幅值离散的间隔显然就是二进制编码最低有效位所对应的模拟信号幅值间隔值,称为量化当量。量化当量也是量化精度的标志,编码的位数愈多,就是量化当量愈小,其转换器转换精度愈高,所以数字模拟转换器的位数愈高,标志其量化精度愈高。转换时间是指完成一次数字模拟的转换作用的时间间隔。若转换时间大于 300 μs 的称为低速转换器;20～300 μs 的称为中速转换器;小于 20 μs 的称为高速转换器。

因此,A/D 转换器是将模拟量转换成数字量的器件,其转换过程主要包括采样、量化和编码三个部分组成。

采样这一过程是把输入的连续时间变化的模拟量离散化,即变成时间域上断续的模拟量,如图 5-24 所示;量化过程就是把采样取得的在时域上断续,但是在幅值上连续的模拟量进行量化。即用相对于最小数字量的信号值的某个整数倍去表示该采样值;编码是把已经量化的数字量用一定的代码表示输出。通常采用二进制码,如图 5-25 所示。

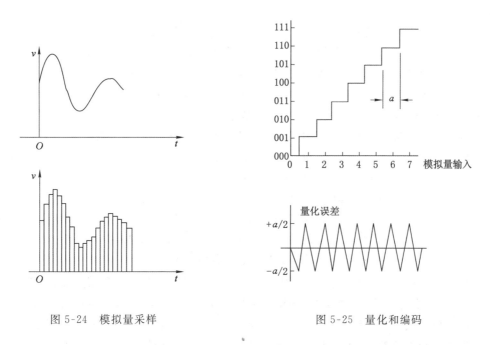

图 5-24　模拟量采样　　　　　　　　　　图 5-25　量化和编码

A/D 转换器有较多的品种、规格,其转换的原理也各不相同,但是在基本转换原理上,主要可分为两类:直接比较型和间接比较型。直接比较型是将输入的模拟信号直接同作为标准的参考电压相比较而得出数字量,其中有逐次逼近比较、随动跟踪或者伺服式、斜坡式等。间接比较型是将输入模拟电压和参考电压都变成中间物理量进行比较,再编码输出,其中有电压-频率式、电压-时间式等。

逐次逼近比较式 A/D 转换器的工作原理如图 5-26 所示。主要组成部分有:数字模拟转换器、比较器、移位寄存器、数据寄存器、时钟以及逻辑控制电路等。

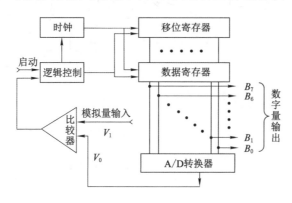

图 5-26　逐次逼近比较式 A/D 转换器

逐次逼近比较式 A/D 转换器的工作过程,可以用天平称重过程来说明。假定未知质量 W 小于 1 kg,砝码质量按二进制形式分级,分别为 1/2 kg,1/4 kg,1/8 kg,…。称重过程首先放 1/2 kg 砝码,如果未知质量小于 1/2 kg,必须添加 1/8 kg,这样一直进行到足够精确为止。

设 A/D 转换器为 8 位,模拟输入范围为 0～10 V,现假定输入电压为 6.6 V,其转换过程如下,当启动脉冲到来之后,通过控制逻辑使移位寄存器清零,给时钟脉冲开门,于是开始了在时钟脉冲节拍控制下同步操作。第一个脉冲使最高位 B_7 置"1",其余各位置"0",该二进制数 10 000 000 加到 D/A 转换器,其输出 V。为半满刻度值+5 V 小于 6.6 V。此时通过控制逻辑电路使 B_7 保持"1";第二个脉冲到来使位 B_6 置"1",则加在 A/D 转换器上的字为 11 000 000,其输出电压为 7.5V 大于 6.6 V,此时通过控制逻辑电路使 B_6 复位到"0",数字量输出线上的字又回到 10 000 000;同理第三个脉冲使位 B_5 置"1",对应 10 100 000,输出电压应为 6.25 V,小于 6.6 V,故保持"1",数字输出 10 100 000;第四个脉冲使位 B_4 置"1",对应 10 110 000,输出电压为 6.872 V,大于 6.6 V。B_4 复位到"0",数字输出又回到 10 100 000;第五个脉冲使位 B_3 置"1",对应 10 101 000,输出电压为 6.563 V,小于 6.6 V,保持"1",数字输出 10 101 000;第六个脉冲使位 B_3 置"1",对应 10 101 100,输出电压为 6.72 V,大于 6.6 V,B_2 复位到"0",数字输出 10 101 000;第七个脉冲使位 B_1 置"1",对应 10 101 010,输出电压为 6.64 V 大于 6.6 V,B_2 复位到"0",数字输出 10 101 000;第八个脉冲使位 B_6 置"1",对应 10 101 001,输出电压为 6.6 V 正好等于输入电压 6.6 V,B_0 保持"1",数字输出 10 101 001;第九个脉冲使移位寄存器溢出,表示转换结束。

从前面过程总的看来,这种逐次比较逼近式 A/D 转换器,由于只需要 $n+1$ 个时钟脉冲周期,所以转换速度较快、精度也比较高,因此这种 A/D 转换器广泛应用于各个领域。

双斜积分式 A/D 转换器属于间接比较型中电压-时间转换方式,是将输入的模拟电压转换为时间间隔等参数,然后再转换成数字量的 A/D 转换器。

其基本原理如图 5-27 所示,它由积分器、比较器、模拟切换开关、控制电路和计数显示部分等组成。开始工作之前,逻辑控制电路将模拟开关 S 接地,积分输出为零,计数器复位,整个电路处于初始状态。

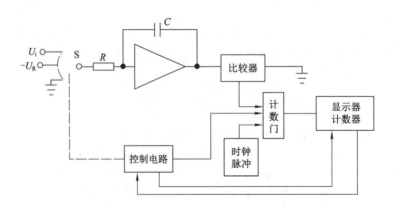

图 5-27 双斜积分式 A/D 转换器基本原理

转换开始时,控制电路将模拟开关接通采样信号中一个模拟幅值,将此模拟电压 U_i 输入积分器进行积分运算,同时使计数门打开,计数器计数。在模拟电压为直流电压或者变化缓慢的电压时,积分器输出一个斜变电压,其方向由模拟电压的正负极性决定。在经过一个固定时间 T_1 后,计数器达到其满量程计数值 N_1,复零而输出一个脉冲,此脉冲使控制电路发出信号将 S 接向参考电压,此阶段采样时间固定,称为定时积分阶段。当开关接向极性相反的参考电压 $-U_R$ 后,积分器反向积分,其输出从原来的最高值向零电平方向斜变。与此同时,计数器又从零开始计数,当计数器到达零电平时,零值比较器动作,关闭计数门,计数器停止计数,其计数值为 N_2。这一阶段称为比较阶段,又称为定值积分阶段。由于一次采样的转换过程需要进行两次积分,积分器输出两个斜变电压,故称为双斜式或者双积分式 A/D 转换器。

双斜式积分转换的定量数学关系推导如下。在采样阶段,积分器的最后输出电压为:

$$U_o = -\frac{1}{RC}\int_0^{T_1} U_i \mathrm{d}t \qquad (5\text{-}45)$$

U_i 为输入直流或者缓变电压,它在 T_1 时期的平均值为 $\bar{U}$,则

$$U_o = -\frac{T_1}{RC}\bar{U}_i$$

在比较阶段,积分器的最终输出电压为零。

$$0 = -\frac{T_1}{RC}\bar{U}_i + \frac{1}{RC}\int_0^{T_2} U_R \mathrm{d}t$$

$$\frac{T_1}{RC}\bar{U}_i = \frac{1}{RC}\int_0^{T_2} U_R \mathrm{d}t$$

$$T_2 = \frac{T_1}{U_R}\bar{U}_i \qquad (5\text{-}46)$$

在 T_1 和 U_R 均为常数时情况下,比较阶段的时间间隔 T_2 正比于模拟电压的平均值,从而完成了 $U\text{-}T$ 的转换。再利用已知的计数脉冲,由计数器分别按一定码制得脉冲个数,即得

$$N_2 = \frac{N_1}{U_R}\bar{U}_i \qquad (5\text{-}47)$$

由上式可知,计数器输出的数值 N_2 正比于采样模拟电压的平均值。该双积分式 A/D 转换器的优点是精度高,其缺点是转换速度较慢。它常用于速度要求不高,精度要求较高的测量仪器仪表、工业测控系统中。

(2) A/D 转换器的主要技术指标

① 转换精度 A/D

转换器的输出与理想数学模型输出的接近程度表示转换精度。它包括模拟误差和数字误差两大部分,后者主要表示为量化误差。它一般为分度值的一半,前者主要包含偏移误差、增益误差和非线性误差等。

② 转换速率

转换速率指单位时间内完成 A/D 转换的次数,它近似等于完成一次 A/D 转换所需时间的倒数。

③ 分辨率

分辨率反映了 A/D 转换器所能分辨的被测量的最小值,一般用 A/D 转换器输出的数字

量的位数来表示。例如 12 位的 A/D,分辨率为 12 位,模拟电压的变化范围被分成($2^{12}-1$)级(4095 级)。对同样的模拟输入电压,用位数愈高的 A/D 转换器所能分辨的最小值就愈小,即愈灵敏。通常部件的死区、漂移、干扰和噪声等是限制分辨率的因素。

④ 稳定度

稳定度指在被测量不变的条件下,一段时间内 A/D 输出显示数的稳定性。它常分为短期(如 1h 或 24h)稳定度和长期(如 3 个月、半年或一年)稳定度。偏移、漂移和噪声是影响稳定度的主要因素。

5.4.3　常用 A/D 通道、D/A 通道设计

(1) 采样保持(S/H)电路

① 采样保持电路工作原理

采样保持电路具有采样和保持两个状态。处于采样状态时,电路的输出始终跟随输入模拟信号;处于保持状态时,电路的输出保持着前一次采样结束前瞬时的输入模拟量。在高速数据采集系统中用于保持 A/D 转换器输入端信号,以确保 A/D 转换的精度。

采样保持电路的原理如图 5-28 所示。主要由保持电容器 C_H,输入输出缓冲放大器 A_1、A_2,以及逻辑控制开关 S 组成。保持期间,逻辑控制开关闭合,放大器 A_1 的输出通过开关给电容器 C_H 快速充电;保持期间,逻辑控制开关断开。由于运算放大器 A_2 的输入阻抗极高,在理想情况下,电容器将保持充电时的最终值,直到本次采样完成,A/D 完成一次模-数转换,所产生的数字量对应采样保持器开始保持的电压值。进入下一次转换过程时,采样保持器又将按控制命令重复上述步骤。有时对直流或低频信号,可不用 S/H 电路。

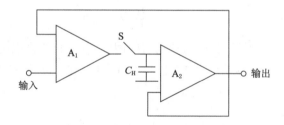

图 5-28　采样保持电路原理图

② 采样保持电路的工作参数

a. 孔径时间 T_{AP}

保持命令发出后,采样开关完全断开所需要的时间称为孔径时间。因此实际采集的数据是保持命令发出后经过 T_{AP} 延时后的输入电压。T_{AP} 是 S/H 电路最重要的技术参数,它必须远远小于 A/D 转换时间 T_s。

b. 孔径时间不确定性 ΔT_{AP}

它是孔径时间的变化范围。孔径时间可提前发出保持命令加以克服,而 ΔT_{AP} 是随机的,所以它是影响采样精度的主要因素之一。

c. 捕捉时间 T_{AC}

采样保持器处于保持模式时,从微机发出采样命令到采样保持器的输出值脱离现存的

保持值而达到当前的保持输入信号值所需的时间,称为捕捉时间。T_{AC} 包括开关动作时间、达到稳定值的建立的时间和保持到终值的跟踪时间,是影响采样频率提高的主要因素,但不影响转换精度。

d. 保持电压下降

在保持模式时,由于电容的漏电位保持值下降,下降值随保持时间增大而增加,所以往往用保持电压下降率表示,即:

$$\frac{\Delta V}{\Delta T} = \frac{I}{C_H} \tag{5-48}$$

式中,I 为漏电流;C_H 为保持电容。

e. 馈送

在保持模式时,输入信号由于寄生电容而耦合到保持电容器所引起的输出电压的微小变化。这也是影响采样精度的主要因素之一。

目前市场上有集成采样器芯片出售,典型芯片有 AD 公司的 AD582 等。

(2) A/D 通道的几种结构形式

① 不带采样保持器的单通道 A/D

转换对于直流或者低频信号,通常可以不采用采样保持器,这时模拟输入电压的最大变化率与转换器的转换率有如下关系,即:

$$\frac{\mathrm{d}U_i}{\mathrm{d}t}\Big|_{\max} = 2^{-n}\frac{U_{FS}}{T_{CONV}} \tag{5-49}$$

式中　T_{CONV}——转换时间;

$\quad\quad U_{FS}$——转换器的满刻度值;

$\quad\quad n$——分辨率;

$\quad\quad U_i$——模拟输入电压。

例如,$U_{FS}=10\ V$,$n=11$,$T_{CONV}=0.1\ s$,则入电压变换率约为 $\frac{1}{20}V/s$。

② 带有采样保持器的单通道

A/D 转换电路在模拟输入信号变化率较大的通道设置采样保持器,这时模拟输入信号的最大变化率取决于采样保持器的孔径时间 T_{AP},模拟信号的最大变化率为:

$$\frac{\mathrm{d}U_i}{\mathrm{d}t}\Big|_{\max} = 2^{-n}\frac{U_{FS}}{T_{AP}} \tag{5-50}$$

如果将保持命令提前发出,提前的时间与孔径时间相等时,则输入模拟信号最大变化率仅取决于孔径时间的不确定性 ΔT_{AP},并可由下式决定,即:

$$\frac{\mathrm{d}U_i}{\mathrm{d}t}\Big|_{\max} = 2^{-n}\frac{U_{FS}}{\Delta T_{AP}} \tag{5-51}$$

如采样频率 $f=1\ 000\ kHz$,$U_{FS}=10\ V$,$\Delta T_{AP}=3\ ns$,$n=11$,则 $\frac{\mathrm{d}U_i}{\mathrm{d}t}\Big|_{\max}=1.6\ V/\mu s$。

(3) 多路 A/D 通道设计

① 每个通道有独自的 S/H 和 A/D。其结构如图 5-29 所示。该形式多用于高速数据采集系统,它允许各通道同时进行转换。采集后各通道被测信号是完整的,有利于分析同一时刻多路被测信号的相关性。

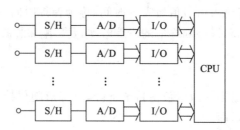

图 5-29　每通道有独自的 A/D 器件的结构

② 多路通道共享 A/D。其结构如图 5-30 所示。由多路模拟开关(MUX)控制轮流采入各通道模拟信号,经 S/H 和 A/D 转换后,送入主机电路。因为这种形式使用芯片数量少,每路的转换只能串行,通常用于测量变化缓慢的信号。由于信号是通过多路模拟开关(MUX)轮流切换送入 S/H 电路和 A/D 转换器,故捕捉时间可以忽略,所以被测信号是断续的,对实时测量必然引入误差。

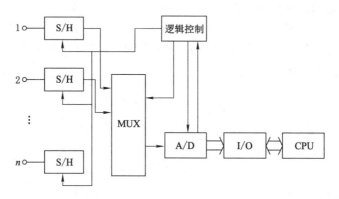

图 5-30　多通道共享 A/D 器件的结构

③ 多路通道共享 S/H 和 A/D 其结构如图 5-31 所示。这种形式每个通道由一个 S/H 电路,由多路模拟开关轮流采入各通道模拟信号,经采样保持和 A/D 转换后,送入主机电路,并受同一个信号控制,保证同一时刻采样各通道信号,有利于对各个通道的信号波形进行相关分析。这种形式通常用于对速度要求不高的数据采集系统。

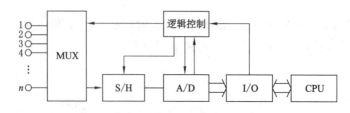

图 5-31　多通道共享 S/H 和 A/D 器件的结构

(4) D/A 通道的几种结构形式

D/A 转换输出通道也有单通道和多通道之分。多通道的结构又分为以下两种形式。

① 每个通道有独自的 D/A 转换器如图 5-32 所示,这种形式通常用于各个模拟量可分

别刷新的快速输出通道。

② 多路通道共享 D/A 转换器如图 5-33 所示,这种形式通常用于输出通道不多、对速度要求不太高的场合,多路开关轮流接通各个通道,予以刷新,而且每个通道要有足够的接通时间,以保证有稳定的模拟量输出。

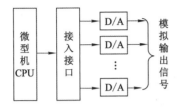

图 5-32　每个通道有独自的 D/A　　　　　图 5-33　多路通道共享 D/A

（5） A/D、D/A 通道的设计原则

一个好的系统设计不仅体现在电路性能上达到或超出预期的指标,也需考虑设计的经济性。A/D 、D/A 转换和采样保持及多路开关等芯片中包含着功能各异、价格不等的多种多样芯片,如美国 AD 公司生产的 A / D 转换芯片就有 19 个系列 40 多种,D/A 芯片有 32个系列 100 多种,在芯片选择及电路设计时就要综合考虑转换速度、转换精度、使用的环境温度及经济性能等各因素。例如上述一些芯片的端子封装大致可分为两种:一种是塑料封装,适用于 0～＋70 ℃;另一种是陶瓷封装,一般适用于－25～＋70 ℃或－55～＋125 ℃ 。陶瓷封装的价格要比塑料封装芯片高出一倍以上。选择芯片时还应考虑精度与造价的相对关系,如 10 位 A/D 转换芯片 AD571 要比 8 位芯片 AD570 价格高近一倍,设计时不能单纯追求超出系统性能要求的高速、高精度、高性能。对于系统的软、硬件配置也要统一权衡考虑。软件与硬件的功能是可以互相补充、互相转换的。例如,实时控制与实时数据处理中,常需用到定量控制,定量的功能可以用硬件实现,如可选用一片可编程定时器,但也可用软件来实现,如采用延时器来完成定时要求,因此设计时就要考虑在 CPU 处理数据的速度允许而且存储器容量又有足够余量的情况下,充分利用微型机的软件资源,由软件代替硬件的功能以节约硬件开支,减小体积。

（6）芯片的选择

A/D、D/A、S/H、多路开关等电路的集成芯片种类繁多,为系统设计者在芯片功能、特性等方面进行选择提供了较大的自由度。在设计系统时应对如下几个方面提出明确要求。

① 模拟量输入、输出范围、信号源与负载阻抗大小,输入输出电压的极性;

② 对数字量码制的要求,是二进制还是二进制的补码形式;

③ 系统逻辑电平多大,是 TTL、DTL、COMS ,还是低压 CMOS;

④ 系统允许的漏码;

⑤ 输入信号的特性及信号的有限带宽频率;

⑥ 系统环境条件,如温度范围、供电电源的可靠性、期望的转换精度是多少,有无特殊的环境限制需要设计时考虑,如高湿度、高功率、振动以及空间的限制。

除以上一般考虑外,对每一部件还有专门的考虑,如对 D/A 转换电路还需考虑以下几点:

① 需要的分辨率、精度、线性度各是多少;

② 逻辑电平及数码形式是什么,数据输入是串行还是并行;

③ 输出需要电流形式还是电压形式,满刻度是多少;

④ 参考电压类型是固定的、可变的、内部的还是外部的;

⑤ 输出电压是双极性还是单极性;

⑥ 数字量的接口特性如何,对速度有何要求以及温度变化等。

对 A/D 通道有些考虑类似于 D/A 通道,而另一些是 A/D 所独有的,如以下几方面:

① 模拟输入范围,被测信号的分辨率是多少;

② 线性误差是多少,相对精度及刻度的稳定性是多少;

③ 在周围环境温度变化下,各种误差限制在什么范围内;

④ 完成一次转换所需的时间;

⑤ 系统电源稳定性的要求是多少,由于电源的变化,引起的允许误差是多少等。

对于采样保持器应从如下几个方面加以考虑:

① 输入信号范围是多少;

② 多路通道切换率是多少,期望的采样保持器的采集时间是多少;

③ 所需精度(包括增益、线性度以及偏置误差)是多少;

④ 在保持期间允许的电压下降是多少;

⑤ 通过多路开关及信号源的串联电阻的保持器旁路电流引起的偏差是多少。

思考题与习题

5-1 直流电桥平衡条件是什么? 交流电桥平衡条件是什么?

5-2 用电阻应变片接成全桥,测量某一构件的应变,已知其应变变化规律为 $x(t)=A\cos 10t$,如果电桥激励电压为 $E_s=E_0\sin 1\,000t$,试求此电桥的输出信号频谱。

5-3 供桥电压为 3 V,并以阻值 $R=120\ \Omega$、灵敏度 $K=2$ 的应变片和阻值为 $120\ \Omega$ 的固定电阻组成电桥。假定负载电阻为无穷大,当应变片的应变为 $5\ \mu\varepsilon$ 和 $5\,000\ \mu\varepsilon$ 时,分别求出单臂、双臂电桥的输出电压和灵敏度。

5-4 调制的种类有哪些? 调制、解调的目的是什么?

5-5 一滤波器如题图 5-1 所示,R 为电阻,C 为电容,均为定值,输入 $x(t)$,输出为 $y(t)$。

(1) 试求该滤波器的频响函数 $H(\omega)$。

(2) 如 $R=1\ \text{k}\Omega,C=10\ \mu\text{F}$,求它的截止频率 f?

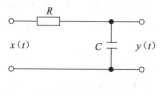

题图 5-1

5-6 A/D 和 D/A 通道如何设计?

第6章　计算机测试技术与系统

　　传统的测试系统主要由硬件电路完成对数据的各种运算与信号的分析处理,因而只能获得有限的信息与测量功能。计算机测试系统与仪器的核心是计算机,利用计算机进行数学运算与信号分析处理,可以获取更广泛的信息与测量功能。目前,智能化测试方法和仪器的应用,已将测试技术推向了一个崭新的阶段。计算机的应用使测量结果的准确度,测试的自动化程度和效率不断提高。

6.1　概　　述

6.1.1　计算机测试系统的特点

　　在测试分析的各个领域,目前计算机测试系统与仪器已占主要地位,与传统的模拟或数字化仪器相比,它的特点主要有:

　　(1) 能对信号进行复杂的分析处理

　　如基于 FFT 的时域和频域分析,振动模态分析等。

　　(2) 高精度、高分辨率和高速实时分析处理

　　可用软件对传感器和测试环境引起的非线性误差进行修正;12 位、16 位以及更高位数的模数转换;高精度时钟控制和足够字长位数的数值运算;可使测试分析结果达到极高的输出精度、频率精度和分辨率。普通微机的运算速度已可实时获得大多数时、频域分析结果。此外,随着云计算和大数据技术的不断发展,计算机测试系统可以处理和分析大规模的数据集,从而进一步提高测试的准确性和可靠性。

　　(3) 性能可靠、稳定、便于维修

　　大规模生产的硬件设计确保了高可靠性和稳定性,同时简化了维修过程。而软件的运行具有出色的重现性,确保了测试结果的一致性和准确性。此外,随着人工智能和机器学习技术的发展,微机化测试分析仪器正逐步实现智能化。这些技术可以帮助仪器自动识别和分类数据,提高测试效率,减少人为误差。

　　(4) 能以多种形式输出信息

　　现代的微机化测试分析仪器由高性能的标准芯片和先进的软件组成。大规模生产的硬件设计确保了高可靠性和稳定性,同时简化了维修过程。而软件的运行具有出色的重现性,确保了测试结果的一致性和准确性。此外,随着人工智能和机器学习技术的发展,微机化测试分析仪器正逐步实现智能化。这些技术可以帮助仪器自动识别和分类数据,提高测试效率,减少人为误差。

（5）多功能

原则上，使用者可以自由地扩展分析处理功能，使一台仪器具备多种测试分析能力。这使得仪器具有强大的适应性，能够满足不同测试需求和处理要求。随着技术的不断发展，这种可扩展性为使用者提供了更大的灵活性和便利性，使他们能够根据具体需求进行定制化开发和功能增强。

（6）自测试和故障隔离

现代仪器配备先进的自测试程序，能够自动检测并修复一些常见的故障。这种自测试程序采用了智能诊断和修复技术，可以快速识别和解决潜在的问题，确保仪器在局部故障的情况下仍能继续工作。此外，随着模块化技术的广泛应用，仪器内部组件的互换性和适应性得到了极大的提升。这使得在发生故障时，用户可以方便地替换或修复特定模块，而无需对整个仪器进行维修。

6.1.2 计算机测试系统的基本组成

与传统测试系统相比，计算机测试系统增加了微机部分。典型的计算机测试系统如图 6-1 所示。

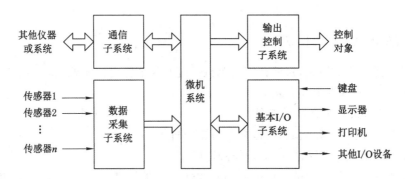

图 6-1　计算机测试系统典型结构

（1）微机系统

微机系统是整个测试系统的核心，对整个系统起监督、管理、控制作用。另外，利用其强大的信息处理能力和运算能力，实现信号的分析处理、逻辑判断、系统的自校正、自诊断等功能。最新的微机系统还采用多核处理器和高效算法，以进一步提高数据处理和运算速度。

（2）数据采集子系统

实现多路选择控制、信号的采集、转换等功能。将传感器输入的信号进行采集、转换、整理后，传送给微机系统。

（3）通信子系统

实现本测试系统与其他系统、仪器仪表的通信。由通信子系统根据实际情况灵活构造不同规模、不同用途的微机化测试系统。通信接口的结构及设计方法，与所采用的总线规范和总线技术有关。

（4）输出控制子系统

实现对被测对象、被测组件、控制对象、测试操作过程等的自动控制。

（5）基本 I/O 子系统

实现人-机对话的子系统。用于输入修改系统参数、设置系统工作状态、输出测试结果、显示测试过程、记录测试数据等。随着人机交互技术的发展,触摸屏、语音识别等技术的广泛应用,提供了更直观、便捷的人机交互体验。

6.2　计算机测试中的数据采集系统

在计算机测试系统中,被测量经传感器及调理电路转换成电信号后,必须通过数据采集转换将待测信号转换为数字量送入计算机。数据采集系统是外部信号进入计算机的必由之路,是计算机测试系统中必不可少的前向通道。

数据采集系统,主要有多路模拟开关(MUX,Multiplexer)、采样保持电路(S/H,Sample/Hold),A/D(Analog/Digital)转换器及其与微处理机的接口电路组成,如图 6-2 所示。

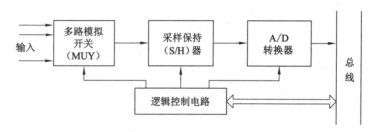

图 6-2　数据采集系统的基本组成框图

（1）多路模拟开关

多路模拟开关是模拟信号输入通道中用来控制模拟信号"通/断"的电子开关,由计算机程控系统对多路信号进行分时切换。

在计算机测试技术中,经常遇到需要采集来自多个传感器的模拟测量信号。例如:在数据采集系统接受多路测量信号并共用一个 A/D 转换器的情况下,就要采用模拟开关,轮流切换各路测量信号,分时地输入共用的 A/D 转换器进行 A/D 转换。

目前,在计算机数据采集系统中常用 CMOS 多路模拟开关。CMOS 多路模拟开关的导通电阻 R_{ON} 与模拟信号电平之间的关系曲线较为平直,并且功耗小、速度快、导通电阻受电源电压和环境温度变化的影响小,导通电阻 R_{ON} 一般小于 200 Ω。

多路模拟开关的主要技术指标是导通电阻、导通时间、关断时的泄漏电阻和关断时间。在交流应用时还有带宽和寄生电容等。目前常用的集成化多路模拟开关,是由 8 路以上的输入通道、1 路公共输出组成,计算机通过地址线和一个片选端进行通道选择。

（2）采样保持(S/H)电路

在 A/D 转换期间,应保持 A/D 转换器的输入信号值不变,以免 A/D 转换的输出发生错误。这种保持 A/D 转换期间输入信号不变的电路,称为采样保持电路。在 A/D 转换过程中,S/H 电路对保证 A/D 转换的精度有着重要的作用。

采样保持电路具有采样和保持两个状态。处于采样状态时,电路的输出始终跟随输入模拟信号;处于保持状态时,电路的输出保持着前一次采样结束前瞬时的输入模拟量。S/H

电路的基本原理在第 5 章已详细介绍,这里不再赘述。

在采样期间,采样保持器的逻辑开关有动作滞后,从保持命令发出直到完全断开所需的动作时间为孔径时间 T_{AP}。孔径时间 T_{AP} 是 S/H 电路的最重要的技术参数,它必须远小于 A/D 转化时间。有时,对直流或低频信号,可不用 S/H 电路,对变化较快的信号或多路同步采样时,必须使用 S/H 电路。在许多 A/D 转换器中集成了采样保持电路,也有单独的集成采样芯片出售,如 AD 公司生产的 AD9218 等。

(3)A/D 转换器

根据第 5 章讲述 A/D 转换器的主要技术指标,选择 A/D 转换器时,分辨率和转换时间是首先考虑的指标,因这两个指标直接影响系统的精度和响应速度。选用高分辨率和转换时间短的 A/D 转换器,可提高系统的精度和响应时间,但成本也随之增大。另外,在确定 A/D 转换器的分辨率指标时应留有一定的余量,要考虑到多路模拟开关、采样保持器等带来的误差。

(4)主计算机管理的各通道独立变换和预处理

其结构如图 6-3 所示。这种形式每个通道都有 S/H 电路,A/D 转换器和微处理器或单片机,具有很强的独立性。每个通道都可按各自的测试要求选用 S/H 转换器芯片,并按各通道具体要求设置微处理机和信号预处理的程序,因此可以节省主计算机工时,特别适合于智能化传感技术和远距离传输的要求。这种系统实质上属于主从式多机系统范畴。

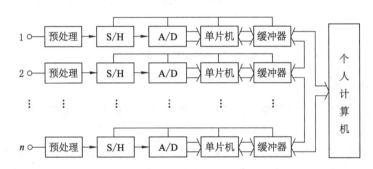

图 6-3　主机管理采集系统

近年来,采用厚膜混合技术制造的多功能数据采集模块,把数据采集系统各部分(MUX,S/H,A/D,D/A 等)全部集中在一个模块里,并可与微机兼容。在此基础上发展的插卡式数据采集系统和模拟输入、输出插件板,功能强、用途广,可方便地插入个人计算机。

6.3　测试总线与接口技术

6.3.1　概述

测试总线是应用于测试领域中的一种总线技术,是计算机测试技术中极为重要的内容之一。测试系统内部各单元(芯片、模块、插件板、仪器和系统)之间,都是通过总线连接并实现数据传递和信息联络的。总线的特点在于其公用性和兼容性,它能同时挂连多个功能部件,且可互换使用。

（1）总线的分类

按信息位传送方式划分，测试总线有两种：

① 并行总线。用每位各自的导线同时并行地传递信息的所有位，其速度较快，但用线多，成本高，不宜远距离通信，如 GPIB 和 VXI 总线等。

② 串行总线。把全部信息放在一条或两条导线上，一位接一位地分时串行传递，如 RS232C、RS485 和 USB 等，其大多速度慢，但用线少，成本低，有一些串行总线很适合远距离通信。

目前，在智能化仪器内部都采用并行总线，外总线则并行与串行两种都用，主要按系统设计的需要（如信息传递速度、距离、负载能力和设备投资等）选定。

（2）总线规范

测试总线与计算机总线一样，需要制定详细的总线规范。总线规范，一般包括以下三方面内容：

① 机械结构规范

包括总线中所规定的各机械结构参数。总线扩展槽的各种尺寸，模块插卡的各种尺寸和边沿连接器的规格及位置。

② 电气规范

总线中所规定的各电气参数。信号的高低电平、信号动态转换时间、负载能力及最大额定值等。

③ 功能结构规范

规定总线上每条信号的名称和功能、相互作用的协议等。

（3）总线的性能指标

总线的主要功能是完成模块间或系统间的通信，总线能否保证其间的通信通畅是衡量总线性能的关键指标。总线的主要功能指标有：

① 总线宽度

总线宽度指数据总线的宽度，以位数（bit）为单位。如 32 位总线、64 位总线，指的是总线具有 32 位数据和 64 位数据的传送能力。

② 寻址能力

是指地址总线的位数及所能直接寻址的存储器空间的大小。地址线位数越多，所能寻址的地址空间越大。如 20 根地址线，可寻址 1MB 的存储空间。

③ 总线频率

总线频率是指总线周期是微处理器完成一次基本的输入/输出操作所需要的时间，是由若干个时钟周期组成。总线频率就是总线周期的倒数，它是总线工作速度的一个重要参数。工作频率越高，传输速度越快。通常用 MHz 表示，如 33 MHz、100 MHz 等。

④ 传输率

传输率是指在某种传输方式下，总线所能达到的数据传输速率，即每秒传送字节数，单位为 MB/s。

⑤ 总线的通信协议

在总线上进行信息传送，必须遵守所规定的通信协议，以使源与目的同步。通信协议主要有以下几种：

a. 同步传输

信息传送由公共时钟控制,公共时钟连接到所有模块,所有操作都是在公共时钟的固定时间发生,不依赖于源或目的。

b. 异步传输

异步传输是指在信息传送过程中,通过应答线彼此确认,在时间和控制方法上相互协调。一个信号出现在总线上的时刻取决于前一个信号的出现,即信号的改变是顺序发生的,且每一操作由源(或目的)的特定跳变所确定。

c. 半同步传输

半同步传输是前两种总线传输方式的中和。它在操作之间的时间间隔可以变化,但仅能为公共时钟周期的整数倍。半同步总线具有同步总线的速度以及异步总线的通用性。

下面重点介绍微机与仪器之间通信的外部标准接口总线。

6.3.2 RS-232 串行接口总线

RS232C 接口总线是美国电子工业协会 EIA(Electronics Industries Association)1969年公布的用二进制数据串行传送的一种标准接口,也是目前各国通用的国际标准。微机上几乎都配有 RS232C 接口,用于连接 CRT、串行打印机等通信外设和设有同样接口的通信仪器。

(1) RS232C 接口主要标准

① 机械结构规范

有 25 条信号线,采用 DB-25 型 25 芯标准连接器,如图 6-4 所示。每个端子都分别定义了信号名称及电平。

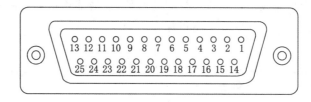

图 6-4　DB-25 标准连接器

② 电气规范

RS232C 接口标准对信号电平制定了特殊规范。定义用±12 V 标称脉冲电平实现信息传送,采用负逻辑。−5～−15 V 为逻辑"1",+5～+15 V 为逻辑"0"。−3～+3 V 为过渡区,接口传送出错。噪声余量为±2 V。接口中采用电平转换器(如 MAX232)以便与 TTL电平兼容。

③ 功能结构规范

RS-232C 标准接口有 25 根线,规定采用 25 芯标准插头座。它包括 4 条数据线、11 条控制线、3 条定时线以及 7 条备用和未定义线。

TXD(2):发送数据线,输出;

RXT(3):接收数据线,输入;

RTS(4):请求对方发送信号,输出,高电平有效;

CTS(5):清除发送信号;

DTR(20):数据终端准备就绪,此时 DCE 可以发送数据;

DSR(6):数据设备准备就绪,只用来表示本端的数据设备已连通通信信道。

DCD(8):接收线信号测试。

RI(22):振铃指示信号,输入,高电平有效。

GND(7):信号地。

④ 通信协议

为简化接口硬件和可靠通信,RS232C 严格规定了通信的字符格式,如图 6-5 所示,在异步通信中,使用起始位和停止位作为异步传送方式的起止标志。每个字符必须由起始位(1位低电平),用停止位(1 位、1 位半或 2 位高电平)结束,称为一帧。在起始位和停止位之间是 7 位数据(串行通信用 ASCⅡ 字符传送)和 1 位奇偶校验位。奇偶校验位用来检测发送端向接收端长距离传输中字符有否出错。有时在停止位后,不会立刻紧跟下一个起始位,一直维持逻辑"1",这些位称为空闲位。数据传送速率,用波特率(也称为位速率)来描述。其定义为每秒时间内传送串行字符的总位数,如每秒钟传送 30 个字符,每个字符由 10 位组成,则数据传送速率为 300 bit/s,而波特率或位速率为 300。

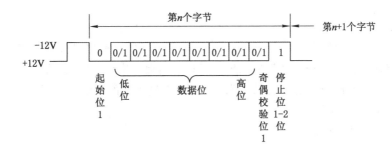

图 6-5　RS232C 的字符格式

RS232C 接口标准规定,波特率在 50~19.2 k 之间共分 11 个等级,由用户按数据通信设备的快慢选用。

(2) RS232C 串行通信的应用

RS232C 的典型应用如图 6-6 所示。发送数据(TXD)线和接收数据(RXD)是一对数据传输线。应答联络线包括:请求发送(RTS)线、清除发送(CTS)线、数据设备准备好(DSR)线和数据终端准备好(DRT)线。串行数据通信分为半双工和全双工两种通信方式。发送和接收分时进行称为半双工通信方式;发送和接收同时进行称为全双工通信方式。全双工通信时,发送和接收同时进行,无须使用 RTS 和 CTS 两根线。有时通信双方随时准备数据交换,无须应答联络,可采用图 6-7 所示的最小系统。

RS232C 接口标准规定,两台设备直接相连的最长距离为 15 m。如果长距离通信,数字信号的传送速率将受线路分布参数影响。由于电话线专门传输音频信号,适合长线通信。RS232C 接口允许配用调制解调器用电话线实现长距离通信。调制器用来把离散的数字信号变换成连续的音频信号;而解调器则用来把音频信号复原为数字信号。调制器和解调器及其控制器一般放在一个单元里,常称为 MODEM。

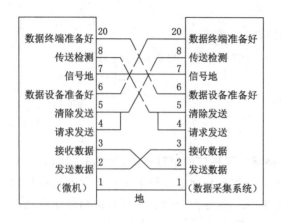

图 6-6 采用 RS232C 的典型应用

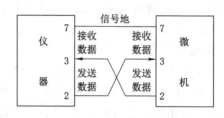

图 6-7 RS232C 的最小系统

RS232C 已成为国际上广泛应用的通用接口总线,接口的主要电路已实现集成化,只需在微机中装入仪器厂商提供的接口驱动程序,按说明调用,即可实现微机与仪器间的双向通信。如常用的 Intel8251、Z80SIO 等通用异步接收器/发送器。

6.3.3 USB 标准总线

USB(通用串行总线)是 Universal Serial Bus 的简称,这种接口连接简单,可在不断电情况下进行连接,具有"即插即用"的功能。USB 的出现与推广,使外设和 PC 主机之间的接口统一化,设置简单化,并可连接更多的外设,且能提供更高的传输效率。

(1) USB 的硬件结构

USB 的硬件结构包括:

① USB 主机控制器

每个 USB 系统必须有且只有一个 USB 主机,它是总线的控制者。它负责启动 USB 上的处理动作,同时将处理的动作交给根集线器。它一般是通过功能强大的微处理器的 I/O 总线来进行控制。现在生产的计算机都配有 USB 主控制器。

② USB 根集线器

该集线器是 PC 机上对外的 USB 接口,它整合于主机板上。所有 USB 的处理动作均起源于根集线器,例如打开和关闭接口,识别外接的 USB 设备和控制 USB 电源等。

③ USB 集线器

集线器是将设备连接到一起的集中器,可让不同性质的设备连接在 USB 端口上。集线器可将一个连接点转化成多个连接点,只有集线器可以提供附加的 USB 的连接点,它极大地简化了 USB 的互联复杂性。它介于根集线器与外设之间,主要是进行接收和转发通信数据。为了能方便地连接更多的外设,还可另加集线器。集线器可以一对多的方式向外成星状拓扑连接,如图 6-8 所示。可用多个集线器以"级联"方式延伸连接多达 127 个外设(USB 用了一个字节来做 USB 设备的地址)。

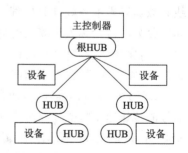

图 6-8 USB 总线拓扑结构

　　集线器是"中继"设备,它允许多个下位辅助设备和单个上位主机或集线器端口相连。USB 协议允许从主机到辅助设备之间 5 级集线器。集线器不能自己在其下位端口产生事务。集线器所有的向下数据流仅仅把从上位端口接收到的数据转发出去。另外集线器相对其上位设备,就像上位设备的一个辅助设备。

　　④ USB 电缆和接头

　　USB 通过一种 4 线电缆与主机或 USBHUB 相连接来传输信号和电源。其中 D+、D－为一对差分模式的信号线,通过这两根导线传送信号。电缆中 VBus 和 GND 两条线用来提供 5V 的电源,以此为 HUB 或外设供电,图 6-9 为线缆示意图。USB 通常有三种数据传输率:一种是 1.5 Mbps 低速模式,可采用无屏蔽的非绞线,但长度不能超过 3 m,用于成本不高的设备,如鼠标、键盘;一种是 12 Mbps 的全速模式,必须使用有屏蔽的双绞线,长度不能超过 5 m。由于这两种速率限制了 USB 的使用范围,因此新的 USB2.0 技术规范将传输速率提高到 360 Mbps 和 480 Mbps,并且具备向下兼容 USBl.1 的能力,不仅外观上相同,运作模式也相同,只是 USB2.0 拥有更高的频宽,可采用 USB 接口场合更多。例如影像采集设备、新一代打印机、扫描仪、高密度数据存储设备等,都可以选用 USB 接口,而不用考虑传输速率限制的问题。

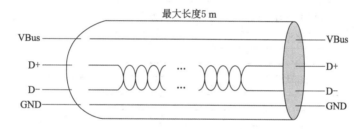

图 6-9　USB 线缆示意图

　　USB 提供 3 种标准插头和插座,分别为 A 型、B 型和 mini 型,如图 6-10 所示。

图 6-10　USB 电缆

　　⑤ USB 设备

　　指备有 USB 接口的外设,例如,鼠标、键盘和打印机等,带有 USB 接口的测试仪器,也称为 USB 设备。USB 外围辅助设备有且仅有一个上位端口,这个端口直接或通过集线器间接连接到主机。辅助设备只能在主机的要求下才能传输数据。

　　(2) USB 的软件结构

USB 系统软件是基于模块化、面向对象方法的结构,USB 软件可分解为 3 个主要模块。

① USB 主控制器驱动程序

主要是负责排定所有 USB 处理动作的顺序,并且控制主机控制器的操作以及监视处理动作的完成状态、USB 设备指定的传输需求以及整个 USB 设备的处理量。

② USB 驱动程序

负责侦测 USB 设备的特性,并了解该用何种传输模式与其沟通,进而分配总线频宽。

③ 客户软件

它位于软件结构的最高层。通常客户软件是负责处理特定 USB 设备的设备驱动器,建立与目标设备间的传输动作。

上述程序的流程,从软件的观点来看,可区分为:功能层、USB 设备层和 USB 总线接口层。图 6-11 中表示出了 USB 硬件与软件之间的关系。所有的 USB 产生的动作,都是由 USB 软件开始激活的,这些动作起因于 USB 设备驱动程序要与 USB 设备沟通。而 USB 驱动程序则提供了 USB 设备与 USB 主机控制器之间的接口,负责将使用者的要求转变为处理动作,然后再将该动作导入或导出至目标设备。

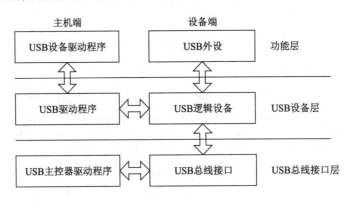

图 6-11　USB 构架的运作流程图

(3) USB 总线协议的数据传输

USB 总线协议在数据传输中,主机控制器初始化所有传输的数据。USB 传输通过包来传输数据。一个完整的传输过程分解成若干个数据传输事务,而每个传输事务通常由一组依次相连的令牌包(Token Packet)、数据包(Data Packet)和握手包(Hand Packet)组成。令牌包说明传输类型、方向、USB 设备地址及终端号。数据包根据传输类型及方向来传输数据,握手包向数据发送者提供反馈信息,以及开始和停止发送数据。USB 有四种数据传输类型,不同的数据传输执行不同的功能。其中,控制传输:在设备连接时用来对设备进行设置,可对指定设备进行控制,双向传输,传输数据量小;批量传输:大量数据传送和接收,且没有对带宽和时间间隔进行严格的要求;中断传输:少量的、分散的、不可预知的数据传输;同步传输:占用大量 USB 带宽,以稳定的速率发送和接收实时的信息。

从上述 USB 系统的基本特性可以清楚地看到,USB 不仅接口简单、连接容易,即插即用,而且还适应不同数据传输速率的要求,是目前 PC 机上各种外设接口无法比拟的,是更新换代的理想通用总线接口。

USB 这种理想通用接口的出现,立即引起测量与测试界的关注。由于 USB 能即插即用安装于测试设备中,这给测试连接带来方便,故促使 USB 接口的 A/D 转换模块、数据采集、数字 I/O 系统应运而生,以至可以做成电压、温度等检测仪器。它们在性价比上有明显的优势。与原来的 PC 数据采集卡或插件板相比,不用打开 PC 机箱,不受 PC 环境噪声的影响,是低电平信号测量的理想工具。USB 适用一般中、低速测试场合,可以用 USB 建立数据采集系统,也可制成以 USB 为基础的测试仪器,这对灵活性要求高或临时组建一个测试台十分方便。

6.3.4　GPIB 通用接口总线

GPIB 标准接口总线是一种并行的与可程控测量仪器器件相连接的小型标准接口总线,是一种命令级兼容的外部总线接口,主要用来连接各种仪器,组建由微机控制的中小规模的自动测试系统。作为一种并行接口,GPIB 结构简单、性能可靠、操作方便、灵活、体积小且价格较低,被世界各国广泛采用。大多数可程控仪器、可程控开关等都设置该接口并免费提供设备驱动程序,一些微机也设置有 GPIB 接口。对未设置 GPIB 接口的微机,用 GPIB 插卡,插入系统主板的扩展槽中即可。只要配备了这种接口,就可以像搭积木一样,按要求灵活组建自动测量系统。

（1）GPIB 通用接口总线标准

① 机械结构规范

目前,世界上流行 24 针芯片（IEEE 标准）结构和 25 芯针芯片（IEC 标准）的两种电缆接插件,并有为二者相互转换连接的 IEC/IEEE 转换连接器,我国较多采用 IEEE 标准接头。GPIB 器件最常用的是一根带屏蔽的 24 引脚电缆线,且两端各连一个如图 6-12 所示的连接器。为便于连接并利于缩短电缆,电缆连接器设为双面结构,一面是插头,另一面为插座。GPIB 器件与控制器的连接可用链形或星形方法相连,或两种方法的混合连接。

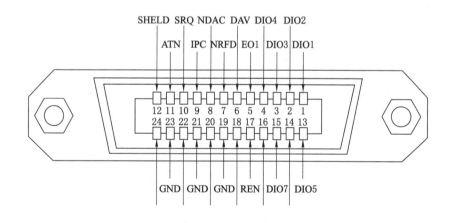

图 6-12　GPIB 总线连接器

② 电气规范

GBIP 接口总线上规定采用 TTL 的负逻辑电平,即:逻辑"1"小于等于 +0.8 V（逻辑"真"）;逻辑"0"大于等于 +2.0 V（逻辑"假"）。

GPIB 接口总线最多可连接的仪器数量是 15 台（包括主控微机）,按这些仪器的作用又可分为讲者(Talker)、听者(Listener)和控者(Controller)三种。讲者发送数据,听者接收讲者发送的数据,控者指挥数据交换。接口电缆两端均有一特定的插头和插座背靠背叠装的组合式插头座。任何一台仪器,只要在它的 GPIB 插座上插上一条接口电缆,再把电缆的另一头插在系统中的任一个插座上,这台仪器就接入了系统。也可从一台仪器的接口接出所需连接的全部仪器。在工作过程中,每台仪器(包括主控微机)的地位(讲者、听者和控者)均可变更。接口总线上的发送器和接收器的负载能力主要是为电气干扰弱的实验室和工业测控环境设计的,总线的总长限定为 20 m。连接多台仪器时,可按 2 m 乘以仪器数确定总长。常用的接口电缆有 0.5 m、1 m、2 m 几种。

③ 功能结构规范

GPIB 总线共有 24 根,根据其功能可分为数据线、信号交换线、通用控制线和地线等。数据总线由 $DI0_1 \sim DI0_8$ 共 8 根双向数据线组成,数据线与地址线复用,即采取位并行和字节串行的双向异步传输方式,但传输时只允许一台仪器为讲者。信号交换线有 3 根,用来实现设备输入/输出时的信息交换。通过"三线挂钩"的应答关系实现异步数据传输。控制总线有 5 根,用于控制系统的状态。GPIB 总线包括 8 条地线,其中一条是机壳接地线,其余接信号地。

(2)基于 GPIB 标准接口总线的测试系统

图 6-13 表示具有 GPIB 标准接口总线的微机、数字化波形存储器,再打印机和绘图仪,用 GPIB 标准接口总线连接组成的切削力和刀具振动测试系统。实际上,GPIB 标准接口总线是设置在仪器内部成为仪器的一个组成部分。来自安装在机床刀架上的测力传感器和加速度传感器的测量信号,经过预处理电路,输入数字波形存储器,再经过微机的实时分析和处理,可得切削加工过程中主切削力的交变频率(200~790 Hz)交变的切削力幅值、刀头振动位移、切削力与振动位移之间的相位差以及其他有关参数等。

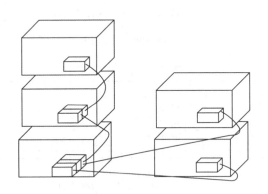

图 6-13　用 GPIB 接口连接多台仪器

GPIB 接口总线按功能可分为器件(测试系统内的微机或各种仪器设备统称为器件)功能和接口功能两部分。器件功能是在程序控制(远控)下,使器件实现其自身基本任务的能力,它与器件用途密切相关,并因不同器件而异,因此不可能统一。器件功能常称为次级接口。接口功能是 GPIB 接口的核心,是系统中完成各器件之间通信联络的关键部分。这部分与器件功能无关,因此可以实现标准化。GPIB 接口标准正是对接口功能做出了规定,接口功能常称为初级接口。

在 GPIB 接口总线上组建的测试系统,按不同的测试任务,可选用的测试仪器种类繁多。按它们的作用可大致分为讲者(Talker)、听者(Listener)和控者(Controller)三种。讲者(Talker)指发送数据到其他器件,主要指测试仪器,如数字电压表,数字万用表等。听者(Listener)只接收讲者发送的数据的器件,主要指记录仪器,如数字化记录仪、打印机和绘图仪等。控者(Controller)是指挥接口总线上各仪器进行数据交换的器件,主要指微机。

在测试系统中,典型的控制步骤一般是控者先以"初始化"指令宣布一次测量的开始,然后发布一系列命令和地址,任命某一仪器为讲者,某些仪器为听者,接着用程控命令或程控数据规定各仪器的工作模式。

从工作流程来看,任何一台仪器在总线上的地位是经常变化的。以图 6-14 为例,当数字波形存储器向微机发送测量数据时为讲者,而接收微机发出的程控指令时则为听者。当微机向接口总线上的仪器发号施令时是控者,当它向各台仪器发送程控命令时则是讲者,而它听取仪器汇报测试数据时又成为听者。由此可见,仪器在接口总线上究竟是讲者、听者,还是控者,取决于它们某一特定时刻所处地位,但是通常可以根据一台仪器在测试系统中经常或主要扮演的角色来命名。

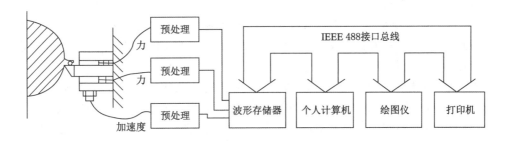

图 6-14　切削力测试分析系统

微机与仪器间的通信是由测试软件来操作的,软件可用多种高级语言编写。最基本的方法是按 GPIB 接口使用指南与提供的相应软件,在高级语言中调用各种 GPIB 专用指令,这要求编程者对微机仪器的接口芯片(硬件)及专用指令都比较熟悉,编程比较麻烦。许多微机和仪器厂商已能提供方便简化 GPIB 编程的微机语言及各种仪器的 GPIB 接口驱动软件。安装这些驱动软件时,要注意与微机相应的操作系统吻合。

6.3.5　VXI 总线

VXI 标准接口总线是插件式仪器的主要标准总线,来源于 VME(VEARSA Module Eurocards Bus)总线结构。VME 总线是摩托罗拉公司推出的,1983 年确定为一种工业标准 IEEE-P1040。VME 总线的数据宽度为 16 位,也可选用 32 位;地址宽度为 24 位,也可选用 32 位;数据传输方式为异步控制,速率最高可达 57 Mbps。VME 总线的出现适应了微机系统宽位、高速、高密度、标准化的要求。但它们不能直接用于插件仪器系统,因为它不具有仪器要求的高 EMC 和电源稳定性、插件面积和空间、高速模拟信号线等。为了适应仪器系统发展的需要,1987 年,一些著名的测试和测量公司联合推出了 VXI(VMEbus extensions for instrumentation)总线结构标准。它将测量仪器、主机架、固定装置、计算机及软件集为一体,是一种电子插入式工作平台。

VXI 是 VME 在仪器领域的扩展,它已得到全世界绝大多数同行的认可,用这样的总线结构来构成高吞吐量的仪器系统是非常理想的。它在接口总线、机架结构、接插件、电磁兼容和散热方面都制定了相应的标准。VXI 标准的单个仪器做成标准尺寸和标准接口的模块插件,插入机架,每个机架可插入多个摆件。主机架不够用,还可以接入多个扩展机架。每个机架均内设标准接口总线、模拟信号线和多种电源线,既适用于数字式插件,又适用于预处理模拟式插件。各插件,或者是内置 CPU、存储器、ADC 或 DAC 的选件,或者是可实现各种仪器分析、控制功能的选件,由厂商按国际通用接口标准生产并标上厂商识别号,可选购或定做。每个机架自成一个子系统,同一机架内各插件间数据传输速度可达数兆比特每秒,是 GPIB 的 40 倍。主机架与主计算机或机架与机架之间用标准接口总线连接,如GPIB、RS232C、RS422、RS423 或其他微机总线。沟通两种总线的翻译器(接口)都设置在机架的零槽插件内。VXI 主机架还可插入一内嵌式高档微机,形成机架外无计算机的独立系统,数据传输速度更高。VXI 机架体积小,插件紧凑,可靠性高,便于携带。用插件式仪器组建或更新各种测试系统十分方便,其结构紧凑,可靠性高,价格低廉,是现代仪器发展的重要方向。插件式仪器机架内的各个插槽,实质上就是 PC 机系统板上各扩展插槽进一步向外延伸和扩展,PC 机仍是仪器(系统)的核心。

在每个 VXI 总线系统中,必须有两个专门的功能。第一个是 0 号槽功能,它负责管理底板结构。第二个是资源管理程序,每当系统加电或复位时,这个程序就对各个模块进行配置,以保证能正常工作。

VXI 总线标准在机械尺寸、电源、冷却、连接插座、模块连接、通信协议、电磁干扰等各方面都作了规定。VXI 总线结构标准在四个方面分别作了详细的规定。机械尺寸方面,规定了模块的尺寸和空间的大小及对冷却的要求;电气性能方面,规定了完整的线路连接、触发器、时钟和模拟/数字信号总线;电源和 EMC 方面,对电压、噪声及辐射的敏感性做了限制;通信方面,规定了系统配置、设备的类型和通信协议等。

(1) VXI 总线机械和电气规范

VXI 总线测试系统的最小物理单元是"组件模块(Assembly Module)",它由带电子元件和连接器的组件板、前面板和任选屏蔽壳组成。有 A、B、C、D 四种尺寸组件模块可供用户选择。如图 6-15 所示。其中两个较小的模块 A 和 B 是标准的 VME 总线模块,VXI 另外补充两个尺寸较大的模块 C 和 D 的目的是适应性能更高的仪器。C 和 D 模块的可用空间较大,能完全屏蔽敏感电路,适合于高性能的测量场合使用。组件模块的机械载体是主机架,与组件尺寸相适应,也有 A、B、C、D 四种尺寸主机架可选择。组件模块互连信号线的载体是主机架的后板。系统组建者可以像插放或更换书架上的书一样方便、灵活地插换模块,以组建成各种所需的测试系统。系统中以每个主机箱为单位组成一个子系统,多数情况下,一个主机箱最多放置 13 个模块,主机箱的背板为高质量的多层印刷电路板,其上印制 VXI总线,模块与总线间通过连接器连接。VXI 总线结构规定了三种 96 芯的双列直插(DIN)连接插座,分别为 P_1、P_2 和 P_3,如图 6-16 所示。连接器分别连接 VXI 总线中确定的引线,其中 P_1 是唯一的必须在 VME 或 VXI 总线中配备的连接插座,这种连接插座包括有数据传输总线(24 位寻址线和 16 位数据线)、中断线及电源线等。在 VXI 总线结构中,P_2 连接插座是可选的,除了 A 型模块外,其他的模块都要配备。P_2 连接插座把数据传输总线扩展到了全部的 32 位,并增加了许多其他的资源,这些资源包括:4 组额外的电源电压、本地总线、模块识别总线(用来确定 VXI 总线模块所在的槽号码)和模拟求和总线(一种电流求和总线)。此外还有 TTL 和 ECL 触发总线(和 4 个规定的触发协议一起)和 10 MHz 的差分 ECL 时钟信号(缓冲后供各插槽使用)。在 VXI 总线结构中,P₃ 连接插座也是可选的,只有 D 型模块才配备这种连接插。P₃ 连接插座又扩展了 P₂ 的资源,供专门使用。P₃ 比 P₂ 又增加了 24 条本地总线、ECL 触发总线和 100 MHz 的时钟及星形触发总线,供精确同步用。如果 VXI 主机支持扩展的 P₂ 或 P₃ 连接插座,则测量的启动和同步需要的时钟及触发信号要由位于最左边的 0 号插槽来提供,这时的 0 号插槽模块既要管理总线的通信、又要提供 IEEE-488 接口,以便于用外部的控制器进行控制。这样的模块可称为命令模、IEEE-488 接口或资源管理模块。主机箱背板上安装连接器插座,模块上有连接器插头,主机箱内也为系统提供适合于仪器工作要求的公用电源、冷却和电磁屏蔽环境条件。图 6-17 是 D 尺寸标准机箱。

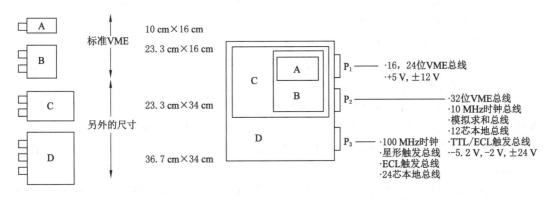

图 6-15　VXI 模块尺寸　　　　　　　　图 6-16　VXI 总线连接器

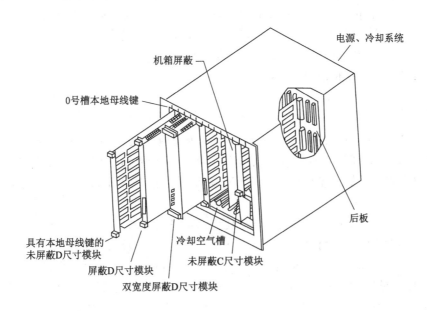

图 6-17　VXI 总线 D 尺寸标准机箱

（2）VXI 总线的通信

通信是 VXI 总线标准的重要部分，VXI 总线结构规定了几种设备类型，并规定了相应的通信协议和通信方式，同时还规定了系统的配置实体，称之为资源管理程序。

VXI 总线设备共有四种类型：寄存器基的设备、消息基的设备、存储器设备和扩展存储器设备。这里主要介绍最常用的两种：寄存器基的设备和消息基的设备。

① 寄存器基的设备及其通信方式

寄存器基的设备（Register Based Device）是最简单的一种 VXI 总线设备，常用来作为简单仪器和开关模块的基本部分。寄存器基的设备的通信是通过寄存器的读写操作来完成的，是在直接硬件控制这一层次上进行通信的，它的优点是速度快。这种高速度通信可使测试系统的吞吐量大大提高。寄存器基的模块由于价格低廉而被广泛使用，但用二进制的命令编程却有许多不便。为此，VXI 总线用命令者（Commander）和受令者（Servants）来解决这一问题。命令者是一种智能化的设备，它被配置成寄存器基设备的命令者。向命令者发送高级 ASCⅡ 仪器命令，它就会对这些命令进行解析，并向寄存器基的设备（受令者）发送相应的二进制信息。

② 消息基的设备及其通信方式

消息基的设备一般是 VXI 总线系统中智能化程度较高的设备。消息基的设备都配有公共通信单元和字串行协议，以保证与其他消息基的模块进行 ASCⅡ 的通信，也便于多厂家的仪器相互兼容。消息基的设备由于要解析 ASCⅡ 消息，通信速度会受到一定的影响。而且，消息基的设备一般都要使用微处理器，所以比寄存器基的设备成本要高。字串行协议要求每次只能传送一个字节，而且必须由主板上的微处理器加以解析，因此，消息基的设备的通信速度只限于 IEEE-488 接口的速度。

在 VXI 总线结构中，还定义了由 IEEE-488 总线到 VXI 总线的接口，定义中对消息从 IEEE-488 总线到 VXI 总线的传送路径做了描述。这是一种特殊的消息基的设备，它能把 IEEE-488 总线消息转换成 VXI 总线的字串行协议，供嵌入式消息基的仪器解析。

资源管理程序在 VXI 总线中的逻辑地址为 0，是消息基的命令发布者，它负责完成系统配置的任务，如设置共享的地址空间，管理系统的自检，建立命令者/受令者体系等，然后把完全配置好了的系统交付使用。

6.3.6 PXI 总线

PXI（PCI Extension for Instrumentation）是由美国 NI 公司于 1997 年推出的测控仪器总线标准，它是以 PCI 计算机局部总线（IEEE 1014—1987 标准）为基础的模块仪器结构。1998 年，NI 与其他测试设备厂商合作的 PXI 系统联盟将 PXI 作为一个开放的工业标准推向市场。

PXI 是一种专为工业数据采集与自动化应用量身定制的模块化仪器平台，具备机械、电气与软件等多方面的专业特性。PXI 充分利用了当前最普及的台式计算机高速标准结构 PCI。PXI 规范是 CompactPCI 规范的扩展。CompactPCI 定义了封装坚固的工业版 PCI 总线架构，在硬件模块易于装卸的前提下提供优秀的机械整合性。因此，PXI 产品具有级别更高、定义更严谨的环境一致性指标，符合工业环境下振动、撞击、温度与湿度的极限条件。PXI 在 CompactPCI 的机械规范上强制增加了环境性能测试与主动冷却装置，以简化系统集成并确保不同厂商产品之间的互用性。此外，PXI 还在高速 PCI 总线的基础上补充了测量与自动化系统专用的定时与触发特性。

(1) PXI 总线机械结构规范

PXI 是一个模块化的平台。PXI 规范定义了一个包括电源系统、冷却系统和安插模块槽位的一个标准机箱。有的机箱还带有内置的显示器和键盘。机箱的第一槽(Slot 1)是控制器槽。目前可以使用的控制器有很多，最常见的两种是嵌入式控制器和 MXI-3 总线桥。嵌入式控制器是专为 PXI 机箱空间设计的常规计算机。MXI-3 则是一种通过台式计算机控制 PXI 机箱的扩展器。机箱中的其他槽位被称为外部设备槽，用于插置功能模块，就像计算机里的 PCI 槽一样。PXI 模块的支架和台式计算机的 PCI 槽有所不同，模块被上下两侧的导轨和"针-孔"式的接插端牢牢地固定住。这种由国际电工委员会(International Electrotechnical Commission)定义的高密度(2 mm 间距)阻抗匹配接插端(IEC-1076)提供了在所有情况下可以达到的最佳电气性能。这些接插端已经被广泛采纳于各种高性能的应用，尤其是通信领域。

PXI 在机械结构方面与 Compact PCI 的要求基本相同，采用了 ANSI310-C、IEC-297、IEEE 1101.1 等在工业环境下具有很长应用历史的 Eurocard 规范，支持 3U 和 6U 两种模块尺寸，它们分别与 VXI 总线的 A 尺寸和 B 尺寸相同。

(2) PXI 总线电气规范

PXI 总线规范是在 PCI 规范的基础上发展而来的，具有 PCI 的性能和特点，包括 32/64 位数据传输能力及分别高达 132 Mbps(32 位)和 264 Mbps(64 位)的数据传输速度，另外还支持 3.3V 系统电压、PCI-PCI 桥路扩展和即插即用。PXI 在保持 PCI 总线所有这些优点的前提下 PXI 的背板提供了一些专为测试和测量工程设计的独到特性。专用的系统时钟用于模块间的同步；8 条独立的触发线可以精确同步两个或多个模块；槽与槽之间的局部总线可以节省 PCI 总线的带宽；可选用的星形触发特性适用于极高精度的触发。相比之下，触发线、时钟和局部总线在台式计算机、工业计算机和 CompactPCI 的机箱里都是没有的。

(3) PXI 软件特性

与其他总线体系结构类似，PXI 定义了由不同厂商提供的硬件产品所遵守的标准。但 PXI 在硬件需求的基础上还定义了软件需求以简化系统集成。PXI 需要采用标准操作系统架构如 Microsoft Windows，同时还需要各种外部设备的设置信息和软件驱动程序。

① 公共软件需求

PXI 规范制定了把 Microsoft Windows 作为 PXI 系统软件框架。不管运行于哪种 PXI 系统下的 PXI 控制器都必须能够运行现有的操作系统，控制器需要安装工业标应用编程接口如 LabVIEW、LabWindows/CVI、Python、Visual C/C++或者 Borland C 以实现工业应用。

PXI 要求为运行于某一操作系统下的所有外部设备提供相应的设备驱动程序。PXI 标准要求所有厂商都要为自己开发的测试仪器模块开发出相应的软件驱动程序，从而使用户从繁琐的仪器驱动程序工作中解脱出来。

② 其他软件需求

PXI 同样要求外部设备模块或者机箱的生产厂商提供其他的软件组件，如完成定义系统设置和系统性能的初始化文件必须随 PXI 组件一起提供。这些文件在操作软件如何正确配置系统时将提供信息,比如两个相邻的模块是否具有匹配的局部总线信息等。如果没有这些文件,则不能实现局部总线的功能。另外,虚拟仪器软件体系结构(Virtual Instrument Software Architecture,VISA)已经广泛用于计算机测试领域,PXI规范中已经定义了VXI、GPIB、USB等的设置和控制,以实现虚拟仪器软件体系结构。

6.4 计算机辅助测试技术

典型的计算机辅助测试系统,其微机部分由信号采集子系统、模拟输出子系统及通信接口组成,如图6-18所示。实际应用中,不一定都包含这三部分,但信号采集部分是必需的。

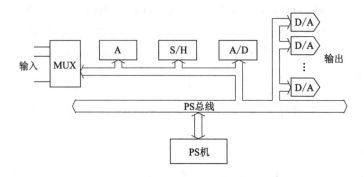

图 6-18 计算机模拟信号输入和输出原理框图

6.4.1 信号采集子系统

信号采集子系统由ADC、多路模拟开关和采样保持电路组成,其核心部分是ADC。现在,很多工控公司将A/D、D/A转换器和与数据采集有关的采样保持、控制等电路做成了数据采集卡(ADC卡或DAC卡),并给出了其数据采集子程序,在使用时,只要将数据采集卡插在PC机主板的扩充插槽即可实现信号的数据采集或者信号的输出。

6.4.2 PC机的ADC插卡

ADC插卡插入PC机主板的扩充插槽,即可实现与PC机通信。PC机主板上的多个扩充插槽,按对外数据总线标准分类,主要有AT总线插槽、16位的AT总线插槽(亦称ISA工业标准总线)、32位的PCI总线插槽及笔记本式PC的MCIA总线。按这些总线标准设计的ADC插卡对各种PC机具有通用性。某ADC插卡的原理框图如图6-19所示。

对即插即用(P&P)的ADC插卡操作系统会自动查找ADC插卡并引导安装ADC驱动程序。对非即插即用ADC插卡,产品用户手册一般会指导设置该卡的I/O基地址,附有采集程序示例。需特别说明是,ADC的模拟输入一般均提供了单端信号和双端信号两种输入方式和地线,要根据所测信号正确连接输入。

6.4.3 模拟输出与DAC插卡

D/A转换器DAC将计算机的离散数字信号变换为与其值成比例的连续电压或电流信号,作用正好与ADC相反。

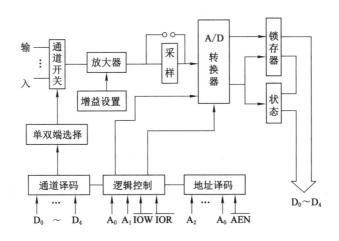

图 6-19　ADC 插卡工作原理框图

6.4.4　微机型数据采集分析系统

为适应各领域计算机辅助测试的需要,许多研究单位研制出一些专用 ADC、DAC 插卡,专用预处理模块和多功能分析处理软件,与 PC 机组成各种数据采集仪和分析仪(或系统)。如北京东方振动和噪声技术研究所、重庆大学、南京汽轮高新技术开发公司等研制的多种通用微机型数据采集分析仪(或系统),都具有国际先进水平。这些系统,除高性能ADC 外,还有两大特点。

① 配有专用预处理模块,如预处理压电式加速度传感器信号的电荷放大器、适应各型号热电偶的放大器、多路程控抗混叠低通滤波与放大器等,可直接接入各类传感器作多通道测试。

② 有较强功能的采集分析软件,如 0.001 Hz～1 000 kHz 范围任选采样频率,各种时域分析、基于 FFT 的各种频域分析、现代时序分析和小波分析等。

按不同的使用场合,用简单编程或点取菜单调用不同软件,即可做各种记录仪器和分析仪器使用。用这样的一套系统,配备合适的传感器,几乎可以进行各类机械量的测试分析及各种工程试验。

6.5　自动测试系统

自动测试系统(ATS,Automated Test System)通常是指在最少人工参与的情况下,按预先编制好的测试程序,完成自动测试、分析处理、显示或输出结果的系统。系统一旦正常工作,各种操作一般都由系统自动完成。

(1) 自动测试的特点

① 测试速度快。如大型水电站的有关测试,闸门开启或水轮机停止发电,每分钟水能损失或停机损失以万元计,因此要求系统在极短的测试过程中自动调试分布很广的各测点的零点、量程并记录和快速处理数据。航空、航天领域要求的测试速度则更高。

② 测试结果准确度高。按程序自动操作可避免人为误差;利用多次测试结果可减少测试随机误差;对大量结果分析,可以找出系统某些误差并加以修正。

③ 长时间定时或不间断测试。如机械系统的传动轴扭转或弯扭联合疲劳试验、材料摩擦磨损试验,需在基本无人的情况下连续进行百小时以上。

④ 适合于危险或难以进入现场的测试。如海底,高寒山区,高炉、管道内部,核电站内部等。

⑤ 适合多参数、高要求和数量多的测试。例如,冰箱旋转式压缩机主要零件尺寸自动选配,要求对压缩机汽缸、叶片和活塞等零件多个主要尺寸及形状误差进行自动测量、分组并按规定配合进行选配。又如,大规模或超大规模集成电路,每个芯片上有数十万个以上的元件,电路构造复杂;或者许多电路板,需快速进行多种参数以至动态性能的测试。上述情况,为保证产品质量,降低测试工时和费用,必须采用自动测试系统。

(2) 自动测试系统的形式

自动测试系统多为主计算机管理的主从式多机系统,具体形式常有如下几种。

① 每通道独立采集和数据预处理的多通道系统,每通道的单片机控制数据的采集并对数据作适当的数字处理,如数字滤波、幅值域统计、谱分析等。主计算机控制协调各通道单片机工作并对已处理的较少数据作进一步处理分析。它特别适合于远距离测量。近年来,已出现了将传感器与微型计算机集成一体的智能式数字传感器。

② 由多台可程控仪器与主计算机组成的系统用主计算机的并行(如:GPIB)和串行(如:RS232C)标准接口,连接多台设有同样接口的专用测试分析仪,并由主计算机经接口总线传来的指令和程序控制各专用测试分析仪。各专用测试分析仪可做更多更高要求的分析处理工作,并将各自的处理结果送至主计算机。

由插件式仪器与主计算机组成的系统主计算机程控的专用分析仪,其仪器面板的许多功能键、显示屏、打印绘图输出接口等已成冗余部分,且数据传送慢,系统体积庞大,接线多,工作很不方便,因此,仪器厂家推出了插件式仪器。插件式仪器实质上是从计算机上向外引出总线扩展底板或扩展箱,然后在扩展底板上或扩展箱内插上不同功能的仪器插件模块。

这种将仪器插件与个人计算机融为一体的插件式仪器,其结构紧凑、性能价格比高,特别是可利用 PC 机丰富的软件资源,按标准接口总线,仪器插件可由多厂家生产。插件式仪器有着广阔的发展前景。

(3) 自动测试系统的主要通信接口

测试系统各微机化仪器的测试电路、键盘、显示器和内外存储器等,都是计算机的外围设备,微机化仪器也具有计算机系统的总线结构,主计算机的 CPU 是整个系统的核心,所有外设都挂在总线上,CPU 按地址对它们进行访问。按功能,总线可分为地址总线、数据总线和控制总线。按微机系统的结构层次,总线又可分为片内总线、芯片总线、板极总线和外部总线四种。片内总线用于芯片内部各功能单元电路间的信息传输;芯片总线用于同一块电路板上的芯片之间的互连;板极总线用于连接各种插件板(如 ADC 插卡、彩显卡和声卡等),以组成完整的微机及仪器系统;外部总线用于实现微机与微机间的通信,以组成一种较大的系统,习惯上称为通信总线,如前面介绍的 RS232C、GPIB 等。

6.6　虚拟仪器技术

6.6.1　概述

虚拟仪器(Virtual Instruments，VI)的概念，是美国国家仪器公司(National Instruments Corp. 简称 NI)于 1986 年提出的。它是以通用计算机为核心，辅以一定的硬件设备，用通用或专用软件开发实现仪器功能的新一代测试仪器。这种仪器功能可由用户定义，不仅具备普通仪器的功能，同时又增加了一般仪器所没有的特殊功能。虚拟仪器的主要特点是它利用 I/O 接口设备完成信号的采集、测量和调理；利用计算机强大的软件功能实现对测量数据的分析、处理；利用计算机显示器来模拟传统仪器的控制面板，也就是所说的虚拟面板，以多种形式表达输出测试结果。

对虚拟仪器而言，在以 PC 机为核心的硬件平台支持下，它不仅可以通过软件编程设计来实现仪器的测试功能，而且可以通过不同测试功能的软件模块的组合来实现多种测试功能。因此在硬件平台确定后有"软件就是仪器"的说法。

虚拟仪器由硬件平台和应用软件两部分组成。

虚拟仪器的硬件主要由计算机、I/O 接口设备两部分构成。计算机一般为一台计算机或者工作站，是硬件平台的核心。

虚拟仪器的软件由应用程序和 I/O 接口仪器驱动程序两大部分组成。应用程序包含实现虚拟面板功能的前面板软件程序和定义测试功能的流程图软件程序两部分；I/O 接口仪器驱动程序完成特定外部硬件设备的扩展、驱动和通讯。

虚拟仪器目前主要使用的开发工具有两类，文本式编辑语言如 Visual C++、Python、LabWindows/CVI 等；图形化编程语言如 LabVIEW、HPVEE 等。其中以美国 NI 公司的软件产品 LabWindow/CVI 和 LabVIEW 为代表的虚拟仪器专用开发平台是当前流行的集成开发工具。这些软件开发平台提供了强大的仪器软面板设计工具和各种数据处理工具，再加上虚拟仪器硬件厂商提供的各种硬件的驱动程序模块，大大简化了虚拟仪器的设计工作。

与传统仪器相比，虚拟仪器有以下几方面优点：

(1) 提出"软件就是仪器"的新概念。软件在仪器中充当了以往由硬件实现的角色，仪器的功能是由软件来决定而不是由硬件决定。

(2) 由软件替代硬件，这样就减少了硬件随时间的推移，而必须要定期校准的麻烦。另外，标准化总线的使用，使系统的测量精度、测量速度和可重复性大大提高。

(3) 仪器的功能由用户根据需要由软件来决定，而不是事先由厂家定义好。因此，用户不必购买多台不同功能的仪器，也不必购买昂贵的多种功能的传统仪器。另外，用户如需要提高仪器性能或构造新的仪器时，可由用户自己改变软件来实现，而不必重新购买新仪器。

(4) 充分利用计算机的功能，将信号的分析处理、显示、存储、打印和其他管理集中交由计算机处理。

(5) 灵活、开放、可与计算机同步发展，可与网络及其他周边设备互联。

(6) 技术更新周期短，一般为 1～2 a，而传统仪器需要 5～10 a。

6.6.2 虚拟仪器的硬件结构

虚拟仪器的硬件结构如图 6-20 所示,它主要由计算机、I/O 接口设备两部分构成。I/O 接口设备根据采用的总线及其相应的 I/O 接口设备的不同,构成方式主要有五种:串口型、PC-DAQ 型、GPIB 型、VXI 型、PXI 型。I/O 接口设备主要完成被测信号的调理、采集、转换等功能。

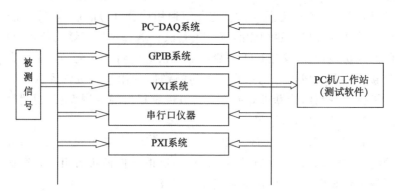

图 6-20 虚拟仪器的硬件结构

（1）串口系统

它是以串行标准总线仪器与计算机为仪器硬件平台组成的虚拟仪器测试系统,如图 6-21所示,主要有 RS-232/485 和 USB 两种。

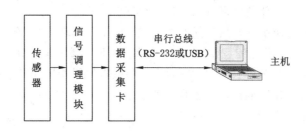

图 6-21 串行总线虚拟仪器的硬件结构

RS-232/485 总线与其他总线相比,它的接口简单、使用方便,应用于速度较低的测量系统中,其优势十分明显。目前,有许多测量仪器都带有 RS232/485 总线接口,与这些仪器相组合,构成特定的虚拟仪器,能够有效地提高原有仪器的自动化程度及测量精度和效率。

USB(Universal Serial Bus)通用串行总线是一种新的 PC 机互连协议,具有总线供电、低成本、即插即用、热插拔、方便快捷等特点。USB 总线结构的虚拟仪器有效地解决了 RS-232/485结构速度慢的问题。目前,该类虚拟仪器的研制和应用已受到了广泛关注。

（2）PC-DAQ 系统

以数据采集板、信号调理电路、计算机为仪器硬件平台组成的插卡式虚拟仪器系统,如图 6-22 所示。目前使用最多的为 PCI 总线方式。

PC-DAQ 系统的优点是系统构建成本低,便于在实验室中使用;缺点是系统噪声较大,

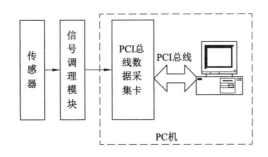

图 6-22　PCI 总线虚拟仪器的硬件结构

电磁兼容性和系统可靠性比较差。主要用于组建成本低、测试精度要求不很高的测试系统。

（3）GPIB 系统

它是以 GPIB 标准总线仪器与计算机为仪器硬件平台组成的虚拟仪器测试系统，如图 6-23所示。

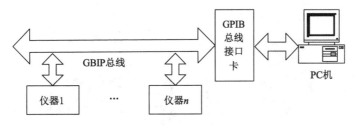

图 6-23　GBIP 总线虚拟仪器的硬件结构

GPIB 体系结构通过 GPIB 总线将具有 GPIB 接口的传统仪器连接起来，实现基于 PC 机和传统仪器基础之上的自动测试系统。可以充分利用已有传统设备，降低构建自动测试系统费用，但是其总线吞吐率太低（标准 GPIB 方式只能达到 1 MB/s），所构建成的系统过分分散和庞大，不便于移动和运输，同时系统扩展能力受到一定的限制。

（4）VXI 系统

它是以 VXI 标准总线仪器模块与计算机为仪器硬件平台组成的虚拟仪器测试系统，如图 6-24 所示。VXI 体系结构其实现形式是建立在广泛应用的 VME 总线之上，通过增加模拟总线、触发总线、局部总线、冷却散热标准、电磁兼容规范等硬件规范和 VPP 联盟所规定的软件规范，提高了硬件模块的通用性、兼容性和软件系统的互操作性、易集成性。经过多年的发展，VXI 系统的组建和使用越来越方便，有其他仪器无法比拟的优势，适用于组建大、中规模的自动测量系统以及对速度、精度要求高的场合，满足高端自动化测试应用的需要。VXI 总线系统是机箱式结构，一个接插模块就相当于一台仪器或特定功能的器件，多个模块共存于一个机箱组成一个测试系统。但 VXI 总线要求有机箱、零槽管理器及嵌入式控制器，造价比较高。

（5）PXI 系统

PXI 体系结构是一种新的虚拟仪器体系结构，如图 6-25 所示。它来源于 Compact PCI （PCI 总线在工控领域的应用版本）。与 VXI 相比，因为 PXI 平台基于 PCI，所以它固有 PCI 的一些优点：较低的成本，不断提高的性能，以及为最终用户提供主流软件模型。入门级

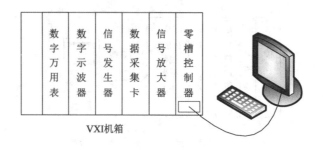

图 6-24　VXI 总线虚拟仪器的硬件结构

VXI 系统通常费用是入门级 PXI 费用的 3 倍多。VXI 有 1 000 多种产品可供选用,PXI 有 400 多种产品可用,但是也可以选用 700 多种 CompactPCI 产品。与其他结构的虚拟仪器相比,PXI 系统造价相对比较高,适用于组建中、大规模的自动测量系统。图 6-25 是 NI 公司的 PXI 总线结构的虚拟仪器。

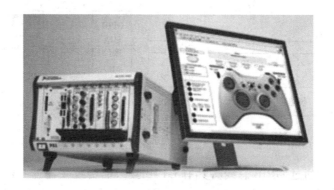

图 6-25　PXI 总线结构虚拟仪器

6.6.3　虚拟仪器软件开发平台

对虚拟仪器来说,在硬件平台确定之后,仪器功能主要由软件编程实现。用户不仅可以通过编程实现某一测试功能,还可以通过不同测试功能的软件模块组合实现多种测试功能。开发虚拟仪器,选择合适的软件工具十分重要,目前的虚拟仪器软件开发工具主要有两类。一类是文本式编程语言,如 LabWindows/CVI、Visual C++、Python 等。另类一是基于 G 语言的图形化编程语言,如 LabVIEW,HP VEE 等。

目前最为流行的是 NI 公司推出的 LabVIEW。LabVIEW 软件自 1986 年问世第一个版本以来,就以其图形化的编程理念在工程业界引起了广泛的关注。几十年来,LabVIEW 在功能上不断改进和扩展,使这一软件平台一直保持着创新的发展历程。随着中国用户的不断增加,LabVIEW 8 第一次推出简体中文版的 LabVIEW 文档。目前最新版本是 Lab-VIEW 2023。

(1) LabVIEW 简介

LabVIEW 是一个高效的图形化程序开发环境,它结合了简单易用的图形式开发环境与灵活强大的 G 编程语言。用 LabVIEW 设计的虚拟仪器可脱离 LabVIEW 开发环境,最终用户看见的是和实际的硬件仪器相似的操作面板,为虚拟仪器设计者提供了一个便捷、轻松的设计环境。利用它设计者可以像搭积木一样轻松组建一个测量系统和构造自己的仪器面板而无须进行任何繁琐的计算机代码的编写。

　　LabVIEW 开发工具包括三个部分:前面板、框图程序和图标/连接器。程序前面板用于设置输入量和观察输出量,它模拟真实仪器的前面板。其中,输入量被称为 CONTROLS(控件),用户可以通过控件向 VI 中设置输入参数等,输出量被称为 INDICATORS(指示器),VI 通过指示器向用户提示状态或输出数据等。每个程序前面板都有相应的框图程序与之对应;框图程序用图形编程语言编写,框图中的部件可以看见成程序节点,然后把这些部件用连线连接;图标/连接器可以让用户把 VI 程序变成一个 VI 子程序,然后在其他程序中像子程序一样调用它。

　　(2) LabVIEW 开发环境

　　LabVIEW 提供用户创建/设计虚拟仪器的工作环境,一个 VI 是由两部分组成:一个前面板(panel)和一个流程图(diagram)或称后面板。前面板的功能等于传统测试仪器的前面板;流程图的功能等于传统测试仪器与前面板相联系的硬件电路。

　　设计一个虚拟仪器是在两个窗口中进行的。第一个是前面板开发窗口,标志是"未命名1 前面板",如图 6-26 所示。所有虚拟仪器前面板的设计都是在这个窗口中进行并完成。窗口中包含快捷工具栏和主菜单栏。设计时用"工具"模板中相应的工具去取用"控制"模板上的有关控件,摆放到窗口中的适当位置,来组成虚拟仪器前面板;第二个是流程图编辑窗口,标志是"未命名 1 程序框图",如图 6-27 所示。流程图是图形化的源代码,是 VI 测试功能软件的图形化表述。虚拟仪器是由软件编程来实现测试功能的,在流程图编辑窗口,选用"工具"模板中相应的工具去取用"函数"功能模板上的有关图标来设计制作虚拟仪器流程图,完成设计工作。

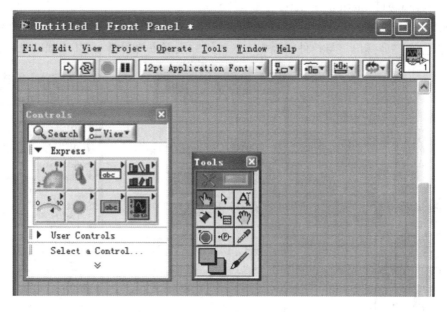

图 6-26　前面板设计窗口

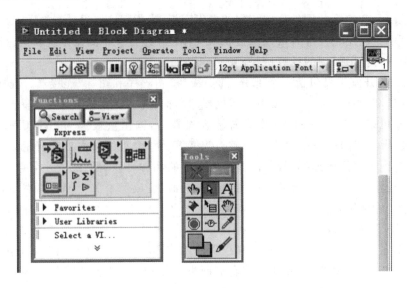

图 6-27　流程图设计窗口

（3）模板简介

① 工具模板（Tools Palette）

"工具"模板如图 6-28 所示，进入 LabVIEW 后，选择主菜单［查看］>>［工具选板］即弹出该面板。工具模板提供了用于操作和编辑前面板及流程图上对象的各种工具。

② 控件模板（Controls）

"控件"模板如图 6-29 所示。在前面板设计窗口中，选择主菜单［查看］>>［控件选板］或单击鼠标右键即弹出，控件模板提供设计前面板的各种控制量和显示量。

③ 函数模板（Functions Palette）

"函数"模板如图 6-30 所示。在流程图设计窗口中，选择主菜单［查看］>>［函数选板］或单击鼠标右键即弹出。与控件模板相对应的函数模板主要用于对 VI 流程的设计。

图 6-28　工具模板

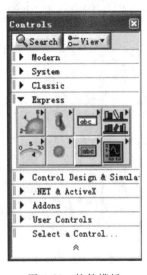

图 6-29　控件模板

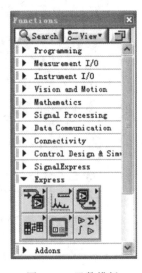

图 6-30　函数模板

（4）简单虚拟仪器的设计

下面以虚拟多功能信号发生器设计实例为例简单介绍虚拟仪器的设计。

① 功能描述

该虚拟多功能信号发生器，可产生多种信号，包括正弦信号、锯齿波信号、方波信号、三角波信号。指标如下：

频率范围：0.1 Hz～100 kHz，可选；

初始相位：0°～180°，可选；

幅值：0.1～10.0，可选。

② 前面板设计

a. 五个输入型控件：在前面板设计窗口中，首先执行[控件]＞＞[下拉列表与枚举]＞＞[枚举]操作，取[枚举]控件作为"信号类型"的选择控件；执行[控件]＞＞[数字]＞＞[数值输入控件]，共选取三个控件，作为信号"频率""幅值""相位"的选择控件；执行[控件]＞＞[布尔]＞＞[停止按钮]，取[停止按钮]作为仪器运行控制按钮。

b. 一个输出显示图形控件。执行[控件]＞＞[图形]＞＞[波形图]操作，取[波形图]作为信号波形的显示器。

③ 流程图

在流程图设计窗口中，执行[函数]＞＞[编程]＞＞[波形]＞＞[模拟波形]＞＞[波形生成]＞＞[基本函数发生器]，选取[基本函数发生器 VI]；执行[函数]＞＞[编程]＞＞[结构]＞＞[while 循环]，取[while 循环]，并将[基本函数发生器 VI]、前面板控件所对应的图标放入[while 循环]中，然后用连线连接起来，流程图就编辑好了。设计完毕的前面板与流程图如图 6-31(a)、(b)所示。

④ 运行检验

设置各参数：信号类型：Square Wave；仿真信号 $f_x = 10$ Hz，初相位 $= 30°$，幅值 $= 1.0$ V，按"运行"按键，生成所需的方波信号。

6.6.4 虚拟仪器技术在工程中的应用

"减速器性能测试虚拟仪器"是虚拟仪器技术在机械工业中的应用实例。

减速器是机械设备的关键部件，为了保证其高效运行，必须进行性能检测。传统的分散型仪器功能单一、价格昂贵、可重配置性弱。虚拟仪器的精髓在于用户可以根据自己的需求来定义功能和性能，复杂的硬件功能可以通过软件方法来实现。本仪器集信号采集、分析、存储和测试、报表生成等功能于一体，并具有本地和远程测试功能。

（1）减速器性能测试虚拟仪器硬件平台

减速器性能试验主要包括空载、效率、温升、噪声、超载和耐久试验，试验系统如图 6-32 所示。根据的测试要求，系统配备有转矩转速、温度、噪声等传感器。

虚拟仪器的硬件部分主要包括传感器、信号调理电路、采集卡和计算机四部分。虚拟仪器的硬件组成框图如图 6-33 所示。

PCI-6024E 数据采集板是美国 NI 公司推出的基于 PCI 总线的数据采集和控制设备。它具有模拟输入/输出、数字输入/输出、定时/计数等多种功能。该数据采集板包括 16 条模拟输入通道，可根据用户的需要将其配置成 16 条单端输入通道或 8 对差分输入通道；包括

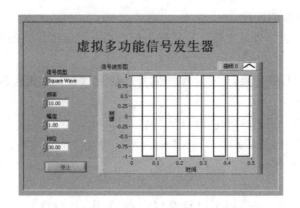

（a）仪器前面板

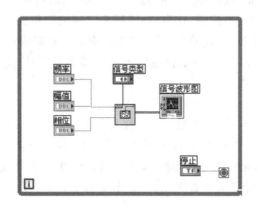

（b）流程图编辑窗口

图 6-31　虚拟多功能信号发生器

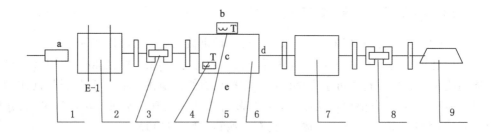

图 6-32　减速器性能试验系统结构图

12 位逐次逼近式 A/D 转换器；三个 8 位的 TTL 电平数字输入输出端口；2 个 16 位用于定时输入输出的定时/计数器。PCI-6024E 是真正的免跳线、即插即用式数据采集板。主要性能指标如下：

　　① 模拟信号输入通道数：16 路单端输入、8 路双端输入；

　　② 数字信号输入、输出通道数：8 路（TTL 电平）；

　　③ 模拟信号输出通道：2 个；

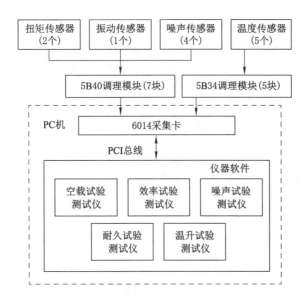

图 6-33　虚拟仪器硬件框图

④ 分辨率:12 位;

⑤ 最大采样速率:200 k/s;

⑥ 时钟信号定时、计数器各 2 个。

(2)减速器性能测试虚拟仪器软件设计

仪器软件部分采用 LabVIEW 7 Express 语言进行编程。测试程序以面向对象的编程思想,独立的模块化设计方法进行设计,程序采用主 VI 和多级子 VI 调用实现各测试功能。本应用程序采用递进式结构,该结构可以划分为三个层次:第一层为"主程序层",由用户接口和测试执行部分构成;第二层为"测试层",负责逻辑关系的验证以及相关决策的制定;最底层为"驱动层",负责与仪器、被测试设备以及其他应用程序之间的通讯。图 6-34 为系统程序结构图。

在驱动层,DAQ Pad-6014E 采集卡可利用 Data Acquisition 子模块实现对它的驱动。调用 Data Acquisition/Analog Input/AI Acquire Waveforms. vi 控件完成对各信号的采集转换;远程测试采用 Data Socket 模块,在服务器中打开 Data Socket Server Manager,设置可连接的客户程序的最大数目和创建的数据项的最大数目,并创建用户组和用户,设置用户创建数据项和读写数据的权限。同时采用 LabVIEW 的 Remote Panels 技术,可以实现在互联网上直接控制位于远端服务器上的 VI 前面板。

测试层中,利用 LabVIEW 提供的各种工具,通过合理编程实现对温度、扭矩、转速、噪声、振动等参数的测量。利用 LabVIEW 所提供的具有信号分析处理功能的子 VI,完成被测信号的分析处理。

主程序层中,各试验项目根据测试要求通过调用不同的参数测量子 VI,组成相应的子仪器。

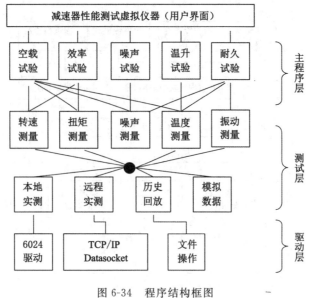

图 6-34 程序结构框图

思考题与习题

6-1 计算机测试仪器的主要特点有哪些?

6-2 试述计算机测试系统的基本组成。

6-3 试述计算机测试系统中的数据采集系统组成。

6-4 A/D 转换包括哪几个过程,主要技术参数是什么?

6-5 试述接口总线的分类、特点及总线规范。

6-6 试述 RS-232 标准串行接口总线的特点。

6-7 试述 USB 的硬件结构组成。

6-8 什么是虚拟仪器?虚拟仪器有何特点?

6-9 试述虚拟仪器的五种基本硬件结构及其特点。

6-10 试设计一多通道高速数据采集系统,并对其各组成单元功能作具体分析说明。

第 7 章　测试结果及误差分析

通过测试,可得到一系列原始数据或图形。这些数据是认识事物内在规律、研究事物相互关系和预测事物发展趋势的重要依据,但这仅仅是第一步工作,只有在此基础上对已获得的数据进行科学的处理,才能去粗取精,去伪存真,由表及里,从中提取能反映事物本质和运动规律的有用信息,这才是测试工作的最终目的。

本章将介绍实验数据的表示方法、回归分析方法及误差分析方法,最后简单介绍不确定度评定的方法。

7.1　实验数据的表示方法

大量的实验数据最终必然要以人们易于接受的方式表述出来,常用的表述方法有表格法、图解法和方程法三种。这些表述方法的基本要求是:

① 确切地将被测量的变化规律反映出来;

② 便于分析和应用,对于同一组实验数据,应根据处理需要选用合适的表达方法,有时采用一种方法,有时要多种方法并用。

另外,数据处理结果以数字形式表达时,要有正确合理的有效位数。

7.1.1　表格法

表格法是对被测数据进行精选、定值,按一定的规律归纳整理后列于一个或几个表格中。该方法比较简便、有效、数据具体、形式紧凑、便于对比。常用的是函数式表格,一般按自变量测试值增加或减少的顺序排列,该表能同时表示几个变量的变化而不混乱。一个完整的函数式表格,应包括表的序号、名称、项目、测试数据和函数推算值,有时还应加些说明,列表时应注意以下几个问题。

① 数据的写法要整齐规范,数值为零时要记"0",不可遗漏;试验数据空缺时应记为"—"。

② 表达力求统一简明。同一列的数值、小数点应上下对齐。当数值过大或过小时,应采用科学记数法(10^n 表示),n 为正、负整数。

③ 根据测量精度的要求,表中所有数据有效数字的位数应取舍适当。

7.1.2　图解法

图解法是把互相关联的实验数据按照自变量和因变量的关系在适当的坐标系中绘制成几何图形,用以表示被测量的变化规律和相关变量之间的关系。该方法的最大优点是直观性强,在未知变量之间解析关系的情况下,易于看出数据的变化规律和数据中的极值点、转折点、周期性和变化率等。

曲线描绘时应注意如下几个问题。

① 合理布图

常采用直角坐标系,一般从零开始,但也可用稍低于最小值的某一整数为起点、稍高于最大值的某一整数为终点,使所作图形能占满直角坐标的大部分为宜。

② 正确选择坐标分度

坐标分度粗细与实验数据的精度相适应,即坐标的最小分度以不超过数据的实测精度为宜,过细或过粗都是不恰当的,分度过粗,将影响图形的读数精度;分度过细,则图形不能明显表现,甚至会严重歪曲测试过程的规律性。

③ 灵活采用特殊坐标形式

有时根据自变量和因变量的关系,为了使图形尽量成为直线或要求更清楚地显示曲线某一区段的特性时,可采用非均匀分度或将变量加以变换。如描述幅频特性的伯德图,横坐标可用对数坐标,纵坐标应采取分贝数。

④ 正确绘制图形

绘制图形的方法有两种:若数据的数量过少且不是确定变量间的对应关系时,则可将各点用直线连接成折线图形,如图 7-1(a)所示,或画成离散谱线,如图 7-1(b)所示;当实验数据足够密且变化规律明显时,可用光滑曲线(包括直线)表示,如图 7-1(c)所示。曲线不应有不连续点,应光滑匀整,并尽可能多地与实验点接近,但不必强求通过所有的点,尤其是实验范围两端的那些曲线两侧的实验点分布应尽量相等,以便使其分布尽可能符合最小二乘法原则。

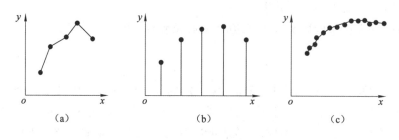

图 7-1　曲线示例

⑤ 图的标注要规范

规范其标注方式,不要遗忘数量单位。

7.1.3　经验公式

通过实验获得的一系列数据,这些数据不仅可用图表法表示出函数之间的关系,而且可用与图形相对应的数学公式来描述函数之间的关系,从而进一步用数学分析的方法来研究这些变量之间的相关关系。该数学表达式称为经验公式,又称为回归方程。建立回归方程常用的方法为回归分析。根据变量个数以及变量之间的关系不同,所建立的回归方程也不同,有一元线性回归方程(直线拟合)、一元非线性回归方程(曲线拟合)、多元线性回归和多元非线性回归等。由于其在实验数据处理中的重要地位,下一节将重点讨论回归分析方法及其在测试中的应用。

7.1.4　有效数字及数据修约

实验获得的数据,经数据处理得到最终的结果。在数据处理过程中,必须注意有效数字的运算,它应以不影响测量结果的最后一位有效数字为原则,计量规则中对单一运算、复合运算以及有效位数的增减都有相应的运算规则。另外,在工作中,往往会遇到多位数的数值,但实际需要的却是限定的较少位数,这时应对数值进行修约。数值修约规则有"偶舍奇入"规则和"四舍五入"规则。这两种规则在不同情况下效果不同,对二进制来说,"四舍五入"规则往往效果明显。

7.2　回归分析及其应用

7.2.1　一元线性回归

一元线性回归是最基本的回归方法,也是最常用的回归方法之一。

（1）线性相关

在测试结果的分析中,相关的概念是非常重要的。所谓相关是指变量之间具有某种内在的物理联系。对于确定性信号来说,两个变量之间可用函数关系来描述,两者一一对应。而两个随机变量之间不一定具有这样确定性的关系,可通过大量统计分析来发现它们之间是否存在某种相互关系或内在的物理联系。现讨论两个随机变量(x,y)数值对的总体,每一对值在xy坐标中用点来表示。图 7-2(a)中,各对x和y值之间没有明显的关系,两个变量是不相关的;图 7-2(b)中x和y具有明显的关系,大的x值对应大的y值,小的x值对应小的y值,所以说这两个变量是相关的。如希望用直线形式来表示x和y的近似关系,则可使用实际值和用直线来近似y的预计值之差的均方值为最小来确定直线方程,如图 7-3 所示。

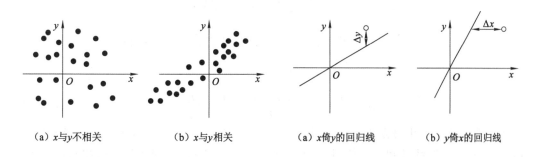

(a) x与y不相关　　(b) x与y相关　　(a) x倚y的回归线　　(b) y倚x的回归线

图 7-2　x,y变量的相关性图　　　　图 7-3　相关数据的回归计算

若坐标轴的选取使$E(x)=E(y)$,则近似直线通过原点,则有关系式:

$$\hat{y} = kx \tag{7-1}$$

任意一个y值和预计值kx的偏差为:

$$v = y - \hat{y} = y - kx$$

偏差的均方值为：

$$E[v^2] = E[(y-kx)^2] = k^2 E[x^2] + E[y^2] - 2kE[xy] \tag{7-2}$$

为求最小值，将上式对 k 求导，并令其为零，则：

$$0 = 2kE[x^2] - 2E[xy]$$

有：

$$k = \frac{E[xy]}{E[x^2]}$$

将上式代入式(7-1)得：

$$y = \frac{E[xy]}{E[x^2]} x \tag{7-3}$$

或根据方差：

$$\sigma_x^2 = E[x^2] - \{E(x)\}^2$$

当均值为零时：

$$\sigma_x^2 = E[x^2], \sigma_y^2 = E[y^2]$$

则式(7-3)可写为：

$$\frac{y}{\sigma_y} = \left\{\frac{E[xy]}{\sigma_x \sigma_y}\right\} \frac{x}{\sigma_x} \tag{7-4}$$

式(7-4)是 y 与 x 的回归方程，同理求出 x 和其预计的偏差后，可得 x 与 y 的回归线方程为：

$$\frac{x}{\sigma_x} = \left\{\frac{E[xy]}{\sigma_x \sigma_y}\right\} \frac{y}{\sigma_y} \tag{7-5}$$

当 x 和 y 不为零均值时，对应的方程为：

$$\frac{y - \mu_y}{\sigma_y} = \left\{\frac{E[(x-\mu_x)(y-\mu_y)]}{\sigma_x \sigma_y}\right\} \frac{x - \mu_x}{\sigma_x}$$

$$\frac{y - E(y)}{\sigma_y} = \left\{\frac{E[(x-E(x))(y-E(y))]}{\sigma_x \sigma_y}\right\} \frac{x - E(x)}{\sigma_x} \tag{7-6}$$

$$\frac{x - \mu_x}{\sigma_x} = \left\{\frac{E[(x-\mu_x)(y-\mu_y)]}{\sigma_x \sigma_y}\right\} \frac{y - \mu_y}{\sigma_y}$$

$$\frac{x - E(y)}{\sigma_x} = \left\{\frac{E[(x-E(x))(y-E(y))]}{\sigma_x \sigma_y}\right\} \frac{y - E(y)}{\sigma_y} \tag{7-7}$$

参数

$$\rho = \frac{E[(x-E(x))(y-E(y))]}{\sigma_x \sigma_y} \tag{7-8}$$

称为相关系数或标准化协方差。显然，若 $\rho_{xy} = \pm 1$，式(7-6)和式(7-7)表示同一条直线，这种情况为完全相关(线性相关)，如图 7-4(a)和图 7-4(b)所示。一般情况下，如直线为正斜率，则 $1 > \rho_{xy} > 0$。表示 x 和 y 为正相关；如直线为负斜率，则有 $-1 < \rho_{xy} < 0$，这表示 x 和 y 为负相关；如 $\rho_{xy} = 0$，则表示 x 和 y 不相关，两根回归线分别平行于 x 轴和 y 轴。可见，相关系数表示 x 和 y 的相关程度。

(2) 线性回归方程的确定

所获取的一组 (x_i, y_i) 数据可用线性回归方程来描述，确定回归方程的方法较多，常用"最小二乘法"和"绝对差法"。

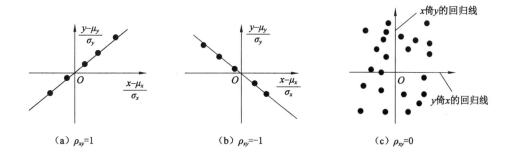

图 7-4　对应不同相关系统的回归线

① 最小二乘法

最小二乘法是数据处理和误差分析中有力的数学工具,是数据处理中异常活跃和应用最广泛的方法之一。

假设有一组实测数据,含有 N 对 (x_i, y_i) 值,用回归方程来描述,即:

$$\hat{y} = kx + b \tag{7-9}$$

由上式可计算出自变量 x 对应的回归值 y_i,即:

$$\hat{y_i} = kx_i + b \quad (i = 1, 2, \cdots, N)$$

由于数据的误差和公式的近似性,回归值 $\hat{y_i}$ 与对应测量值 y_i 间会有一定的偏差,偏差计算公式为:

$$v_i = y_i - \hat{y_i} \tag{7-10}$$

通常该差值称为残差,表征了测量值与回归值的偏离程度。残差越小,测量值与回归值越接近。根据最小二乘法理论,若残差的平方和为最小,即:

$$\sum_{i=1}^{N} v_i^2 = \sum_{i=1}^{N} (y_i - kx_i - b)^2 = \min \tag{7-11}$$

则意味着回归值的平均偏差程度最小,回归直线为最能代表测量数据内在关系的曲线。根据求极值的原理应有:

$$\frac{\partial \sum_{i=1}^{N} v_i^2}{\partial b} = -2 \sum_{i=1}^{N} (y_i - kx_i - b) = 0$$

$$\frac{\partial \sum_{i=1}^{N} v_i^2}{\partial k} = -2 \sum_{i=1}^{N} (y_i - kx_i - b) = 0 \tag{7-12}$$

解此方程组,设:

$$L_{xy} = \sum_{i=1}^{N} (x_i - \bar{x})(y_i - \bar{y}) \tag{7-13}$$

$$\bar{y} = \frac{1}{N} \sum_{i=1}^{N} y_i \tag{7-14}$$

$$L_{xx} = \sum_{i=1}^{N} (x_i - \bar{x})^2 \tag{7-15}$$

$$\bar{x} = \frac{1}{N} \sum_{i=1}^{N} x_i \qquad (7\text{-}16)$$

则得

$$k = \frac{L_{xy}}{L_{xx}} \qquad (7\text{-}17)$$

$$b = \bar{y} - k\bar{x} \qquad (7\text{-}18)$$

求出 k 和 b 后代入式(7-9)，即可得到回归方程。将式(7-18)代入回归方程式(7-9)，可即可得回归方程的另一种形式为：

$$k = \frac{\hat{y} - \bar{y}}{x - \bar{x}}$$

$$\hat{y} - \bar{y} = k(x - \bar{x}) \qquad (7\text{-}19)$$

② 绝对差法

用绝对差法求回归方程，首先是求出数据的"重心"，可用式(7-16)、式(7-14)计算重心的坐标$(\bar{x}, \bar{y})$。回归方程为$\hat{y} = kx + b$，由下式可计算出斜率 k 和截距 b：

$$k = \frac{\sum_{i=1}^{N} |y_i - \bar{y}|}{\sum_{i=1}^{N} |x_i - \bar{x}|} \qquad (7\text{-}20)$$

$$b = \bar{y} - k\bar{x}$$

（3）回归方程的精度问题

用回归方程根据自变量 x 的值，求因变量 y 的值，其精度如何，即测量数据中 y_i 和回归 $\hat{y}_i$ 的差异可能有多大，一般用回归方程的剩余标准偏差 σ_r 来表征，有：

$$\sigma_r = \sqrt{\frac{Q}{N-q}} = \sqrt{\frac{\sum_{i=1}^{N} (y_i - \hat{y}_i)^2}{N-q}} = \sqrt{\frac{\sum_{i=1}^{N} v_i^2}{N-q}} \qquad (7\text{-}21)$$

式中，N 为测量次数或成对测量数据的对数；q 为回归方程中待定常数的个数。越小表示回归方程对测试数据拟合越好。

7.2.2 非线性回归

在测试过程中，被测量之间并非都是线性关系，很多情况下，它们遵循一定的非线性关系。求解非线性模型的方法通常有以下几种。

① 利用变量变换把非线性模型转化为线性模型。

② 利用最小二乘法原理推导出非线性模型回归的正规方程，然后求解。

③ 采用直接最优化方法，以残差平方和为目标函数，寻找最优化回归函数这里介绍第①种方法中把非线性模型转化为线性模型及常用的多项式回归法。

（1）模型转换法

一些常用非线性模型，可用变量变换的方法使其转化为线性模型，指数函数：

$$y = Ae^{Bx} \qquad (7\text{-}22)$$

两边取对数得：

$$\ln y = \ln A + Bx$$

令 $\ln y = t, \ln A = C$ 则方程可化为：

$$t = Bx + C \qquad (7\text{-}23)$$

对幂函数：

$$y = Ax^{B} \qquad (7\text{-}24)$$

令 $t_1 = \ln y, t_2 = \ln x, C = \ln A$，则有：

$$t_1 = Bt_2 + C \qquad (7\text{-}25)$$

即可转化为线性关系，实际应用时可根据具体情况确定变量变换方法。

（2）多项式回归法

并不是所有非线性模型都能用上述方法进行转化，如当 $y = b_0(x^c - a)$，就无法用上述办法来处理。这一类问题，可采用多项式回归方法来解决。对于若干测量数据对 (x_i, y_i)，经绘图发现其间存在着非线性关系时，可用含 $m+1$ 个待定系数的跳阶多项式来逼近，即

$$y_i = k_0 + k_1 x_i + k_2 x_i^2 + \cdots + k_m x_i^2 \qquad (7\text{-}26)$$

将上式作如下变量置换，令 $x_{1i} = x_i, x_{2i} = x_i^2, \cdots, x_{mi} = x_i^m$，即可将上式转化为多元线性回归模型求解。

7.2.3 回归分析应用举例

【例 7-1】 已知 x 及 y 为近似直线关系的一组数据，列于表 7-1。试用最小二乘法建立此直线的回归方程。

表 7-1 x, y 关系表

x	1	3	8	10	13	15	17	20
y	3.0	4.0	6.0	7.0	8.0	9.0	10.0	11.0

解 ① 列出一元回归计算表 7-2。

表 7-2 一元回归计算表

1	x_i	y_i	x_i^2	y_i^2	$x_i y_i$
2	1	3.0	1	9	3.0
3	3	4.0	9	16	12.0
4	8	6.0	64	36	48.0
5	10	7.0	100	49	70.0
6	13	8.0	169	64	104.0
7	15	9.0	225	81	135.0
8	17	10.0	289	100	170.0
9	20	11.0	400	121	220.0
$\sum$	87	58.0	1257	476	762.0

② 由表中数据可知：

$$\sum x_i = 87，\sum y_i = 58.0，\sum x_i^2 = 1257，\sum y_i^2 = 476，\sum x_i y_i = 762.0$$

$$\bar{x} = \frac{87}{8} = 10.875，\bar{y} = \frac{58}{8} = 7.25 \quad (n = 8)$$

$$\frac{(\sum x_i)^2}{n} = 946.125，\frac{(\sum y_i)^2}{n} = 420.5，\frac{(\sum x_i)(\sum y_i)}{n} = 630.75$$

③

$$L_{xx} = \sum x_i - \frac{(\sum x_i)^2}{n} = 1\,257 - 946.125 = 310.875$$

$$L_{xy} = \sum x_i y_i - \frac{(\sum x_i)(\sum y_i)}{n} = 762.0 - 630.75 = 131.25$$

$$k = \frac{L_{xy}}{L_{xx}} = \frac{131.25}{310.875} = 0.422$$

$$b = \bar{y} - k\bar{x} = 7.25 - 0.422 \times 10.875 = 2.66$$

④ 由上式可得回归方程为：$\hat{y} = 0.422x + 2.66$。

7.3 误差的定义及分类

7.3.1 误差的概念

（1）真值

真值即真实值，是指在一定时间和空间条件下，被测物理量客观存在的实际值。真值通常是不可测的未知量，一般来说，真值是指理论真值、规定真值和相对真值。

理论真值：理论真值也称绝对真值，如平面三角形内角之和为 $180°$。

规定真值：国际上公认的某些基准量值，如米是光在真空中（1/299 792 458）s 时间间隔内所经路径的长度。这个米基准就当作计量长度的规定真值，规定真值也称约定真值。

相对真值：是指计量器具按精度不同分为若干等级，上一等级的指示值即为下一等级的真值，此真值称为相对真值。

（2）误差

误差存在于一切测试（量）中，误差定义为测试（量）结果减去被测量的真值，即：

$$\Delta x = x - x_0 \tag{7-27}$$

式中　Δx——表示测试（量）误差（又称真误差）；

　　　x——表示测试（量）结果［由测试（量）所得到的被测量值］；

　　　x_0——表示被测量的真值。

（3）残余误差

测试（量）结果减去被测量的最佳估计值，即：

$$v = x - \bar{x} \tag{7-28}$$

式中　v——表示残余误差（简称残差）；

　　　$\bar{x}$——表示真值的最佳估计（也即约定真值）。

式(7-28)是研究误差最常用的公式之一。

7.3.2　误差的分类

测试(量)误差不可避免,究其原因,主要是由以下因素引起的。

工具误差:包括试验装置、测试(量)仪器所产生的误差,如传感器的非线性等。

方法误差:由测试(量)方法不正确所引起的误差称为方法误差,包括测试(量)时所依据的原理不正确而产生的误差,这种误差亦称为原理误差或理论误差。

环境误差:在测试(量)过程中,因环境条件的变化而产生的误差称为环境误差。环境条件主要指环境的温度、湿度、气压、电场、磁场及振动、气流、辐射等。

人为误差:测试(量)者生理特性和操作熟练程度的优劣引起的误差称为人为误差。

为了便于对测试(量)误差进行分析和处理,按照误差的特点和性质进行分类,可分为随机误差、系统误差、粗大误差。

(1) 随机误差

在相同的测试(量)条件下,多次测试(量)同一物理量时,误差的绝对值与符号以不可预定的方式变化着。也就是说,产生误差的原因及误差数值的大小、正负是随机的,没有确定的规律性,或者说带有偶然性,这样的误差就称为随机误差。随机误差就个体而言,从单次测试(量)结果来看是没有规律的,但就其总体来说,随机误差服从一定的统计规律。

(2) 系统误差

在相同的测试(量)条件下,多次测试(量)同一物理量时,误差不变或按一定规律变化着,这样的误差称为系统误差。系统误差等于误差减去随机误差,是具有确定性规律的误差,可以用非统计的函数来描述。

系统误差又可按下列方法分类。

① 按对误差的掌握程度可分为已定系统误差和未定系统误差:

已定系统误差:是指误差的变化规律为已知的系统误差。

未定系统误差:指误差的变化规律为未确定的系统误差。这种系统误差的函数公式还不能确定,一般情况下可估计出这种误差的最大变化范围。

② 按误差的变化规律可分为定值系统误差、线性系统误差、周期系统误差和复杂规律系统误差。

定值系统误差:指误差的绝对值和符号都保持不变的系统误差。

线性系统误差:指误差按线性规律变化的系统误差,误差可表示为一线性函数。

周期系统误差:指误差按周期规律变化的系统误差,误差可表示为一三角函数。

复杂规律系统误差:指误差是按非线性、非周期的复杂规律变化的系统误差,误差可用非线性函数来表示。

(3) 粗大误差

粗大误差是指那些误差数值特别大,超出在规定条件下的预计值,测试(量)结果中有明显错误的误差,这种误差也称粗大误差。出现粗大误差的原因是在测试(量)时仪器作的错误,或读数错误,或计算出现明显的错误等。粗大误差一般是由于预测(量)者粗心大意、实验条件突变造成的。

粗大误差由于误差数值特别大,容易从测试(量)结果中发现,一经发现有粗大误差,应认为该次测试(量)无效,即可消除其对测试(量)结果的影响。

7.3.3 误差的表示方法

这里介绍几种常用的误差表示方法:绝对误差、相对误差和引用误差。

(1) 绝对误差

绝对误差 Δx 是指测得值 x 与真值 x_0 之差,可表示为:

$$绝对误差 = 测得值 - 真值$$

用符号表示,即:

$$\Delta x = x - x_0$$

(2) 相对误差

相对误差是指绝对误差与被测真值之比值,通常用百分数表示,即:

$$相对误差 = \frac{绝对误差}{被测真值} \times 100\%$$

用符号表示,即:

$$r = \frac{\Delta x}{x_0} \times 100\% \tag{7-29}$$

当被测真值为未知数时,一般可用测得值的算术平均值代替被测真值。对于不同的被测值,用测试(量)的绝对误差往往很难评定其测量精度的高低,通常采用相对误差来评定。

(3) 引用误差

引用误差是指测试(量)仪器的绝对误差除以仪器的满度值所得的值,即:

$$r_m = \frac{\Delta x}{x_m} \times 100\% \tag{7-30}$$

式中　r_m——表示测量仪器的引用误差;

Δx——表示测试(量)仪器的绝对误差,一般指的是测试(量)仪器的示值绝对误差;

x_m——表示测试(量)仪器的满度值,一般又称为引用值,通常是测试(量)仪器的量程。

引用误差实质是一种相对误差,可用于评价某些测试(量)仪器的准确度。国际规定电测仪表的精度等级指数 α 分为 0.1、0.2、0.5、1.0、1.5、2.5、5.0 共 7 等级,其最大引用误差不超过仪器精度等级指数 α 的百分数,即 $r_m \leqslant 5\%$。

7.3.4 表征测试(量)结果质 t 的指标

常用正确度、精密度、准确度、不确定度等来描述测试(量)的可信度

① 正确度

正确度表示测试(量)结果中系统误差大小的程度,即由于系统误差而使测试(量)结果与被测值偏离的程度。系统误差越小,测试(量)结果越准确。

② 精密度

精密度表示测试(量)结果中随机误差大小的程度,即在相同条件下,多次重复测试(量)所得测试(量)结果彼此间符合的程度,随机误差越小,测试(量)结果越精密。

③ 准确度

准确度表示测试(量)结果中系统误差与随机误差综合大小的程度,即测试(量)结果与被测真值偏离的程度,综合误差越小,测试(量)结果越准确。

④ 不确定度

不确定度表示合理赋予被测值的分散性,与测试(量)结果相联系的参数。不确定度越小,测试(量)结果可信度越高。

7.4　不确定度评定的基本知识

当报告测试(量)结果时,必须对其质量给出定量的说明,以确定测试(量)结果的可信度。近年来,人们已越来越普遍地认为,在测试(量)结果的定量表述中,用"不确定度"比"误差"更为合适。测试(量)不确定度就是对测试(量)结果质量的定量表征,测试(量)结果的可用性很大程度上取决于其不确定度的大小。所以,测试(量)结果必须附有不确定度说明才是完整并有意义的。

7.4.1　有关不确定度的术语

本节所用术语及定义与中华人民共和国国家计量规范《HF1059—1999》相一致。

① 标准不确定度,指以标准差表示的测量不确定度。

② 不确定度的 A 类评定,指用对观测列进行统计分析的方法来评定标准不确定度。不确定度的 A 类评定有时又称为 A 类不确定度评定。

③ 不确定度的 B 类评定,指用不同于观测列进行统计分析的方法来评定标准不确定度。不确定度的 B 类评定有时又称为 B 类不确定度评定

④ 合成标准不确定度,指当测量结果是由若干个其他量的值求得时,按其他各量的方差和协方差算得标准不确定度。它是测量结果标准差的估计值。

⑤ 扩展不确定度,指确定测量结果区间的量,合理赋予被测量值分布的大部分可望含于此区间扩展不确定度,有时也称为展伸不确定度或范围不确定度。

⑥ 包含因子,是指为求得扩展不确定度,对合成标准不确定度所乘的数字因子。

7.4.2　产生测试(量)不确定度的原因和测试(量)模型

(1) 产生测试(量)不确定度的因素

测试(量)过程中有许多引起不确定度的因素,它们可能来自以下几个方面:

① 被测量的定义不完整;

② 复现被测量的测试(量)方法不理想;

③ 取样的代表性不够,即被测样本不能代表所定义的被测量;

④ 对测试(量)过程受环境影响的认识不恰如其分或对环境的测试(量)与控制不完善;

⑤ 对模拟仪器的读数存在人为偏差;

⑥ 测试(量)仪器的计量性能(如灵敏度、鉴别力、分辨力、死区及稳定性等)的局限性;

⑦ 测量标准或标准物质的不确定度;

⑧ 引用的数据或其他参数的不确定度;

⑨ 测试(量)方法和测试(量)程序的近似和假设;

⑩ 在相同条件下被测量在重复观测中的变化。

在实际工作中经常会发现,无论怎样控制环境以及各类对测试(量)结果可能产生影响的因素,最终的测试(量)结果总会存在一定的分散性,即多次测试(量)的结果并不完全相等。这种现象是一种客观存在,是由一些随机效应造成的。

上述不确定度因数之间可能相关,例如第⑩项可能与前面各项有关。对于那些尚未认识到的系统效应,显然是不可能在不确定度中予以考虑的,但它可能导致测试(量)结果的误差。

由此可见,测试(量)不确定度一般来源于随机性或模糊性。前者归因于条件不充分,后者归因于事物本身概念不确定。因而测试(量)不确定度一般由许多分量组成,其中一些分量具有统计性,另一些分量具有非统计性。所有这些不确定度来源,若影响到测试(量)结果都会对测试(量)结果的分散性做出贡献。可以用概率分布的标准差来表示测试(量)的不确定度,称为标准不确定度,它表示测试(量)结果的分散性。也可以用具有一定置信概率的区间来表示测试(量)不确定度。

(2) 测试(量)不确定度及其数学模型的建立

测试(量)不确定度通常由测试(量)过程的数学模型和不确定度的传播律来评定。由于数学模型可能不完善,所有有关的量应充分地反映其实际情况的变化,以便可以根据尽可能多的观测数据来评定不确定度。在可能的情况下,应采用按长期积累的数据建立起经验模型。核查标准和控制图可以表明测量过程是否处于统计控制状态之中,有助于数学模型的建立和测试(量)不确定度的评定。

当某些被测量是通过与物理常量相比较得出其估计值时,按常数或常量来报告测试(量)结果,可能比用测试(量)单位来报告测试(量)结果有较小的不确定度。例如,一高质量的齐纳电压标准通过与约瑟夫逊效应电压基准相比较而被校准,该基准是以国际计量委员会(CIPM)向国际推荐的约瑟夫逊效应常量 $K_{1\sim90}$ 定值为基础的,当按约定的 $K_{1\sim90}$ 作为单位来报告测试(量)结果时,齐纳电压标准的已校准电压 U_s 的相对合成标准不确定度 $u_{crel}(U_s) = u_c(U_s)/U_s = 2 \times 10^{-8}$。然而,当 U_s 压的单位 V 给出时,$u_{crel}(U_s) = 4 \times 10^{-7}$,因为 $K_{1\sim90}$ 用 Hz/V 表示其量值时引入了不确定度。

在实际测试(量)的很多情况下,被测量 Y(输出量)不能直接测得,而是由 N 个其他量 $X_1, X_2, \cdots, X_n$(输入量)通过函数关系了来确定的,即有:

$$Y = f(X_1, X_2, \cdots, X_N) \tag{7-31}$$

上式称为测试(量)模型或数学模型。

数学模型不是唯一的,如果采用不同的测试(量)方法和不同的测试(量)程序就可能有不同的数学模型。例如,一个随温度 t 变化的电阻器两端的电压为 U,在温度为 t_0 时的电阻为 R_0,电阻器的温度系数为 α,则电阻器的损耗功率 P(测量)取决于 U, R_0, α 和 t_0,即:

$$P = f(U, R_0, \alpha, t_0) = \frac{U_2[1 + \alpha(t - t_0)]}{R_0} \tag{7-32}$$

同样是测该电阻器的损耗率 P,也可采用测其端电压和流经电阻的电流来获得,则 P 的数学模型就变成:

$$P = f(U, I) = UI$$

有时输出量的数学模型也可能简单到 $Y = X$,如用卡尺测量工件的尺寸时,则工件的尺寸就等于卡尺的示值。

设式(7-31)中,被测量 Y 的估计值为 y,输入量 X_i,则有:

$$Y = f(x_1, x_2, \cdots, x_N) \tag{7-33}$$

式(7-31)中,大写字母表示的量的符号既代表可测的量,也代表随机变量。当叙述为 X_i 具有某概率分布时,这个符号的含义就是随机变量。

在一列观测值中,第 k 个 X_i 的观测值用 x_i 来表示。如电阻器的电阻符号为 R,则某观测列中的第 k 次值表示为 R_k。

式(7-33)中,当被测量 Y 的最佳估计值 y 是通过输入量 $X_1, X_2, \cdots, X_N$ 的估计值 $x_1, x_2, \cdots, x_N$ 得出时,可有以下两种方法。

①

$$y = \bar{y} = \frac{1}{n}\sum_{k=1}^{n} y_k = \frac{1}{n}\sum_{k=1}^{n} f(x_{1,k}, x_{2,k}, \cdots, x_{N,k}, k)$$

式中,y 是取 Y 的 n 次独立观测值 y_k 的算术平均值,其每个观测值 y_k 的不确定度相同,且每个 y_k 都是根据同时获得的 N 个输入量 X_i 的一组完整的观测值求得的。

②

$$y = f(\bar{x}_1, \bar{x}_2, \cdots, \bar{x}_N)$$

式中,$\bar{x}_i = \frac{1}{n}\sum_{k=1}^{n} X_{i,k}$ 它是独立观测值 $X_{i,k}$ 的算术平均值。这一方法的实质是先求得 X_i 最佳估计值 $\bar{x}_i$,再通过函数关系式得出 y。

以上两种方法,当 f 是输入量 X_i 的线性函数时,它们的结果相同,但当 f 是 X_i 的非线性函数时,则式(7-34)的计算方法较为优越。

在数学模型中,输入量 $X_1, X_2, \cdots, X_N$ 可以是由当前直接测定的量,也可以是由外部引入的量。由当前直接测定的量,它们的值与不确定度可得自单一观测、重复观测、依据经验对信息的估计,并可包含测试(量)仪器读数修正值以及对周围温度、大气压、湿度等影响的修正值。

由外部引入的量,如已校准的测量标准或由手册所得的参考数据等。

x_i 的不确定度是 y 的不确定度的因数。寻找不确定度的因数时,可从测试(量)仪器、测试(量)环境、测试(量)人员、测试(量)方法、被测量等方面全面考虑,应做到不遗漏、不重复,特别应考虑对结果影响大的不确定度因数。遗漏会使 y 的不确定度过小,重复会使 y 的不确定度过大。

评定 y 的不确定度之前,为确定 y 的最佳值,应将所有修正量加入测得值,并将所有测量异常值剔除。Y 的不确定度将取决于 x_i 的不确定度,为此首先应评定 x_i 的标准不确定度 $u(x_i)$。评定方法可归纳为 A、B 两类。具体的评定方法,读者可参考有关专著。

思考题与习题

7-1　什么是莱特准则?

7-2　测试误差是不可避免的,究其原因,主要是由哪些因素引起的?

7-3　为了便于对测试误差进行分析和处理,按照误差的特点和性质进行分类,可分为哪几类?

7-4 检定量程为 100 μA 的 2 级电流表,在 50 μA 刻度上标准表读数为 49 μA,问此电流表是否合格?

7-5 测量两个电压,分别得到它的测量值 $V_{1x}=1\,020$ V,$V_{2x}=11$ V,它们的实际值分别为 $V_{1A}=1\,000$ V,$V_{2A}=10$ V,求测量的绝对误差和相对误差?

7-6 将下列数字保留 3 位有效数字:45.77、36.251、43.149、38 050、47.15、3.995。

第 8 章　测试技术的工程应用

8.1　测试系统的抗干扰技术

测试系统中,信号在放大、处理、传输的同时,干扰亦存在于其中,并严重地影响测试精度,严重的干扰甚至会使测试系统不能正常工作。干扰的形成有三个要素:干扰源、干扰通道和受感器。设计一个测试系统,分析信号的干扰源和研究抑制干扰方法是非常重要的。

8.1.1　干扰的种类

在工业现场和生产环境中,干扰源是多种多样的。按照干扰源的位置来分,可分为外部干扰和内部干扰。外部干扰来源于测试设备之外,与本设备的设计无关。内部干扰是由于设计不良或功能原理所产生的。

（1）外部干扰

外部干扰是指那些与测试系统结构无关,由工作环境和使用条件所决定的干扰,它主要来自自然界的干扰和电气设备的干扰。

由于大气层发生的自然现象所引起的干扰以及来自宇宙的电磁辐射干扰统称为自然干扰,如雷电、大气低层电场的变化,电离层变化,太阳黑子的电磁辐射等。

电气设备所产生的干扰包括放电干扰、工频干扰、开关干扰及射频干扰等。这类干扰对测试装置正常工作的影响较为严重。

放电现象包括电晕放电(如高压输电线),辉光放电(如荧光灯、霓虹灯、闸流管),弧光放电(如电焊),火花放电(如点火系统、电火花加工)。

供电设备和输电线是工频干扰源,这种干扰随处可见。用示波器观察波形时,只要手一接触探针,会看到较强的 50 Hz 交流波,这是由于人体感应了工频信号所致。低频信号线只要有一段与供电线平行,50 Hz 交流电就会耦合到信号线上。在电子设备内部,直流电源输出端可能会出现不同程度的交流干扰,这是因为整流过程中产生了含有工频基波及各次谐波的干扰信号,尽管有电源滤波器,这些谐波干扰或大或小依然存在。这种干扰给高精度测量带来不少麻烦。

无线电广播、电视、雷达通过天线发射强烈的电波,高频加热电器也会产生射频辐射。电波在电子设备的传输线上以及作为无线电遥测系统的接收天线上,会感应大小不等的射频信号。

（2）内部干扰

内部干扰是指装置内部由于设计不良或各种元件工作引起的干扰,它包括长期干扰和瞬时干扰。瞬时干扰是电路动态工作时引起的干扰。长期干扰包括电阻中随机性的电子热运动引起的热噪声;半导体及电子管内载流子的随机运动引起的散粒噪声;由于两种导电材料之间的不完全接触,接触面的电导率不一致而产生的接触噪声,如继电器的动静触头接触时发生的噪声等;因布线不合理、寄生参数、泄漏电阻等耦合形成寄生反馈电流所造成的干扰;多点接地造成的电位差引起的干扰;寄生振荡引起的干扰;热骚动的噪声干扰等。

8.1.2 干扰的耦合

干扰源通过一定的耦合形式对设备形成干扰,主要有电阻(共阻抗)耦合、容性(静电)耦合、感性(电磁)耦合和漏电电流耦合等。

(1) 电阻耦合

电阻耦合是由于两个电路存在共有阻抗,当一个电路中有电流流过时,通过共有阻抗便在另一个电路中产生干扰电压。电阻耦合主要有两种方式:一是通过电源的共有阻抗耦合干扰。当几个电子线路共用一个电源时,其中一个电路的电流流过电源内阻抗时,就会造成对其他电路的干扰;二是通过公共接地线的共有阻抗耦合干扰。在测量电路的各单元电路上都有各自的地线,如果这些地线不是一点接地,各级电流就流经公共地线,从而在地线电阻上产生电压,该电压就成为其他电路的干扰电压。

图 8-1 中 $R_1, \cdots R_n, r_1, \cdots r_n$ 为公共电阻,各回路电阻上的电压降为:

$$i_1(R_1 + r_1)$$
$$(i_1 + i_2)(R_2 + r_2)$$
$$\vdots$$
$$(i_1 + i_2 + \cdots i_n)(R_n + r_n)$$

可见,由于电降的存在,各电路实际供电电压以及接地电压都受到其他电路电流的影响。这种影响在数字电路和模拟电路共地时尤为严重。

(2) 容性(静电)耦合

容性耦合又称静电耦合,它是由两个电路间存在的寄生电容产生的。容性耦合如图 8-2(a)所示,其等效电路如图 8-2(b)所示。

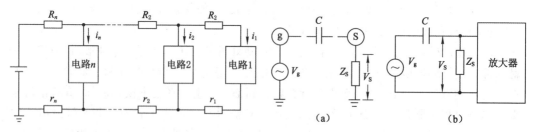

图 8-1 电路间的公共电阻间耦合　　　　图 8-2 容性耦合及其等效电路

干扰源 g 有一交变电压 V_g,邻近有一电路 S 并通过阻抗 Z_s 接地。干扰源 g 由 V_g 形成的电场对电路 S 的作用可等效为一电容 C 的耦合,形成由 V_g、C、Z_s 到地的耦合回路。由等效电路可得:

$$\dot{V}_s = \frac{j\omega C Z_s}{1 + j\omega C Z_s}\dot{V}_g \tag{8-1}$$

若 $j\omega CZ_s \ll 1$，忽略分母中 $j\omega CZ_s$ 并取模得：

$$V_s = \omega CZ_s V_g \qquad (8\text{-}2)$$

由式(8-2)可知：

① 容性耦合在信号电路引起的干扰电压 V_s 正比于干扰源频率 ω，频率越高，干扰越大。但是对于低电平信号电路，即使在音频范围内，这种干扰也不能忽视。

② 干扰电压正比于输入阻抗 Z_s。降低信号电路的输入阻抗有利于减弱容性干扰。

③ 干扰电压正比于耦合电容 C。减小耦合电容 C 是抑制干扰的必要措施。

(3) 感性(电磁)耦合

感性耦合又称电磁耦合，当干扰源以电源形式出现时，此电流所产生的磁场通过互感耦合对邻近信号形成干扰。图 8-3 是互感耦合示意图。i_1 是流过导线 1 的电流，即干扰电流源，其角频率为 ω，M 为两邻近导线之间的互感系数。根据交流电路理论可得，导线 2 上形成的感应电压为

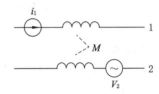

图 8-3　导线的磁耦合

$$\dot{V}_2 = j\omega M \dot{I}_1 \qquad (8\text{-}3)$$

由式(8-3)可得，互感耦合干扰电压与干扰源的频率、干扰源电流、互感系数成正比。

8.1.3　干扰的抑制

在测试系统中，形成干扰有三个要素(干扰源、干扰通道和受感器)。要有效地抑制干扰，就需要从消除或抑制噪声源、阻截干扰传递途径、削弱接收电路对干扰的敏感性几方面采取措施。在计算机测试系统中还可采用数字滤波、选频、相关技术、数据处理等软件抗干扰措施。

(1) 屏蔽技术

用导电体或导磁体做成外壳，将干扰源或信号电路罩起来，使电磁场的耦合受到很大的衰减，这种抑制干扰的方法叫屏蔽。

① 静电屏蔽

根据静电学原理可知，处于静电平衡状态下，导体内部各点等电位，导体内部无电力线。静电屏蔽就利用这一原理，采用由导电性能良好的金属作屏蔽盒，并将它接地，则屏蔽盒内的电力线不会影响外部，同时外部的电力线也不会穿透屏蔽盒进入内部。前者可抑制干扰源，后者可阻截干扰的传输途径，起电场隔离的作用。静电屏蔽原理如图 8-4 所示。

② 电磁屏蔽

磁场屏蔽是为了抑制磁场的耦合干扰。但是，随着频率的不同，其屏蔽原理和使用的屏蔽材料也不同。电磁屏蔽主要是抑制

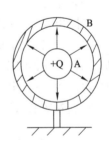

图 8-4　静电屏蔽原理

高频电磁场的干扰。它采用导电良好的金属材料做成屏蔽层，利用高频电磁场在屏蔽金属内产生涡流，再利用涡流产生的反磁场来抵消高频干扰磁场，以达到抑制高频电磁场干扰的目的。将屏蔽层接地，可兼有静电屏蔽的作用。

屏蔽层的材料必须选择导电性良好的低电阻金属，如铜、铝或镀银铜板等。由于高频集

肤效应,涡流仅在屏蔽盒表面薄层流通,因此,高频屏蔽盒无须做得很厚。高频屏蔽盒厚度只须保证一定的机械强度即可,一般为 0.2~0.8 mm,对于屏蔽导线,通常采用多股线编织网,因为多股线在相同体积下有更大的表面积。

③ 低频磁屏蔽

低频与高频电磁场的屏蔽不同,低频磁场的屏蔽要用高导磁材料作屏蔽层。高导磁材料磁阻小,可给干扰源产生的磁通提供一个低磁回路,低频干扰磁力线就被限制在磁阻很小的磁屏蔽体的内部,从而抑制了干扰。低频磁屏蔽的原理如图 8-5 所示。图中 A 为磁性干扰源,B 为受影响的磁性对象,C 为屏蔽板。

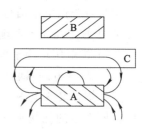

图 8-5　低频磁场的屏蔽原理

磁屏蔽板要选择高磁导率的铁磁材料,如坡莫合金、铁、硅钢片等,并且要有一定厚度,以减小磁阻。

(2) 接地技术

接地通常有两种含义,一是安全接地,二是工作接地。安全接地是指各种设备的外壳与接大地相连,其目的是为保障人身和设备的安全;工作接地是指系统的输入信号与输出信号的公共零电位,它本身却可能是与大地是隔离的。接地不仅能保护设备和人身安全,而且成为抑制噪声干扰、保证系统工作稳定可靠的关键技术。

① 安全接地

为了人身和设备的安全,电子设备的机壳、底座都应接大地。如图 8-6 所示,电路中某一点对大地电压为 V_1,该点至机壳的杂散阻抗为 Z_1,机壳至大地的杂散阻抗为 Z_2,那么机壳对大地电压为

$$V_2 = \frac{Z_2}{Z_1 + Z_2} V_1 \tag{8-4}$$

当机壳与大地绝缘时,$Z_2 \gg Z_1$,则 $V_2 \approx V_1$,如果 V_1 足够高,人接触机壳会发生危险。为此,应将机壳接入大地,使 $Z_2 \to 0$,则 $V_2 \to 0$。

另一种十分危险的情况是,当供电线与机壳之间的绝缘被击穿,机壳将会与交流电压 220 V 直接相连。如果将机壳接地,一旦出现击穿现象,保险丝即熔断,可避免发生危险。

在电子设备中,不应将电源"0"线与机壳相连。对于二线电源插头,如果"0"线与机壳连接,那么有的机壳可能为"0",有的可能为"火",这对人身和设备安全都会产生危险。为避免这种情况发生,建议电源接插件采用三线制,并按规定接线,如图 8-7 所示。这是插座正面图,即所谓"左零右火"。但应该注意,不同国家有不同规定,在使用设备时应先看说明书。

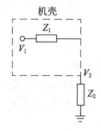

图 8-6　机壳通过杂散阻抗带电

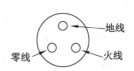

图 8-7　三线电阻插座接线

② 工作接地

在测试系统中,往往既有高频信号,又有低频信号,既有强电电路,又有弱电电路等,因此不同类型的信号电路应有不同的接地方式。测试系统中,有以下几种工作"地"线:

a. 信号接地

测试系统输入与输出的零信号电位公共线(基准电位线),在相当多的电路中,常以直流电源的正极线或负极线作为信号地线。信号地线分模拟信号地线和数字信号地线两种。模拟信号一般较弱,容易受干扰,故对地线要求较高,而数字信号一般较强,对地线要求可降低些。为了避免两者之间的相互干扰,两种地线应分别设置。

b. 信号源地线

主要指传感器的地。

c. 负载地线

如负载电流比前级信号电流大得多时,负载地线上的电流会在地线中产生较大的干扰,这时应将负载地与信号地隔离。

d. 交流电源地线

测试系统 50 Hz 交流供电地线,它是一个很强的干扰源,在系统中必须与直流地线相互绝缘,在布线时也应使两种地线远离。

不同的地线,应分别设置。在同一类信号电路中,同电位连通时,必须选择合适的方式相连接。通常接地可归结为图 8-8 所示的四种形式。

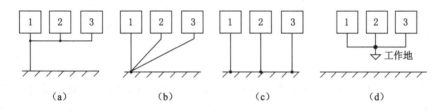

图 8-8　信号地线接地方式

图 8-8(a)为共用地线串联一点接地电路。该方式由于接地导线事实上存在电阻,而各接地线又串联入地,因此各电路的接地电位均受到其他电路电流影响,从抑制电阻耦合角度看,这种接地方式最不可取,尤其是强电流电路对弱信号电路干扰更为严重。采用这种接地方式时,应把弱信号电路放在接地点最近处。

图 8-8(b)为独立地线并联一点接地方式。该方式可以避免电阻耦合干扰,因为各电路的接地电位只与自身电流有关,不受其他电路电流影响,这种接地方式最适用于低频。但是,由于布线复杂,接地线长而多,考虑到导线存在分布感与分布电容,随着频率升高,地线间的感性耦合、容性耦合越趋严重,并且长线也会成为辐射干扰信号的天线,因此不适用于高频。

图 8-8(c)为多点接地方式,该方式适用于高频段。在多点接地时,地线常用导电线连成网(或是一块金属网板),各电路单元分别以最短连线接地,以降低接地阻抗。一般来说,频率低于 1 MHz 时可采用一点接地方式,高于 10 MHz 时应采用多点接地。在 1～10 MHz 之间,如采用一点接地,其地线长度不得超过波长的 1/20。

图 8-8(d)为悬浮接地方式。悬浮接地方式方法简单,若浮地系统对地的电阻很大(大于 50 MΩ),对地分布电容很小,这种方法有一定的抗干扰能力。但在一些大系统中,因为有较大的对地分布电容很难实现真正的悬浮,当系统的基准电位受到干扰而不稳定时,通过对地分布电容出现位移电流,使设备不能正常工作。除了防止大地或附近导体有大干扰电流流动影响信号系统外,一般不采用这种接地方式。

(3) 隔离技术

隔离技术主要是把干扰源和易受干扰的部分隔离开来,使测试装置与测试现场只进行信号传输,不产生直接的电联系。测试系统与测试现场干扰之间,强电与弱电之间常采用的隔离方法有变压器隔离、光电隔离、继电器隔离等。

① 变压器隔离

变压器是由初级电流产生磁通,再由磁通产生次级电压,从而使初级回路与次级回路在电气上隔离。

如图 8-9(a)所示,两个不同的接地点总会存在一定的电位差,由此会形成地环路电流,地环路电流对信号电路直接形成干扰。采用隔离变压器可以阻隔地环路电流。如图 8-9(b)所示,电路 1 输出信号经变压器耦合到电路 2,而地环路则被截断。

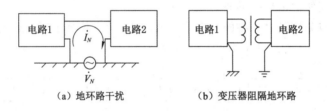

（a）地环路干扰　　　　　（b）变压器阻隔地环路

图 8-9　变压器隔离

一般的交流信号,可以采用普通变压器进行隔离。脉冲信号,可以采用脉冲变压器进行隔离。脉冲变压器的匝数较少,而且一次和二次绕组分别在铁氧体磁芯的两侧,分布电容很小,所以可实现数字信号的隔离。脉冲变压器隔离法传递脉冲信号时,不能传递直流分量,而微机使用的数字量信号输入/输出的控制设备不要求传递直流分量,所以脉冲变压器隔离法在微机测控系统中得到广泛应用。

② 光电隔离

光电隔离是由光电耦合器件来完成的。光电耦合器是以光为媒介传输信号的器件。如图 8-10 所示,发光二极管的发光强度随电路 1 输出电流大小而变化,光强的变化使光电晶体管电流变化,从而将电路 1 信号传到电路 2。但电路光电器件的发光管和晶体管之间无导线连接,因而输入和输出在电气上是完全隔离的。

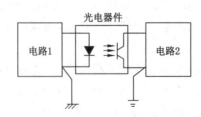

图 8-10　光电耦合截断地回路

光电耦合传输信号的精度较差,在模拟系统中很少采用。对于数字信号,因为只考虑逻辑电平,其电平精度无关紧要,因此在数字系统中普遍采用。特别是数据采集系统中,在A/D转换之后通过光电耦合与数字系统连接,从而将模拟地与数字地分开。

③ 继电器隔离

继电器隔离常用于强电和弱电信号之间的隔离。继电器的线圈回路和触点之间没有电气上的联系,因此,可利用继电器的线圈接受电气信号,利用触点输出信号,从而实现强电和弱电信号之间电信号隔离。

(4) 滤波技术

滤波器是一种允许某一频带信号通过,而抑制其他频带信号通过的电路。在测试系统中,滤波器是抑制噪声干扰的最有效手段之一,特别是对抑制经导线耦合到电路中的噪声干扰更显著。在实际应用中,通过电源串入的干扰噪声,往往占有很宽的频带,可以近似从直流到 1 000 MHz。要想完全抑制这样宽的频率范围的干扰,只采取单一的滤波措施是很难办到的,必须在交流侧和直流侧同时采取滤波措施,而且还要与隔离变压器配合使用,才能收到良好的效果。

在测试系统中,对通过交流电源串入的高频噪声干扰,常采用交流电源进线对称滤波器;对公共直流电源同时供电造成的干扰常采用直流电源输出滤波器和 RC 去耦滤波器。

8.2　力的测量

对机械装置而言,力占据着主导作用。在生产实际中常常需要对力进行有效的测量和分析,如机械加工中切削力、冲压力的测量;材料性能试验中,载荷、应力的测量等。力的测量中包括静态力和动态力的测试,常用传感器有电阻应变式和压电式,电阻应变式力传感器可以测量静态力,也可以测量动态力。压电式力传感器更适合测量动态力。

8.2.1　电阻应变式力传感器

电阻应变式力传感器测力范围宽、精度高、结构简单,可以测量静态力,也可以测量动态力。

(1) 弹性元件

力传感器的弹性元件主要有柱式、梁式、环式等。

① 柱式弹性元件

柱式弹性元件分为实心柱和空心柱两种,如图 8-11 所示。实心柱可以承载较大的负荷,空心柱主要用于小集中力测量。在弹性范围之内,应力和应变成正比关系。

$$\varepsilon = \frac{\Delta l}{l} = \frac{\sigma}{E} = \frac{F}{SE} \tag{8-5}$$

式中,F 为作用力;S 为圆柱的横截面积;E 为材料的弹性模量。

② 梁式弹性元件

梁式弹性元件有悬臂梁(包括等截面梁和等强度梁)和两端固定梁。

如图 8-12 所示是等截面梁和等强度梁。

对等截面梁,作用力 F 与某一位置处的应变关系为

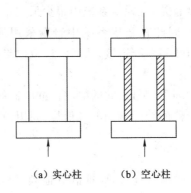

（a）实心柱　　　（b）空心柱

图 8-11　柱式弹性元件

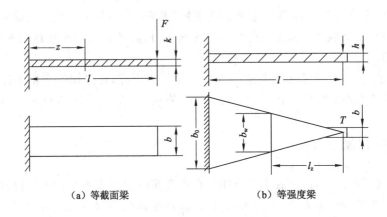

（a）等截面梁　　　　　　　　（b）等强度梁

图 8-12　悬臂梁弹性元件

$$\varepsilon_x = \frac{6(l-x)}{ShE} \cdot F \tag{8-6}$$

式中，ε_x 为距固定梁 x 端处的应变；S 为梁的横截面积；E 为梁材料的弹性模量。

等强度梁在自由端加作用力时，在梁各处产生的应变大小相等。它的灵敏度结构系数与长度方向的坐标无关。为了保证等应变性，作用力 F 必须加在梁两斜边的交会点 T 处。等强度梁各点的应变值为

$$\varepsilon = \frac{6l}{b_0 h^2 E} \cdot F \tag{8-7}$$

如图 8-13 所示是两端固定梁，中间加载荷，中心处的应变为

$$\varepsilon = \frac{3l}{4bh^2 E} \cdot F \tag{8-8}$$

③ 环式弹性元件

环式弹性元件结构比较简单，在外力作用下，各点的应力差别较大。如图 8-14 所示的薄壁圆环的厚度为 h，外径为 R，宽度为 b，应变片 R_1、R_4 贴在外表面，R_2、R_3 贴在内表面，贴片处的应变量为

$$\varepsilon = \pm \frac{3\left[R - (\frac{h}{2})(1-\frac{2}{\pi})\right]}{bh^2 E} \cdot F \tag{8-9}$$

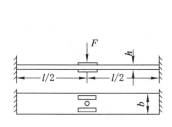

图 8-13 双端固定梁弹性元件

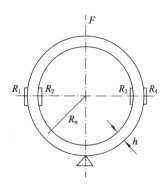

图 8-14 环式弹性元件

（2）应变片的布置与粘贴

采用电阻应变式测力时，合理地布置应变片可以有效地提高测量精度。在力测量中，首先要对弹性元件的受力情况进行分析，找出应变最大的位置，并注意是否有应变极性相反的地方（利用电桥的和差特性，合理接桥可进行温度补偿）；其次确定应变片的个数（工作应变片的个数和补偿应变片的个数）。

电阻应变片工作时，总是被黏贴到试件上或传感器的弹性元件上。在测力时，黏合剂所形成的胶层起着非常重要的作用，它应准确无误地将试件或弹性元件的应变传递到应变片的敏感栅上去。在黏贴应变片时，一是要根据应变片的工作条件、温度、湿度、稳定性要求等因素，选择合适的黏接剂；二是采用正确的黏接工艺。黏合剂与黏贴技术对于测量结果有直接影响，不能忽视它们的作用。

（3）力的测量实例

如图 8-15 所示，悬臂梁受力 F 的作用。下面通过选用不同应变片数量、不同的布片方式、不同的接桥方式来分析测量力 F 的结果。悬臂梁受力 F 的作用时，其根部应变最大，且梁的上、下面应变片极性相反。

图 8-15 悬臂梁受力

① 1 个应变片

在梁的根部应变最大处贴应变片 R_1，如图 8-16 所示。测量电路采用直流电桥，接桥方式为单臂方式，如图 8-17 所示，R_2、R_3、R_4 为接桥电阻。

设 $R_2 = R_3 = R_4 = R_0$，$R_1 = R_0 + \Delta R$，则输出电压 $U_\circ$ 为

$$U_\circ = \frac{R_1 R_3 - R_2 R_4}{(R_1 + R_2)(R_3 + R_4)} U_s$$
$$= \frac{\Delta R}{4R_0 + 2\Delta R} U_s \tag{8-10}$$

当 $\Delta R \ll R_0$ 时

$$U_\circ \approx \frac{\Delta R}{4R_0} U_s \tag{8-11}$$

当温度效应比较明显时，$\Delta R = \Delta R_0 + \Delta R_t$，温度所产生的虚假应变带来一定的误差，此种测量方法不能进行温度补偿。

② 2 个应变片

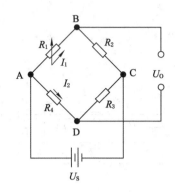

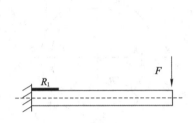

图 8-16　1 片应变片布置　　　　　　　　图 8-17　直流单臂电桥

在梁的根部应变最大处上、下面贴应变片 R_1、R_4，如图 8-18 所示。测量电路采用直流电桥，接桥方式为双臂方式，如图 8-19 所示，R_2、R_3 为接桥电阻。

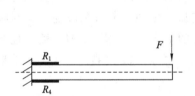

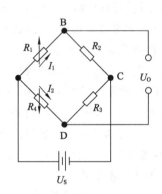

图 8-18　2 片应变片布置　　　　　　　　图 8-19　直流双臂电桥

当温度效应比较明显时，应变片 R_1 和 R_4 所产生的电阻变化分别为 $\Delta R'_1 = \Delta R_1 + \Delta R_t$，$\Delta R'_4 = -\Delta R_4 + \Delta R_t$，根据电桥的和差特性可知，电桥中应变片 R_1 和 R_4 所产生的总电阻变化为 $\Delta R'_1 - \Delta R'_4 = \Delta R_1 + \Delta R_4$，设 $\Delta R_1 \approx \Delta R_4 = \Delta R$，$R_2 = R_3 = R_0$，$R_1 = R_0 + \Delta R$，$R_4 = R_0 - \Delta R$ 则输出电压 U_o 为

$$U_o \approx \frac{\Delta R}{2R_0} U_s \tag{8-12}$$

温度所产生的虚假应变带来的误差被消除了，此种测量方法可以进行温度补偿，且灵敏度是第一种方法的 2 倍 。

③ 4 个应变片

在梁的根部应变最大处上面贴应变片 R_1、R_3，下面贴应变片 R_2、R_4，如图 8-20 所示。接桥方式为全桥方式，如图 8-21 所示。

设 $R_1 = R_3 = R_0 + \Delta R$，$R_2 = R_4 = R_0 - \Delta R$ 则输出电压 U_o 为

$$U_o \approx \frac{\Delta R}{R_0} U_s \tag{8-13}$$

此种测量方法可以进行温度补偿，且灵敏度是第一种方法的 4 倍。

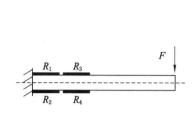

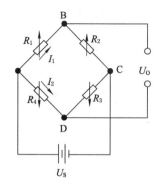

图 8-20　4 片应变片布置　　　　　　　图 8-21　直流四臂电桥

根据上面的分析可以出,在采用电阻应变式测力时,在相邻桥臂上接应变极性相反的应变片,可以消除共模干扰,如温度引起的虚假应变;在接桥时,根据应变片的个数、应变引起的电阻变化的极性、消除干扰影响要求等因素,通常采用全桥接桥方式,全桥灵敏度最高。

8.2.2　压电式测力

压电式力传感器是由压电材料制成的。根据压电效应可知,压电材料在受到力 F 的作用时,在表面会产生电荷,所产生电荷量为:

$$Q = d \cdot F \tag{8-14}$$

式中,Q 为电荷量;d 为压电系数。

压电式力传感器内阻很大,对测量电路要求比较高,适合测动态力。

8.2.3　轴扭转时横断面上剪应力和扭矩的测量

由材料力学可知,当圆轴受纯扭矩时,与轴线成45°的方向为主应力方向,如图 8-22(a)所示,且互相垂直方向上拉、压主应力的绝对值相等、符号相反,其绝对值在数值上等于圆周横截面上的最大剪应力 τ_{max},即有:

$$\sigma_1 = -\sigma_3, |\sigma_1| = \tau_{max}$$

将应变片黏贴在与轴线成45°方向的圆轴面上,即可测出此处的应变 ε。根广义虎克定律,$\sigma = \dfrac{E\varepsilon}{1+\mu}$,此应变片黏贴处截面上最大剪应力为 $\tau_{max} = |\sigma| = \left| \dfrac{E\varepsilon}{1+\mu} \right|$。扭矩为:

$$M_K = \tau_{max} W_P = \left| \frac{E\varepsilon}{1+\mu} \right| W_P$$

式中,W_P 为圆轴抗扭截面模量。

在实际使用中,为了增加电桥的输出,往往互相垂直地贴 2 片或 4 片应变片,组成半桥或全桥测量电路,这同时也解决了温度补偿问题。工程上的轴,在承受扭矩的同时往往还承受弯矩,测量时要充分注意,应设法消除其影响。如果弯矩沿轴向有较大梯度时,不能采用图 8-22(b)所示的贴片方案,而应采用图 8-22(a)所示的贴片方案。如图 8-22(d)所示,轴上贴有 4 片应变片,测量时将 R_1 和 R_4,R_2 和 R_3 串联起来接入电桥,即可测出轴上的扭矩而消除弯矩的影响。如轴承受的弯矩沿轴向变化较大,则应按图 8-22(e)所示方案贴片和连桥,图中(R_3)和(R_4)表示贴在背面,对应 R_1 和 R_2 的位置。

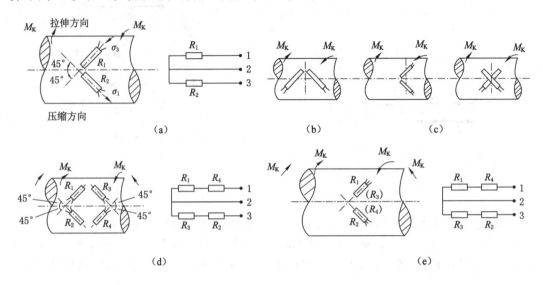

图 8-22　扭矩测量中应变片的布片

8.3　机械振动的测试

在机械行业中,振动作为一种最常见的物理现象,对其进行有效的测试和分析是解决许多工程问题的关键所在。振动测试可分作两大类:

① 振动基本参数的测量

对运行对象的振动进行测量和分析,以得到振动量(振动体在观测点的位移、速度和加速度)的振级、频率、相位等,进而确定被测对象在使用工况下的振动状态,寻找振源,采取相应的减振和隔振措施。

② 动态特性的测定

给对象施加激励,使之产生振动,同时对激励和响应进行测量,通过适当的处理获得对象的动态特性参数(如固有频率、阻尼比、机械阻抗和振型等)。

8.3.1　单自由度系统的受迫振动

单自由度的质量-弹簧-阻尼系统是从错综复杂的机械系统中抽象出来的最简单的力学模型,也是研究机械系统振动的基础。下面分别讨论单自由度系统在两种激励下的振动。

(1)质量块受激励引起的振动

如图 8-23 所示的单自由度系统,其运动的微分方程为:

$$m\frac{\mathrm{d}^2 z(t)}{\mathrm{d}t^2} + c\frac{\mathrm{d}z(t)}{\mathrm{d}t} + kz(t) = f(t) \tag{8-15}$$

当 $f(t)$ 为正弦激励(角频率为 ω)时,系统稳态响应函数 $H(\mathrm{j}\omega)$:

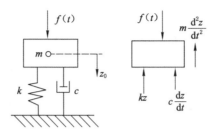

图 8-23　单自由度系统

$$H(\mathrm{j}\omega) = \frac{\dfrac{1}{k}}{\left[1-\left(\dfrac{\omega}{\omega_{\mathrm{n}}}\right)^2\right]+2\mathrm{j}\zeta\left(\dfrac{\omega}{\omega_{\mathrm{n}}}\right)} \tag{8-16}$$

其幅频和相频特性为：

$$A(\omega) = \frac{\dfrac{1}{k}}{\sqrt{\left[1-\left(\dfrac{\omega}{\omega_{\mathrm{n}}}\right)^2\right]+\left[2\zeta\left(\dfrac{\omega}{\omega_{\mathrm{n}}}\right)\right]^2}} \tag{8-17}$$

$$\varphi(\omega) = -\arctan\frac{2\zeta\left(\dfrac{\omega}{\omega_{\mathrm{n}}}\right)}{1-\left(\dfrac{\omega}{\omega_{\mathrm{n}}}\right)^2} \tag{8-18}$$

式中，$\omega_{\mathrm{n}}=\sqrt{\dfrac{k}{m}}$ 为系统固有角频率；$\zeta=\dfrac{c}{2\sqrt{km}}$ 为该系统的阻尼比。

对于不同的阻尼比 ζ，幅频特性曲线和相频特性曲线分别如图 8-24 所示。对图进行分析可得如下结论：

① $\omega/\omega_{\mathrm{n}}=0$，总有 $A(\omega)=1/k$，$\varphi(\omega)=0$，单位静力使 m 发生静位移 $1/k$；

② $\omega\ll\omega_{\mathrm{n}}$ 低频区，$A(\omega)$ 变化平缓，与静态力引起的位移相近，$A(\omega)\approx1/k$，$\varphi(\omega)<0$；

③ $\omega/\omega_{\mathrm{n}}=\sqrt{(1-2\xi^2)}$，且 $\xi\leqslant1/\sqrt{2}$ 时，$A(\omega)$ 取极大值。$\omega_{\mathrm{r}}=\omega_{\mathrm{n}}\sqrt{1-2\zeta^2}$ 为位移共振频率。

位移共振时的幅值为：

$$A(\omega_{\mathrm{r}}) = \frac{1/k}{2\zeta\sqrt{1-\zeta^2}} \tag{8-19}$$

在小阻尼时，$\omega_{\mathrm{r}}\approx\omega_{\mathrm{n}}$，所以常用 ω_{r} 作为 ω_{n} 的估计值；

④ $\omega/\omega_{\mathrm{n}}=1$，总有 $\varphi(\omega)=-90°$，称为相位共振。小阻尼时，在 $\omega=\omega_{\mathrm{n}}$ 附近相频曲线陡峭，用相频曲线来测定固有频率比较准确；

⑤ $\omega\gg\omega_{\mathrm{n}}$，高频区 $A(\omega)\to0$，$\varphi(\omega)\to-180°$，系统位移与激励力反相。这一区域可为减振设计提供依据。

（2）基础激励引起的振动

基础振动也会引起系统的受迫振动。例如在利用惯性式测振传感器测振时，传感器的振动就是由于被测基体的振动引起的。基础振动引起的单自由度受迫振动的力学模型如

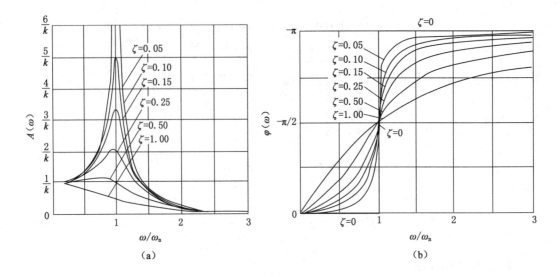

图 8-24 单自由度系统的频率特性曲线

图 8-25 所示，其运动微分方程为：

$$m \frac{\mathrm{d}^2 z_0(t)}{\mathrm{d}t^2} + c\left[\frac{\mathrm{d}z_0(t)}{\mathrm{d}t} - \frac{\mathrm{d}z_1(t)}{\mathrm{d}t}\right] + k\left[z_0(t) - z_1(t)\right] = 0 \qquad (8\text{-}20)$$

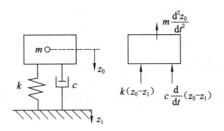

图 8-25 单自由度系统基础激励

质量块 m 对基础的相对运动为：

$$z_{01}(t) = z_0(t) - z_1(t)$$

代入式(8-20)得：

$$m \frac{\mathrm{d}^2 z_{01}(t)}{\mathrm{d}t^2} + c \frac{\mathrm{d}z_{01}(t)}{\mathrm{d}t} + k z_{01}(t) = -m \frac{\mathrm{d}^2 z_1(t)}{\mathrm{d}t^2} \qquad (8\text{-}21)$$

式(8-21)频率响应 $H(\mathrm{j}\omega)$、幅频特性 $A(\omega)$ 和相频特性 $\varphi(\omega)$ 如下：

$$H(\mathrm{j}\omega) = \frac{\left(\dfrac{\omega}{\omega_n}\right)^2}{\left[1 - \left(\dfrac{\omega}{\omega_n}\right)^2\right] + 2\mathrm{j}\zeta\left(\dfrac{\omega}{\omega_n}\right)} \qquad (8\text{-}22)$$

$$A(\omega) = \frac{\left(\dfrac{\omega}{\omega_n}\right)^2}{\sqrt{\left[1 - \left(\dfrac{\omega}{\omega_n}\right)^2\right]^2 + \left[2\zeta\left(\dfrac{\omega}{\omega_n}\right)\right]^2}} \qquad (8\text{-}23)$$

$$\varphi(\omega) = -\arctan \frac{2\zeta\left(\frac{\omega}{\omega_n}\right)}{1 - \left(\frac{\omega}{\omega_n}\right)^2} \qquad (8\text{-}24)$$

式中,ζ 为振动系统的阻尼比,$\zeta = \dfrac{c}{2\sqrt{km}}$;$\omega_n$ 为振动系统的固有角频率,$\omega_n = \sqrt{k/m}$。

对于不同的阻尼比 ζ,幅频特性曲线和相频特性曲线分别如图 8-26 所示。对图进行分析可得如下结论:

① $\omega \ll \omega_n$ 时,m 相对于基础的振动很小,几乎跟随基础一起运动。在工程上,可利用这一区域进行惯性式加速度传感器的设计;

② $\omega \gg \omega_n$,$A(\omega) \to 1$,这一区域 m 相对于基础振动的振幅接近于基础振动的振幅,在惯性坐标系中的振动振幅很小,几乎处于静止状态。在工程上,这一区域可用于惯性式位移测振仪的设计,也可用于指导振动隔离。

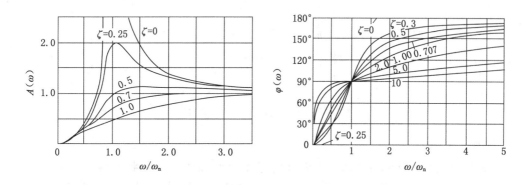

图 8-26　基础振动时的频率响应特性

8.3.2　振动的激励

在动态特性试验中,首先要激励被测对象,让其作受迫振动或自由振动,然后对激励和响应进行测量与分析,以获得对象的动态特性参数。

（1）常见的激励方式

激励方式通常可分为稳态正弦激励、瞬态激励和随机激励三类。

① 稳态正弦激励

稳态正弦激励就是对测试对象施加一个稳定的单一频率的正弦激振力,使测试对象产生受迫振动,同时测量激励和响应,求出测试对象在该频率下的响应特性。测量时不断改变频率,然后以频率逐点求出被测对象的频率响应特性。这种激振方式的优点是激振功率大、信噪比高、测试精度高,缺点是测试周期比较长。

② 瞬态激励

瞬态激励给被测系统提供的激励信号是一种瞬态信号,属宽带激振法。瞬态激励可一次同时给系统提供频带内各个频率成分的能量和使系统产生相应频带内的频率响应,它是一种快速测试方法。可通过激振力和相应的谱密度函数求得系统的频率响应。目前常用的瞬态激振方式有下列三种。

a. 快速正弦扫描激励

使正弦激励信号在所需的频率范围内作快速扫描(在数秒钟内完成),激振信号频率在扫描周期内成线性增加,而幅值保持恒定。扫描信号的频谱曲线几乎是一根平坦的曲线。快速正弦扫描信号的波形和频谱,如图 8-27 所示。

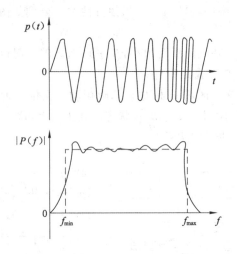

图 8-27　快速正弦扫频信号及频谱

b. 脉冲激励

脉冲激励是用脉冲锤对被测系统进行敲击,给系统施加一个脉冲力,使之发生振动。由于锤击力脉冲在一定频率范围内具有平坦的频谱曲线。脉冲激励信号的波形和频谱,如图 8-28 所示。

c. 阶跃激励

对测试对象施加一静力,使它产生弹性变形,然后突然取消该力。这相当于给对象施加了一个负的阶跃激振力。由于阶跃函数的导数是脉冲函数,阶跃函数引起的响应的导数是脉冲响应函数,所以这种方法也是一种宽频带激励方法。阶跃激励信号的波形和频谱,如图 8-29 所示。

③ 随机激励

随机激励是一种宽带激振的方法,一般用白噪声或伪随机信号发生器(多由微机经数模转换器获取)作为信号源,经过功率放大后控制激振器对被测对象进行激振。在工程和日常生活中,工作在随机振动的环境下设备或结构很多,如各类大桥、行驶的汽车、海洋中的钻井平台、风中的建筑物等。

随机激振测试系统可以实现快速甚至实时测试,但是使用的设备较复杂,价格较贵。

(2) 常用的激振器

激振器是对被测件的施力装置,由信号发生器产生的符合预定要求的激振信号,经功率放大器放大后,输入激振器,使激振器对试件施加预定要求的激振力,激励试件振动。激振器应有一定频带宽度,能在要求频率范围内提供波形良好幅值稳定的激振力。

常用的激振器有机械式、电动式、电液式。

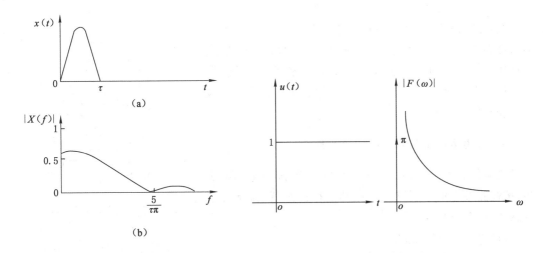

图 8-28 锤激脉冲及其频谱　　　　　图 8-29 阶跃激励及其频谱

① 力锤

力锤(脉冲锤)用来在振动试验中给被测对象施加一局部的冲击激励,其结构如图 8-30 所示。图中 4 为力传感器,用来检测敲击力信号。它是由锤头、锤头盖、压电石英片、锤体、附加质量和锤柄组成。锤头和锤头盖用来冲击被测试件。力锤的锤头盖可采用不同的材料(钢、塑料和硬橡胶),以获得具有不同冲击时间的冲击脉冲信号。

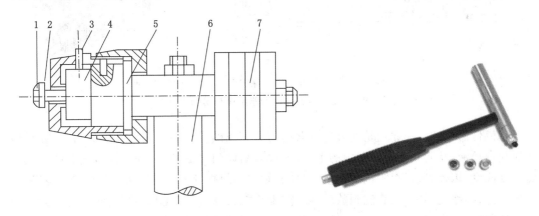

1—锤头垫;2—锤头;3—信号引出线;

4—力传感器;5—锤体;6—锤柄;7—配重。

图 8-30 脉冲锤的结构和实物图

② 电动式激振器

电动式激振器按其磁场的形成方法有永磁式和励磁式之分。前者多用于小型激振器,后者多用于较大型的激振器,即激振台。电动式激振器的结构如图 8-31 所示,驱动线圈 7 位于磁极 5 和铁芯 6 形成的高磁通密度的气隙中。当线圈 7 内通过经功率放大后的交变电流 I 时,线圈将受到与电流成正比的交变电动力。此力(激振力)经过顶杆作用到试件上,使试件产生振动。

③ 液压式激振台

机械式和电动式激振器的一个共同缺点是较小的承载能力和频率。液压式激振台的振动力可达数千牛顿以上，承载质量能力以吨计。液压激振台的工作介质主要是油。主要用在建筑物的抗震试验、飞行器的动力学试验以及汽车的动态模拟试验等方面。

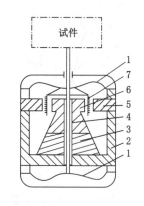

1—弹簧；2—壳体；3—磁钢；4—顶杆
5—磁极；6—铁芯；7—驱动线圈。
图 8-31　电动式激振器

8.3.3　常用测振传感器和振动分析仪

测振传感器也称为拾振器。常用的测振传感器种类很多，按被测参数的不同可分为振动位移传感器、振动加速度传感器、振动分析仪。

（1）振动位移传感器

用于测位移的传感器大多也可用作测振动，最常用的是涡流传感器。图 8-32 是涡流式传感器结构与实物图。

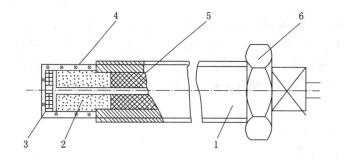

1—壳体；2—框架；3—线圈；4—保护套；5—填料；6—螺母。
图 8-32　涡流式传感器结构与实物图

涡流传感器的工作原理是通过传感器中的高频线圈探头靠近被测导电材料时，在导体中感应出涡流，从而改变了线圈中的阻抗，当被测物体到探头的距离改变时，线圈中的阻抗也随之改变，因此，通过对阻抗的测量，实现了对位移的测量。涡流传感器具有线性范围大、灵敏度高、频率范围宽（从直流到数千赫）、抗干扰能力强、可实现非接触式测量等特点。涡流传感器的灵敏度与被测材料的电导率和磁导率有关系，在测试前最好用和试件材料相同的样件在校准装置上直接校准以取得特性曲线。如被测物体表面为非导电材料，测试时需在被测物表面连接一层具有足够厚度的导电材料。另外，涡流传感器的灵敏度与被测物体表面形状有关系，如被测件是曲面，其直径应大于 4 倍的线圈直径。

（2）振动加速度传感器

压电式加速度传感器是应用十分广泛的测振传感器。图 8-33 是压电式加速度传感器的结构和实物图。在测量时，将传感器壳体与被测构件刚性连接，当被测物体具有加速度 a 时，传感器外壳与被测物体同时以此加速度运动，此时内部的质量块将产生一个与被测加速度方向相反的惯性力，其大小为 ma，该惯性力作用在压电片上，使之产生变形，而在压电片表面产生电荷。电荷量与所受惯性力成正比，也就与相应的加速度成正比。

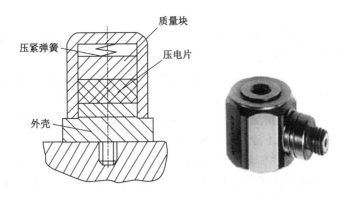

图 8-33　压电式加速度传感器结构和实物图

　　压电式加速度传感器的安装方法对动态特性有影响，主要有四种安装方法：螺钉安装、磁力安装座安装、黏接剂黏接、探针安装。图 8-34 是压电加速度传感器安装到被测构件上的几种方式，图中的(a)是用双头钢制螺钉将传感器固定在光滑平面上，用这种方法是固定，刚度是最好的，但要防止拧得过紧传感器壳体变形，影响输出；如果固定表面不够平滑，可在结合面上涂覆硅润滑脂，需要绝缘时，可采用绝缘螺栓的云母垫片，如图中的(b)所示；在低温条件下可用石蜡将传感器黏附在平整表面上，如图中的(c)；黏结的方法还可采用胶、双面胶纸(图中(g))、黏接螺栓(图中(f))等方法；如测量对象是铁磁性的，可采用永久磁铁来固定(图中(e))；如在测量过程中要作多点测量，需要能方便地更换测点，则可用手持探针的方法(图中(d))。

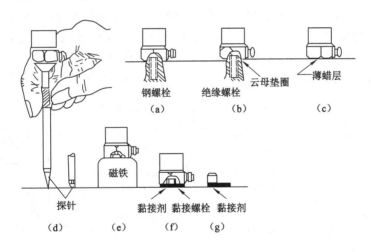

图 8-34　压电加速度传感器的安装方式

　　压电加速度振动传感器具有灵敏度高、结构紧凑、坚固性好、动态特性好等优点，在工程中应用非常广泛。

　　(3) 振动分析仪

　　由拾振器检测到的振动信号需要经过适当分析和处理，以获得各种有用的信息。由于测量精度要求和测量目的的不同，振动的分析处理仪器各不相同，下面是常用的振动分析与处理仪器。

普通测振仪把拾振器测得的振动信号,根据需要以振动位移、速度或加速度的单位指示出它们的峰值、峰-峰值、平均值或有效值。它只能拾出振动的强度信息。

频率分析仪能分解出信号的频率成分、幅值、相位。振动信号的频率分析对了解振动的特性、寻找振动源、研究振动对人体和其他结构的影响是十分有用的。频率分析仪有模拟滤波和数字计算两种方法。模拟滤波式频率分析仪适合分析频谱稳定且持续时间较长的振动信号,无法分析瞬态振动,也不能用来分析频谱不稳定的信号。

实时频谱分析仪是一种"即刻"完成频率分析的仪器,既可以用来分析频率稳定持续时间较长的振动信号,也能分析瞬态振动和频率不稳定的振动。常用的实时分析仪有:并联滤波器实时分析仪(使用模拟技术)、时间压缩实时分析仪(混合使用模拟和数字技术)和快速傅立叶分析仪(使用数字计算技术)。

在计算机构建的测试系统中,将拾振器检测到的信号经 A/D 转换后,送给计算机,再利用计算机强大的运算能力,通过软件算法,实现对振动信号的分析处理。

8.3.4 振动测试实例

矿用通风机振动测试。通风机是煤矿安全生产的关键设备,担负着向井下输送新鲜空气、排出粉尘和污浊气流,确保矿井安全生产的重任。按照《煤矿安全规程》要求,一是对生产矿井主通风机在安装后、生产运行前,应进行振动性能测试;二是在使用过程中定期对主通风机进行振动性能测试,获知设备负载运行的实际情况。

在通风机振动测试中,通过固定在 X、Y、Z 三个方向上的加速度传感器实现对风机轴向、垂直方向、径向振动信号的拾取,其中,X 为轴向,Y 为垂直方向,Z 为径向。采用磁力安装座将压电加速度传感器 LC0121 安装在风机上。传感器的频率范围为 0.7 Hz～10 kHz,分辨率为 0.000 2 g,灵敏度为 150 mV/g;信号调理采用 LC0207 恒流源模块完成;采集卡采用 NI 公司的基于 USB 总线的 6221 卡。通风机振动测试系统如图 8-35 所示。

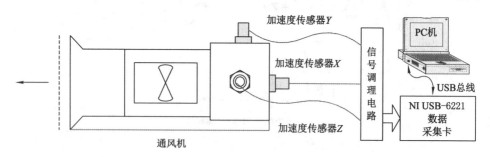

图 8-35　通风机振动测试

振动信号通过压电加速度传感器获得,通过信号调理电路将振动信号转换为标准信号;数据采集卡将采集到的电压信号转换为计算机能够处理的数字信号;通过设备驱动程序,数字信号进入计算机;在 LabVIEW 平台下,运行编制的振动测试软件,对获得的振动信号进行滤波、异值剔除,通过相关算法和程序实现振动测试所要求的参数,如振动频率、振幅等。

8.4　噪声的测试

随着现代工业的发展,噪声已成为主要公害之一。90 dB 以上噪声将使听力受损,长期受强噪声刺激(一般指 115 dB 以上),将导致听力损失,引起心血管系统、神经系统及内分泌系统等方面疾病。我国已制定了环境噪声限制和测量标准,也对许多机械、设备制定了相应的噪声标准。

声音是振动在弹性介质中传播的波。一个声学系统的主要环节是声源、传播途径和受者。工程中许多噪声都由机械振动所致,噪声测试与机械振动测试密切相关。为正确评价各类机械、设备及环境的噪声,研究噪声对环境污染和对人类健康的影响,寻找噪声源及传播途径以便控制噪声,都需要进行噪声测试。

8.4.1　噪声的度量

噪声的主要受者是人,人耳可以感受到声音的强弱和频率高低,但感受程度因人而异,由于声音传播的复杂性,因此,需用多种参数来度量和评价噪声。

(1) 噪声的物理度量

用声压级、声强级和声功率级来表示噪声的强弱,用频率或频谱来表示噪声的高低。

① 声压和声压级

声压是指声波引起介质压力的波动量。例如,无声时大气有一个静压力;有声时大气在静压上又叠加一个波动压力。这个由声波传播引起的波动压力就是声压。一般用 $2×10^{-5}$ 表示,单位是 Pa。

声压是随时间而波动的函数,常用均方根值来衡量其大小。声压比大气压力小得多,正常入耳刚刚能听到的 1 000 Hz 纯音的声压为 $2×10^{-5}$ Pa,称为听阈声压,该值被规定为基准声压,记为 p_0。人耳所能承受的最大声压大约是 20 Pa ,称为疼阈声压。疼阈声压与听阈声压之比为 10^6∶1,相差 100 万倍,用声压的绝对值表示声音的强弱极不方便,因此,常用声压级 L_p(单位为 dB)来表示声压强弱,它定义为:

$$L_p = 20\lg \frac{p}{p_0} \tag{8-25}$$

② 声强和声强级

声音的强弱也可用能量来表示。在某点垂直于声音传播方向的单位面积上,单位时间通过的声能量称为声强。正向平面波的声强为:

$$I = \frac{p^2}{\rho c} \tag{8-26}$$

式中,ρ 为媒质密度;c 为声速;I 的单位为 W/m^2。

显然,声强是矢量,其方向为声能的传播方向。基准声强 I_0 取为 $10^{-12}\ W/m^2$。声强级 L_1 定义为:

$$L_1 = 10\lg \frac{I}{I_0} \tag{8-27}$$

③ 声功率和声功率级

声功率是声源在单位时间内发射出的声能量。通过垂直于传播方向的面积的平均声功率为：

$$W = IA \tag{8-28}$$

基准声功率 W_0 取为 $10^{-12}\,\mathrm{W/m^2}$，因此，声功率级 L_W 定义为：

$$L_W = 10\lg \frac{W}{W_0} \tag{8-29}$$

④ 声压级、声强级和声功率级的关系

将式(8-26)代入式(8-27)得：

$$L_1 = 10\lg \frac{p^2}{I_0 \rho c} = L_p + 10\lg \frac{p_0^2}{I_0 \rho c} \tag{8-30}$$

令 $a = 10\lg \dfrac{I_0 \rho c}{p_0^2}$，它是一个取决于环境空气和气温的常数。温度为：20℃时，1atm(1atm= 101 325 Pa)下的空气 $\rho c = 415\,\mathrm{N \cdot s/m^2}$，$a \approx 0.16$ dB。因此，在噪声测试中，对自由行波可认为

$$L_1 \approx L_p \tag{8-31}$$

将式(8-28)代入式(8-29)得

$$L_W = 10\lg \frac{I}{I_0} + 10\lg \frac{A}{A_0} = L_1 + 10\lg \frac{A}{A_0} \tag{8-32}$$

式中，A_0 为取得基准声功率 W_0 时的面积，即 $W_0 = I_0 A_0$。

当被测面积 $A = A_0$，则

$$L_W = L_1 \tag{8-33}$$

将式(8-30)代入式(8-32)得

$$L_W = L_p - a + 10\lg \frac{A}{A_0} \tag{8-34}$$

略去 a，当 $A = A_0$ 时，则

$$L_W = L_p \tag{8-35}$$

可见，若测出声压级，那么声功率级和声强级可通过换算得到。

各种典型声源的声压级和声功率级如图 8-36 所示。

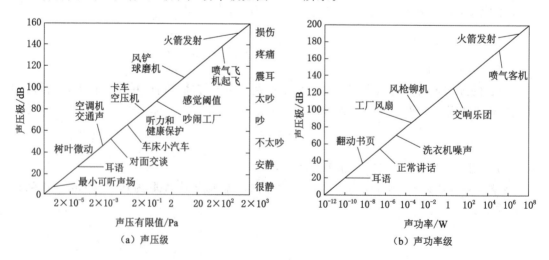

图 8-36　典型声源的声压级和声功率级

声压级、声强级和声功率级都是无量纲的相对量,在运算时要特别注意。例如,两个声源同时引起某处声压变化,其合成声压级(或声强级)不应简单等于各个声源引起的声压级相加。又如某声源的声功率减少了 50%,则其声功率级减少了 3 dB,而不是减少了原声功率级的 50%。

⑤ 噪声的频谱

声音的高低主要与其频率有关,实际噪声极少是单频率的。噪声的频谱可反映出该噪声在不同频率范围内强度的分布状况。对噪声作频域分析时,通常取多个较宽的频带来分析噪声的声级(声压级、声强级和声功率级),最常用的频带宽度是倍频程和 1/3 倍频程。目前可闻声音各频带的标准中心频率见表 8-1。

表 8-1　倍频程和 1/3 倍频程的频带宽度　　　　　　　　　　Hz

倍频程频率范围		1/3 倍频程频率范围			
中心频率	频率范围	中心频率	频率范围	中心频率	频率范围
31.5	22.4~45	25	22.4~28	800	710~900
63	45~90	31.5	28~35.5	1 000	900~1 120
125	90~180	40	35.5~45	1250	1 120~1 400
250	180~355	50	45~56	1 600	1 400~1 800
500	355~710	63	56~71	2 000	1 800~2 240
1000	710~1 400	80	71~90	2 500	2 240~2 800
2000	1 400~2 800	100	90~112	3150	2 800~3 550
4 000	2 800~5 600	125	112~140	4 000	3 550~4 500
8 000	5 600~11 200	160	140~180	5 000	4 500~5 600
16 000	11 200~22 400	200	180~224	6 300	5 600~7 000
		250	224~280	8000	7 000~9 000
		310	280~355	10 000	9 000~11 200
		400	355~450	12 500	11 200~14 000
		500	450~560	16 000	14 000~18 000
		630	560~710		

(2) 噪声的主观评价

噪声与人的主观感觉之间的关系十分复杂,各国学者为此提出了许多主观评价标准,这里只介绍噪声的频率计权网络及声级。

频率计权网络是为了模拟人耳对不同声压和频率声音有不同感觉而设置的,主要有 A、B、C、D 四条计权网络,其中最常用的是 A 计权网络。它们的频率特性曲线如图 8-37 所示,多数噪声经 A 计权网络滤波后,与人耳的感觉有较好的相关性。

频率计权是在测试时将所测噪声信号经模拟滤波或数字滤波而实现的经计权网络后测得的声压级称为声级,按不同计权网络分别称为 A 声级(L_A)、B 声级(L_B)、C 声级(L_C)和 D 声级(L_D),其单位分别为 dB(A)、dB(B)、dB(C)、dB(D)。经计权网络测得的声强级、声功率级也需特别注明,如 A 声强级、A 声功率级等。目前,许多通用机械及城市环境的噪声等

205

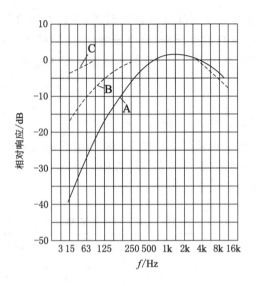

图 8-37　计权网络频率特性曲线

级多采用 A 声级来评定。

8.4.2　噪声测试常用仪器

常用的噪声测试仪器有传声器、声级计、磁带记录仪、校准器和频谱分析仪。按不同的测试要求,可单独用声级计或用多种仪器组合。下面主要讨论传声器和声级计。

（1）传声器

传声器是噪声测试的传感器,通常用膜片将声波信号转换成电信号。

① 传声器的压力响应和自由场响应

对传声器,除具有一般传感器性能外,还要有高的声阻抗、声发射和绕射对声场的影响小、电噪声低、幅频特性平坦、输出电信号与声压间极小相移等性能。

传声器置于声场之中,由于反射和绕射现象,会干扰原来的声场,通常会使传声器膜片的声压增大。这种干扰与声波波长、声波入射方向、传声器的尺寸和形状有关。通常用压力响应及自由场响应来描述不同声场中传声器的特性。

压力响应是指传声器的膜片上受到均匀声压时,其输出与声压之比,这相当于尺寸很小的传声器正对一个自由平面行波呈现的响应,没有干扰声场。

自由场是指只有直达声而没有反射声的声场,实际上是指反射声与直达声相比可以忽略的声场,例如,消声室是人工模拟的自由场实验室。传声器在自由场中的输出与原(假设传声器不在时)声压值之比称自由场响应。某典型传声器的压力响应和自由场响应(入射角为 0°)的幅频特性曲线如图 8-38(a)所示,读者可从图中分析传声器对不同频率声波的影响。

为减少传声器放入声场而产生的干扰,有的传声器振膜具有适当的阻尼,以补偿高频段所产生的压力增量对输出的影响。

自由场响应还与声波的入射角[见图 8-38(b)]有关,并且在高频段更明显。因此测试时应尽可能使传声器正对声源。图 8-38(c)是某传声器不同入射角时的自由场响应与压力

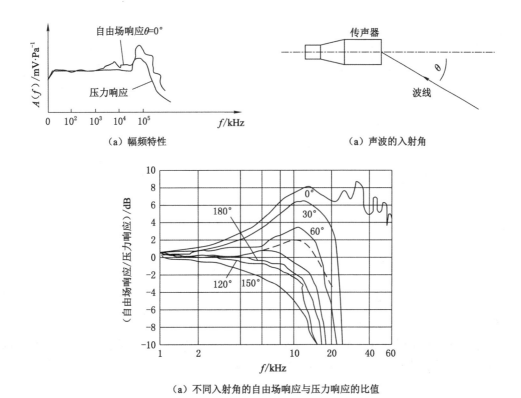

（a）幅频特性　　　　　　　　　　　　　　　（a）声波的入射角

（a）不同入射角的自由场响应与压力响应的比值

图 8-38　某一传声器的压力响压和自由场响应

响应的比值曲线。

② 电容式传声器

按转换原理分类，传声器有电容式、压电式和动圈式等。精密测试中最常用的是电容式传声器。某电容式传声器的原理如图 8-39 所示，由振膜和固定的背极组成可变电容。振膜可近似看成一单自由度振动系统，在声压作用下产生振动，将改变电容器的电容。

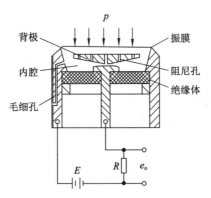

图 8-39　电容式传声器原理

（2）声级计

声级计集传声器、衰减放大、显示、计权网络、模拟或数字信号输出为一体，它体积小，携带方便；既可以独立测量、读数，又可以将所测信号接入磁带记录仪或分析仪，或外接滤波器构成频谱分析系统。声级计是噪声测试中最常用的仪器，其方框图如图 8-40 所示。

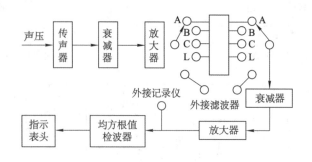

图 8-40　声级计方框图

噪声测试一般都选用精密声级计，测试误差小于 1 dB。精密声级计的传声器多为电容式。有些声级计设有峰值和最大有效值（均方根值）保持器，可测试冲击噪声。声级计必须定期校准某些行业噪声测量标准规定，每次测试前后都必须对测试装置进行校准，且前后两次校准读数差值不得大于 1 dB，否则测试结果无效。工业上常用的是活塞发声器校准声级计。

8.5　温度的测量

8.5.1　温度测试的基本概念

温度是表征物体热平衡状态下冷热程度的物理量，它体现了物体内部微粒运动状态的特征。在工农业生产、科学研究及日常生活中，温度的测量均占有重要的地位。

（1）温标

测量物体温度必须有一个基准量（即标尺）以供比较，温度的基准量称为温标。温标规定了温度的始点（即零度）和温度的基本单位。只有确定了温标，温度测量才有实际意义。要确定温标，首先应规定一系列恒定的温度作为固定点。通常用纯物质的三相点、沸点、凝固点和超导转变点等作为温度计量的固定点，并赋予固定点一个确定的温度。固定点、测温仪器以及内插公式构成了温标的主要内容。

温标的种类很多，常用的有热力学温标、国际温标、摄氏温标、华氏温标。

① 热力学温标

热力学温标温度仅与热量有关，与物质无关，又称开尔文温标，用符号 K 表示。它是国际基本单位制之一。选定水的三相点为 273.16，并以它的 1/273.16 定为一度，这样热力学温标就完全确定了。

② 国际温标

国际温标规定热力学温度是基本温度，用 T 表示，其单位是开尔文，符号为 K。1K 定义为水三相点热力学温度的 1/273.16。水的三相点是指纯水在固态、液态及气态三相平衡时的温度,热力学温标规定三相点温度为 273.16 K,这是建立温标的唯一基准点。目前所使用的是 1989 年 7 月第 77 届国际计量委员会(CIPM)批准的新温标 ITS—1990,我国从 1994 年 1 月 1 日起实行新温标。这一标准是我国所采用的温度量值的法定标准,所有温度计量必须依此为准。一般来说,凡采用国际温标的国家,大都具有一个研究机构,按照国际温标的要求,建立国家基准器,复现国际温标。然后,通过一整套标定系统,定期地将基准器的数值传递到实际使用的各种测温仪表上去,这就是温标的传递。在我国,由国家技术监督局负责建立国家基准器,复现国际温标,并进行温标的传递。

③摄氏温标

摄氏温标是在标准大气压下将水的冰点与沸点中间划分一百个等份,每一等份称为摄氏 1 度(摄氏度,℃),一般用小写字母 t 表示。摄氏温标与国际温标温度之间的关系如下:

$$t = T - 237.15 \quad (℃)$$
$$T = t + 237.15 \quad (K)$$

④ 华氏温标

华氏温标规定在标准大气压下冰的融点为 32 华氏度,水的沸点为 212 华氏度,中间等分为 180 份,每一等份称为华氏 1 度,符号用℉,华氏温度 m 和摄氏温度 n 的关系如下:

$$m = 1.8n + 32 \quad (℉)$$
$$n = \frac{5}{9}(m - 32) \quad (℃)$$

(2)常用测温方法

测温的方法很多,仅从测量体与被测介质接触与否来分,有接触式测温和非接触式测温两大类。接触式测温基于热平衡原理,测温敏感元件必须与被测介质接触,使两者处于同一热平衡状态,具有同一温度,如水银温度计、热电偶温度计等就是利用此法测量。非接触式测温是利用物质的热辐射原理,测温敏感元件不需与被测介质接触,而是通过接收被测物体发出的辐射热来判断温度,如辐射温度计、红外温度计等。

接触式测温简单、可靠,且测量精度高。但是由于测温元件需与被测介质接触后进行充分的热交换并达到热平衡后才能测量。另外,由于受到耐高温材料的限制,接触式测温不能应用于很高温度的测量。非接触式测温,由于测温元件不与被测介质接触,因而其测温范围很广,其测温上限原则上不受限制,测温速度也较快,而且可以对运动体进行测量。但是,非接触式测温受到物体的发射率、被测对象到仪表之间的距离、烟尘和水汽等其他介质的影响,一般测温误差较大。

在各种测温计中,由于热电测温计具有精度高、信号便于远传等优点,在工业生产中得到了广泛的应用。

8.5.2　热电阻测温

热电阻测温法是利用导体或半导体的电阻率随温度变化而变化的物理特性实现温度的测量。电阻温度计由热电阻、测量电路和显示仪表或记录仪组成,测温准确度高,能用于自动记录和远距离控制。

常用的热电阻材料有纯金属铂、铜,半导体材料有氧化物、硫化物、硒化物、掺杂铁等。

(1) 铂热电阻

铂热电阻适于测量较高的温度,其性能极为稳定,复现性好,在 $-259.347 \sim 961.78 \ ℃$ 的温度内被规定为基准温度计。铂热电阻的缺点是电阻温度系数较小,高温时在还原气体中易遭损坏,且价格昂贵。

铂电阻的特性方程为:

测温范围为 $-200 \sim 0 \ ℃$ 时:

$$R_t = R_0[1 + At + Bt^2 + Ct^3(t-100)] \tag{8-36}$$

测温范围为 $0 \sim 850 \ ℃$ 时:

$$R_t = R_0(1 + At + Bt^2) \tag{8-37}$$

式中,R_t 和 R_0 分别为 $t℃$ 和 $0 \ ℃$ 时铂电阻值;A、B 和 C 为常数。在 ITS-90 中,这些常数规定为:$A = 3.9083 \times 10^{-13}/℃$,$B = -5.775 \times 10^{-7}/℃^2$,$C = -4.183 \times 10^{-12}/℃^4$。

目前我国规定工业用铂热电阻有 $R_0 = 10 \ \Omega$ 和 $R_0 = 100 \ \Omega$ 两种,它们的分度号分别为 Pt_{10} 和 Pt_{100},其中以 Pt_{100} 最为常用。铂热电阻不同,分度号亦有相应分度表,即 $R_t - t$ 的关系表。在实际测量中,只要测得热电阻的阻值 R_t,便可从分度表上查出对应的温度值。

(2) 铜热电阻

铂是贵重金属,价格昂贵,在一些测量精度要求不高且温度较低的场合,多采用铜热电阻进行测温。铜热电阻物理和化学性能稳定,特别在 $-30 \sim 100 \ ℃$ 温度范围内性能很好,热阻特性基本呈线性关系,测量精度高、成本低。铜热电阻缺点是易氧化,不适宜在腐蚀性介质或高温下工作。铜热电阻的两种分度号为 $Cu_{50}(R_0 = 50 \ \Omega)$ 和 $Cu_{100}(R_0 = 100 \ \Omega)$。

铜热电阻在测量范围内其电阻值与温度的关系几乎是线性的,可近似地表示为:

$$R_t = R_0(1 + \alpha T) \tag{8-38}$$

式中,α 为铜热电阻的电阻温度系数,取 $\alpha = 4.28 \times 10^{-3}/℃$。

(3) 热敏电阻

热敏电阻是利用某种半导体材料的电阻率随温度变化而变化的性质制成的。热敏电阻的特点有:

① 电阻温度系数的范围宽

有正、负温度系数和在某一特定温度区域内阻值突变的三种热敏电阻元件。电阻温度系数的绝对值比金属大 10~100 倍左右。

② 材料加工容易、性能好

可根据使用要求加工成各种形状,特别是能够做到小型化。目前,最小的珠状热敏电阻其直径仅为 0.2 mm。

③ 阻值在 $1 \sim 10 \ M\Omega$ 之间可供自由选择

使用时,一般可不必考虑线路引线电阻的影响;由于其功耗小、故不须采取冷端温度补偿,所以适合于远距离测温和控温使用。

④ 稳定性好

据报道,在 0.01 ℃ 的小温度范围内,其稳定性可达 0.000 2 ℃ 的精度。相比之下,优于其他各种温度传感器。

⑤ 原料资源丰富,价格低廉

烧结表面均已经封装,故可用于较恶劣环境条件;另外由于热敏电阻材料的迁移率很小,故其性能受磁场影响很小,这是十分可贵的特点。图 8-41 为常用的两种热敏电阻的结构。

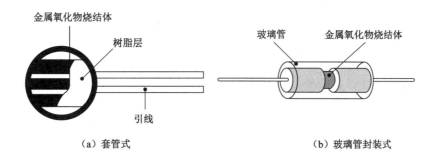

（a）套管式　　　　　　　　　　　　　（b）玻璃管封装式

图 8-41　热敏电阻的结构

热敏电阻主要有三种:一是正温度系数热敏电阻器(PTC),即电阻值随温度升高而增大的电阻器,简称 PTC 热敏阻器。它的主要材料是掺杂的 $BaTiO_3$ 半导体陶瓷;二是负温度系数热敏电阻器(NTC),电阻值随温度升高而下降的热敏电阻器,简称 NTC 热敏电阻器,它的材料主要是一些过渡金属氧化物半导体陶瓷;三是突变型负温度系数热敏电阻器(CTR),该类电阻器的电阻值在某特定温度范围内随温度升高而降低 3～4 个数量级,即具有很大负温度系数。图 8-42 为热敏电阻的温度特性。

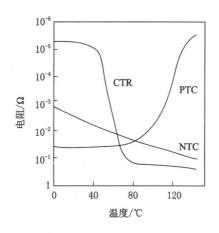

图 8-42　热敏电阻的温度特性

电阻式温度计在使用时应注意,显示仪表的分度号必须与热电阻一致,除热电阻外,测量线路的总电阻值应与仪表规定的外电阻值相等;为了消除连接导线因环境温度变化产生的测量误差,除连接热电阻二根导线外,增加一条导线使其相互抵消,从而提高测量精度;测量流动液体的温度时,测温元件应逆着流动方向插入,至少也应是垂直方向。尽量增加插入深度,管径太小可装扩大管;热电阻裸露在被测体以外部分应尽量短,最好加保温管。

8.5.3 热电偶测温

热电偶是电势输出型感温元件,其测量范围大,性能稳定,信号可远距离传输,动态性能好,结构简单,使用方便。因而在工业生产和科学实验中得到了广泛应用。

(1) 常用热电偶

理论上讲,任何两种不同材料的导体都可以组成热电偶,但实际上要想准确可靠地测量温度,组成热电偶的材料必须经过严格的选择。国际电工委员会(IEC)向世界各国推荐 8 种标准化热电偶。标准化热电偶已列入工业标准化文件中,具有统一的分度表。我国从 1988 年开始采用 IEC 标准生产热电偶。表 8-2 是我国常用的 4 种热电偶的主要性能和特点:

表 8-2　常用热电偶的主要性能和特点

热电偶名称	分度号	适用温度/℃	特　　点
镍铬-铜镍	E	−40～800	适用于还原气氛中,灵敏度高,价格低,但使用温度区窄,易氧化,高温具有滞后现象
镍铬-镍硅	K	−40～1 000	线性度好,适用于氧化性气体,耐金属蒸气,价格便宜,但略有滞后现象,高温还原气氛中易腐蚀
铂铑$_{10}$-铂	S	0～1 400	稳定性好,可作标准热电偶,可在氧化性和中性介质中使用,但铂分子易挥发而变质,热电势小,成本高
铂铑$_{30}$-铂铑	B	300～1 700	可长期应用于 1 600 ℃高温,适合于氧化及中性介质中使用,但常温时热电势小,价格高。

热电偶的结构形式因用途不同而异。普通热电偶由于使用条件基本相似,所以已做成标准形式,如图 8-43 所示。它主要由热电极、保护套和接线盒等组成。

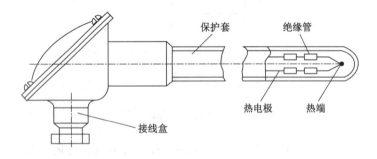

图 8-43　普通型热电偶结构图

(2) 热电偶的冷端温度补偿

利用热电偶测温,实际上是用热电势的大小表示被测温度的高低,而热电势不仅与热端温度有关,而且与冷端温度有关。为了使热电势仅是热端温度的单值函数,必须使冷端温度保持不变。但实际应用中冷端离热源很近,易受测量对象和环境温度波动的影响,使冷端温度难以保持恒定不变。为此可采用下述措施消除冷端温度波动的影响。

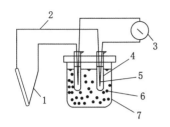

1—热电偶；2—补偿导线；
3—显示仪表；4—试管；
5—变压器油；6—冰水混合物；
7—容器。

图 8-44　冰点槽法

（3）冰点槽法

冰点槽法（见图 8-44）就是把热电偶的冷端置于某种温度不变的装置中。将冷端放在冰和水混合的容器中，保持冷端为 0 ℃不变。在测量时为了避免冰水导电引起两个连接点短路，必须把连接点分别置于两个玻璃试管里，浸入同一冰点槽，使相互绝缘。这种方法精度高，但在工程中应用很不方便，一般用于实验室。

（4）端温度修正法

在使用中，若设法使冷端温度保持不变，然后采用冷端温度修正的方法，可得到冷端为 0 ℃的热电势。根据中间温度定律 $E_{AB}(T,0)=E_{AB}(T,T_n)+E_{AB}(T_n,0)$，如温度 T_n 保持不变，则 $E_{AB}(T_n,0)$ 为常值，该值可以从热电偶分度表中查出。测出的热电势 $E_{AB}(T,T_n)$ 与查表得到的 $E_{AB}(T_n,0)$ 相加，就可得到冷端为 0 ℃时的热电势 $E_{AB}(T,0)$，根据 $E_{AB}(T,0)$ 再查热电偶分度表，便可得到被测温度 T。

【例 8-1】　用镍铬-镍硅热电偶测量某一温度时，已知冷端温度 $T_n=20$ ℃，测得热电势 $E_{AB}(T,T_n)=15.76$ mV，求工作端温度 T。

解　查镍铬-镍硅热电偶分度表，可得 $E_{AB}(20,0)=0.798$ mV

由式 $E_{AB}(T,0)=E_{AB}(T,T_n)+E_{AB}(T_n,0)$ 得

$$E_{AB}(T,0)=E_{AB}(T,20)+E_{AB}(20,0)=15.76+0.798=16.558 \text{ mV}$$

再镍铬-镍硅查分度表得：$T=404$ ℃。

① 零点迁移法

当采用直读式仪表测温时，因仪表的示值是以热电偶的冷端为 0 ℃、并按照热电偶的热电势与温度关系来刻度的。因此，当冷端温度为 T_n 时，其修正方法是只要将仪表指针事先由 0 ℃拨至 T_n 后再进行测量就行了。这时，仪表的示值就直接指示被测温度 T，不必修正。这个方法适合于冷端不是 0 ℃，但温度十分稳定的场所。

② 补正系数法

把冷端实际温度 T_n 乘上系数 K，加到由测量 $E_{AB}(T,T_n)$ 查分度表所得的温度上，成为被测温度 T：

$$T=T_{测}+KT_n \tag{8-39}$$

修正系数 K 随热电偶的材料和不同的测量温度而异，在工程上为了简便起见，往往将修正系数作为定值。

③ 补偿导线法

为了使冷端远离热源，免受热源的影响，就需要加长热电偶使冷端处于恒温或温度变化很小的地方。但热电偶做得过长时不但安装不便，而且若用贵金属制成，费用也太高。因此可以采用一种专门用来加长热电偶的补偿导线来加长热电偶图 8-45。补偿导线在规定温度范围内的热电性能应和相配的热电偶的热电性能一致或相近。

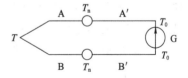

图 8-45　补偿导线 $A'B'$

工业上制成了专用的补偿导线,并以不同的颜色加以区别。使用时必须注意:

　a. 不同的补偿导线只能与相应型号的热电偶配用;

　b. 正负极性不能接错,否则反会增大误差;

　c. 热电偶与补偿导线两个连接点的温度必须相等,且不得超过规定的温度范围,一般为 $0 \sim 100$ ℃。

　① 补偿电桥法

　在热电偶测量回路中串接一个不平衡直流电桥,利用不平衡电桥产生的电势自动补偿热电偶冷端温度波动所产生的热电势变化量,这个直流电桥称为冷端温度补偿器。

　补偿电桥的工作原理如图 8-46 所示。电桥的输出端与热电偶串联,并将热电偶的冷端与电桥置于同一温度场中,桥臂电阻 R_H 是由电阻温度系数较大的铜线或镍线绕成,其余桥臂电阻均由电阻温度系数很小的锰铜线绕成,认为它们的阻值不随温度变化。设计电桥时一般选择 20 ℃为电桥平衡温度,此时 a、c 两点电位相等,电桥输出电压为零。当温度不等于 20 ℃时,热电偶由于冷端温度变化使热电偶的输出电势产生的变化量若为 ΔE,此时由于 R_H 阻值变化使 a、c 两点的电位不等,电桥的输出电压不为零,自动给出一个补偿电势 $\Delta E'$。因为 $\Delta E'$ 和 ΔE 大小相等、方向相反,这样便达到自动补偿目的。

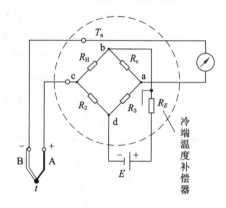

图 8-46　补偿电桥线路

采用冷端温度补偿器比冷端恒温法更为方便,但使用中应注意以下几点:

　a. 不同型号的补偿器只能与相应的热电偶配用;

　b. 只能在规定的温度范围内使用,一般为 $0 \sim 40$ ℃;

　c. 注意正负极性不能接反。

　② 软件处理法

　在计算机辅助测试系统中,可采用软件处理法来进行冷端温度补偿。当冷端温度恒定但不为 0 ℃时,在采样后加一个与冷端温度对应的常数。当冷端温度波动时,可利用热敏电阻或其他传感器把 T_n 信号输入计算机,按照运算公式设计修正程序,可实现自动修正。

　(3) 热电势的测量

　热电偶产生的热电势在毫伏级范围,测温时,它可以与显示仪表(如毫伏表、电子电位差计、数字表等)配套使用,也可与温度变送器配套,转换成标准电信号,图 8-47 为典型的热电偶测温线路。随着计算机技术在测试系统的应用中,更多地采用(c)、(d)接法。由温度变送器将热电偶产生的热电势转换成标准电信号,并送入采集卡;由采集卡进行采集并转换为数字量,再送入计算机;由计算机进行分析处理、记录、显示等。

8.5.4　辐射式测温

　辐射式测温基于物体的热辐射原理,即物体受热后,电子的动能增加,将有一部分热能转变为辐射能。辐射能以电磁波的形式向四周辐射,温度越高,辐射的能量越大,当温度高

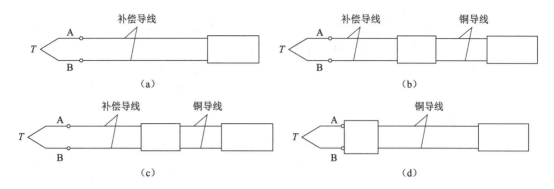

图 8-47 热电偶测温线路

于一定值时,会产生可见光,其光强度与温度有关。辐射式温度传感器就是利用受热物体的辐射能大小与温度有一定关系的原理,来确定被测物体的温度。辐射式温度传感器一般包括光学系统和辐射接收器两部分。光学系统主要用于瞄准被测物体,把被测物体的辐射能聚焦到辐射接收器上;辐射接收器则利用各种热敏元件或光电元件将会聚的辐射能转换为电量。常用的辐射式温度计有红外辐射高温计、全辐射高温计、光学高温计、比色高温计等。

（1）全辐射测温

全辐射温度传感器是基于黑体全辐射原理工作的,即通过测量被测物体辐射的全光谱积分能量来测量被测物体温度。能够全部吸收辐射到其上能量的物体称为绝对黑体。而实际物体的吸收能力小于绝对黑体,所以用全辐射测温系统测得的温度总是低于物体的真实温度。通常将测得的温度称为辐射温度 T_r,物体的实际温度 T 与辐射温度 T_r 的关系为:

$$T = T_r \frac{1}{\sqrt[4]{\varepsilon_T}} \qquad (8\text{-}40)$$

式中,ε_T 为温度 T 时物体的全辐射发射率。

（2）红外测温

红外测温是在红外光谱范围工作的辐射式测温方法。红外线是一种不可见光,位于可见光中红色光以外,波长范围在 $0.76 \sim 1\ 000\ \mu m$。红外测温系统一般由光学系统、探测器、测量电路、显示记录装置等组成。

红外探测器是红外测温系统关键元件之一。目前,已研制出几十种性能良好的探测器,大体可分为以下两类:

① 热探测器

它是利用红外辐射的热效应工作的。探测器的敏感元件吸收辐射能后引起温度升高,进而使有关物理参数发生相应变化,通过测量物理参数的变化,便可确定探测器所吸收的红外辐射。常用的热探测器有热电堆型、热释电型及热敏电阻型等。

② 光探测器

它的工作基于入射辐射与探测器相互作用时,能激发电子进而产生光电效应的原理。光探测器的响应时间比热探测器短得多。常用的光探测器有光导型及光生伏特型。

红外测温仪是一种常用的测温设备,它是利用热辐射体在红外波段的辐射通量来测量温度。当物体的温度低于 $1\ 000\ ℃$ 时,它向外辐射的不再是可见光而是红外光了,可用红外探测器检测温度。

红外测温仪光路系统如图 8-48 所示。图中的主镜为椭球反射面,光学系统的焦距可通过改变次镜位置来调整,使最佳成像位置在热敏电阻表面。次镜到热敏电阻的光路之间装有滤光片,滤光片一般采用只允许 $8\sim14~\mu m$ 的红外辐射能通过的材料。滤光片使红外辐射透射到热敏电阻,而可见光反射到目镜系统的分划板上,以便对目标进行瞄准。

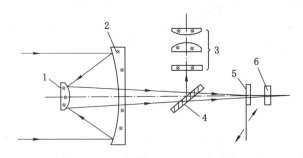

1—次镜;2—主镜;3—目镜;4—滤光片;5—调制盘;6—热敏电阻。

图 8-48　红外测温仪光路系统图

红外测温仪的系统框图如图 8-49 所示。被测物体的热辐射经上述光学系统聚焦在光栅调制盘上,调制盘是边缘等距开孔的旋转圆盘,光线通过圆盘小孔照射到热敏电阻上,圆盘由步进电机带动旋转,使照射到热敏电阻上的光线强度被调制成交变的,热敏电阻接在检测电桥的一个桥臂上。该信号经电桥转换为交流电压信号输出,然后经放大后进行显示记录。

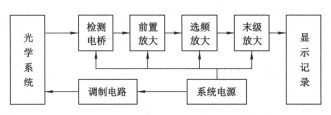

图 8-49　红外测温仪工作原理图

8.6　流量的测试

流量是指单位时间内流过管道某截面流体的体积或质量,前者称为体积流量,后者称为质量流量在一段时间内流过的流体量就是流体总量,即瞬时流量对时间的累积。流体的总量对于计量物质的损耗与储存等都具有重要的意义。测试总量的仪表一般叫作流体计量表或流量计。

流体的性质各不相同,例如液体和气体在可压缩性上差别很大,其密度受温度、压力的影响也相差悬殊。况且各种流体的黏度、腐蚀性、导电性等也不一样,很难用同一种方法测试其流量。尤其是工业生产过程情况复杂,某些场合的流体伴随着高温、高压,甚至是气液两相或液固两相的混合流体流动。

为满足各种状况流量测试,目前已出现一百多种流量计,它们适用于不同的测试对象和场合。本节将以电磁流量计和超声流量计为例进行讲述。

8.6.1　流量的测试方法

液体和气体统称为流体,如果用 Q_v 表示体积流量,用 Q_m 表示质量流量,ρ 表示流体的密度,则二者之间关系为

$$Q_m = Q_v \rho \tag{8-41}$$

在时间 t 内,流体流过管道某截面的总体积流量 Q'_v 和总质量流量 Q'_m 分别为

$$Q'_v = \int_0^t Q_v \, \mathrm{d}t \tag{8-42}$$

$$Q'_m = \int_0^t Q_m \, \mathrm{d}t \tag{8-43}$$

（1）节流差压法

在管道中安装一个直径比管径小的节流件,如孔板、喷嘴、文丘里管等,当充满管道的单相流体流经节流件时,由于流道截面突然缩小,流速将在节流件处形成局部收缩,使流速加快。由能量守恒定律可知,动压能和静压能在一定条件下可以互相转换,流速加快必然导致静压力降低,于是在节流件前后产生静压差,而静压差的大小和流过的流体流量有一定的函数关系,所以通过测节流件前后的压差即可求得流量。

（2）容积法

应用容积法可连续地测试密闭管道中流体的流量,是由壳体和活动壁构成流体计量室,当流体流经该测试装置时,在其入、出口之间产生压力差,此流体压力差推动活动壁旋转,将流体一份一份地排出,记录总的排出份数,则可得出一段时间内的累积流量。容积式流量计有椭圆齿轮流量计、腰轮（罗茨式）流量计、刮板式流量计、膜式燃气表及旋转叶轮式水表等。

（3）速度法

测出流体的流速,再乘以管道截面积即可得出流量。显然,对于给定的管道,其截面积是个常数。流量的大小仅与流体流速大小有关,流速大流量大,流速小流量小。由于该方法是根据流速得来的,故称为速度法。根据测试流速方法的不同,有不同的流量计,如动压管式、热量式、电磁式和超声式等。

（4）流体阻力法

它是利用流体流动给设置在管道中的阻力体以作用力,而作用力大小和流量大小有关的原理测流体流量,故称为流体阻力法。常用的是靶式流量计,其阻力体是靶,由力平衡传感器把靶的受力转换为电量,实现测流量的目的;转子流量计利用设置在锥形测管中可以自由运动的转子（浮子）作为阻力体,它受流体自下而上的作用力而悬浮在锥形管道中的某个位置,其位置高低和流体流量大小有关。

（5）流体振动法

这种方法是在管道中设置特定的流体流动条件,使流体流过后产生振动,而振动的频率与流量有确定的函数关系,从而实现对流体流量的测试。它分为流体强迫振动的旋进式和自然振动的卡门涡街式两种。

① 旋进式

在测管入口处装一组固定的螺旋叶片,使流体流入后产生旋转运动。叶片后面是一个先缩后扩的管段,旋转流被收缩段加速,在管道轴线上形成一条高速旋转的涡线。该涡线进入扩张段后,受到从扩张段后返回的回流部分流体的作用,使其偏离管道中心,涡线发生进动运动,而进动频率与流量成正比。利用压力或速度检测元件测出频率,即可得出流体流量。

② 卡门涡街式

在被测流体的管道中插入一个断面为非流线形的柱状体,如三角柱体或圆柱体,称为旋涡发生体。当流体流过柱体两侧时,会产生两列交替出现而又有规则的旋涡列。旋涡分离的频率与流速成正比,通过测旋涡分离频率可得出流体的流速和瞬时流量,由于旋涡在柱体后部两侧产生压力脉动,在柱体后的尾流中安装测压元件,则能测出压力的脉动频率,经信号变换后即可输出流量信号。

(6) 质量流量测试

质量流量测试分为间接式和直接式。间接式质量流量测试是在直接测出体积流量的同时,测出被测流体的密度或压力、温度等参数,再求出流体的密度。因此,测试系统的构成将由测体积流量的流量计(如节流差压式、涡轮式等)和密度计或带有温度、压力等的补偿环节组成,其中还有相应的计算环节。直接式质量流量测试是直接利用热、差压或动量来测试,如双涡轮质量流量计,它的一根轴上装有两个涡轮,两涡轮间由弹簧连接,当流体由导流器进入涡轮后,推动涡轮转动,涡轮受到的转矩和质量流量成正比。由于两涡轮叶片倾角不同,受到的转矩是不同的,因此,弹簧受到扭转,产生扭角,扭角大小正比于两个转矩之差,即正比于质量流量,通过两个磁电式传感器分别把涡轮转矩转换成交变电势,两个电势的相位差即是扭角。

8.6.2 电磁流量计

电磁流量计是基于电磁感应原理工作的流量测试仪表。它能测试具有一定电导率的液体的体积流量,由于它的测试精度不受被测液体的黏度、密度及温度等因素变化的影响,且测试管道中没有任何阻碍液体流动的部件,所以几乎没有压力损失。适当选用测试管中绝缘内衬和测试电极的材料,就可以测各种腐蚀性(酸、碱、盐)溶液流量,尤其在测含有固体颗粒的液体,如泥浆、纸浆、矿浆等的流量时,更显示出其优越性。

(1) 工作原理

图 8-50 为电磁流量计的工作原理。在磁铁 N-S 形成的均匀磁场中,垂直于磁场方向有一个直径为 D 的管道。管道由不导磁材料制成,管道内表面衬挂绝缘衬里。当导电的液体在导管中流动时,导电液体切割磁力线,于是在和磁场及其流动方向垂直的方向上产生感应电动势,如安装一对电极,则电极间产生和流速成比例的电势差 U。

$$U = BDv \tag{8-44}$$

式中 D——管道内径;

B——磁场磁感应强度;

v——液体在管道中的平均速度。

由式(8-44)可得 $v=U/BD$,则体积流量为

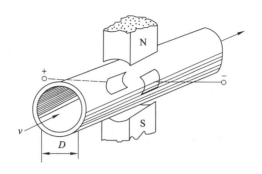

图 8-50　电磁流量计原理

$$Q_v = \frac{\pi D^2}{4} v = \frac{\pi D}{4B} U \tag{8-45}$$

从式(8-45)可见,流体在管道中流过的体积流量和感应电势成正比,欲求出 Q_v 值,应进行除法运算 U/B。电磁流量计是运用霍尔元件实现这一运算的。

采用交变磁场以后,感应电势也是交变的,这不但可以消除液体极化的影响,而且便于后面环节信号的放大,但增加了感应误差。

(2)电磁流量计结构

电磁流量计由外壳、励磁线圈及磁轭、电极和测量导管四部分组成,内部结构如图 8-51 所示。

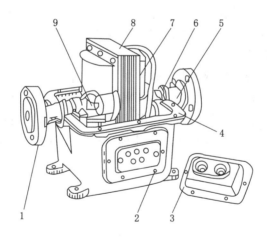

1—法兰盘;2—外壳;3—接线盒;4—密封橡皮;5—导管;6—密封垫圈;7—激励线圈;
8—铁芯,9—调零电位器。
图 8-51　变压器型电磁流量计

磁场是用 50 Hz 电源激励产生,激励线圈有三种绕制方法。

① 变压器铁芯型,适用于直径 25 mm 以下的小口径流量计。

② 集中绕组型,适用中等口径,它有上、下两个马鞍形线圈,为了保证磁场均匀,一般加极靴,在线圈的外面加一层磁轭。

③ 分段绕制型,适用于大于 100 mm 口径的流量计,分段绕制可减小体积,并使磁场

均匀。

电极与被测液体接触,一般使用耐腐蚀的不锈钢和耐酸钢等非磁性材料制造,通常加工成矩形或圆形。为了能让磁力线穿过,使用非磁性材料制造测量导管,以免造成磁分流。中小口径电磁流量计的导管用不导磁的不锈钢或玻璃钢等材料制造;大口径的导管用离心浇铸的方法把橡胶和线圈、电极浇铸在一起,可减小因涡流引起的误差。金属管的内壁挂一层绝缘衬里,防止两个电极被金属导管短路,同时还可以防腐蚀,衬里一般使用天然橡胶(60 ℃)、氯丁橡胶(70 ℃)、聚四氟乙烯(120 ℃)等制成。

8.6.3　超声流量计

利用超声波测液体和气体的流速很早就有人研究,但由于技术水平所限,一直没有很大发展。后来,由于电子技术的进步,不仅使得超声流量计获得了实际应用,而且发展很快,日益完善,越发显出其优越性。它具有如下特点。

① 超声流量计可以做成非接触式的,可以从管道外部进行测试。在管道内部无任何测试部件,故没有压力损失,不改变原流体的流动状态,对原有管道不需任何加工就可以进行测试。

② 测试结果不受被测流体的黏度、电导率的影响,可测各种液体和气体的流量,可测很大口径管道内流体的流量,甚至河流的流速也可测量。

③ 超声流量计的输出信号与被测流体的流量呈线性关系。

利用超声波测量流量有许多方法,其中典型的方法有速度差法(包括时间差法、相位差法和声循环频率差法)多普勒频移法和声速偏移法三种。上述各种方法在实际中均有应用,这里只介绍应用较多的速度差法中的时间差法和多普勒频移法。

(1)时间差法测流量

时间差法就是测试超声波脉冲顺流时和逆流时传播的时间差。图 8-52 是单通道时差法测流量的示意图。主控振动器以一定的频率控制切换器,使两个超声换能器以一定的重复频率交替地发射和接收超声波脉冲。设顺流时,超声波脉冲的传播时间为 t_1,逆流时,超声波脉冲的传播时间为 t_2,超声波在静止流体中的传播速度为 c,流体的流速为 u,则由图 8-52 可知

$$t_1 = \frac{\frac{D}{\sin\theta}}{c + u\cos\theta} + \tau \tag{8-46}$$

$$t_2 = \frac{\frac{D}{\sin\theta}}{c - u\cos\theta} + \tau \tag{8-47}$$

$$\tau = 2\frac{L}{C'} + \tau_0$$

式中　τ_0——电路的延迟时间;

　　　L——声导 OF 或 BC 的长度;

　　　$\frac{L}{C'}$——超声脉冲通过声导的时间。

假设顺流和逆流时电路延迟时间相同,并考虑到工业管道的流速一般为每秒数米,静止

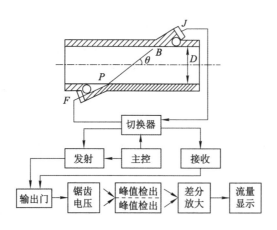

图 8-52　时差法测流量原理

流体中的声速一般为每秒数千米,即 $c^2 \gg u^2$,则可求出时差为:

$$\Delta t = t_2 - t_1 = \frac{2D\cos\theta}{c^2\sin\theta}u \tag{8-48}$$

$$u = \frac{c^2\tan\theta}{2D}\Delta t \tag{8-49}$$

当采用国际单位制计量,则可求出时差法的基本流量方程为

$$Q = 450\pi Dc^2\tan\theta\Delta t \quad (\text{m}^3/\text{h}) \tag{8-50}$$

即被测流体的体积流量正比于时间差 Δt。由时差法测流量原理图可以看出,发射与接收的时间间隔 t_1、t_2 由输出门获得。输出门控制锯齿波发生器,使锯齿电压的峰值与输出门所输出的方波宽度成正比,亦即分别与时间 t_1 和 t_2 成正比。并由主控器控制峰值检波器,分别将顺流和逆流的锯齿电压峰值检出后送至差分放大器进行比较放大,则差分放大器的输出将与两个峰值检波器的输出差即 $t_2 - t_1$ 成正比,从而与流量值成正比。时差法由于流量方程中包括声速,故受温度影响较大,并且声速的温度系数并不是常数。此外,流体的组成或者密度的变化也将引起声速的变化。根据式(8-50)可知,如果声速发生变化,由此产生的流量测试相对误差等于声速相对变化的两倍,所以声速变化的影响是时差法的主要误差来源。

(2)多普勒频移法测流量

① 工作原理及特点

多普勒效应是指当声源(发射源)和观察者(接收器)之间有相对运动时,观察者所感受到的声频率不同于声源所发出的频率,即声音的频率因相对运动而发生了变化,这个频率的变化(多普勒频移)正比于两者之间的相对速度。

若把发射的超声波入射到流动的流体中,跟随流体一起运动的颗粒反射到接收器,接收到的反射波与发射声波之间产生频率差(多普勒频移),这个频差正比于流体流速,因此测得频差即可求得流速,将测得的平均流速乘以相应的流通截面积即可求得容积流量。

利用多普勒效应测流量的必要条件是:被测流体中必须有足够的具有反射能力的颗粒,才能得到一定强度的信号,使仪表正常工作。因此,多普勒超声流量计只有当被测流体中存在一定数量的悬浮颗粒、气泡或有反射能力的其他粒子时才能工作。多普勒超声流量计适用于测两相流的场合,这正是其他流量计难以解决的问题,因此,多普勒原理的应用为解决两相流流量测试问题开辟了一条理想的途径。

多普勒超声流量计具有分辨率高,对流速变化响应快,对流体的压力、黏度、温度、密度和电导率等因素不敏感,没有零点漂移,重复性好,价格便宜等优点。

② 基本流量方程式

当多普勒超声流量计的发射换能器以一定的角度 θ 向流体发射频率为 f_1 的连续超声波时,流体中的悬浮颗粒将声波反射到接收换能器。因为悬浮颗粒随着流体在流动,所以反射的超声波将产生多普勒频移 Δf。设频移后接收换能器收到的超声波频率为 f_2,超声波在被测流体中的传播速度(传声速度)为 c 颗粒反射体以与被测流体相同的流速 u 运动,收、发两超声波束与流体流向间的夹角均为 θ,如图 8-53 所示。则根据多普勒效应,多普勒频移 Δf 用下式表示,即

$$\Delta f = f_2 - f_1 = \frac{2u\cos\theta}{c}f_1 \tag{8-51}$$

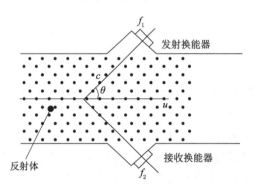

图 8-53 多普勒效应示意

由式(8-51)可知,多普勒频移 Δf 与发射频率 f_1 及流体流速 u 成正比,与介质的传声速度 c 成反比。当发射频率 f_1 与声速 c 恒定时,多普勒频移 Δf 正比于流速 u,即测得 Δf 可得流速 u。

流速 u 与 Δf 的关系由式(8-51)可得

$$u = \frac{c}{2f_1\cos\theta}\Delta f \tag{8-52}$$

容积流量 Q 与多普勒频移 Δf 的关系为

$$Q = uS = \frac{Sc}{2f_1\cos\theta}\Delta f \tag{8-53}$$

式中,S 为管道截面积。

式(8-53)为多普勒流量计的理论方程式。由该式可知,当仪表结构及测试条件确定后,频移与容积流量成正比,测试频移可反映流体流量。但在实际应用的流量方程式中,尚需考虑适应流体参数、环境、结构、流速分布等条件的变化对测试准确度影响的问题,以使公式更为实用和合理。

③ 结构及测试电路

　　图 8-54 为多普勒超声流量计典型结构原理。该流量计由换能器与检测仪表两个主要部分组成。由于被测介质的双向性,多普勒超声换能器一般选用管外干式结构,而不采用湿式换能器。由图 8-54 可知,发射换能器与接收换能器并排安装于同一外壳中,使用时安装在管壁外侧。发射换能器的压电元件被激励,连续发射出超声波,该超声波信号通过声楔与管壁射入流体,随流体一起运动的悬浮粒子(颗粒反射体)使超声波发生反射,反射的超声波信号穿过管壁到达接收换能器,反射波的频率随着悬浮粒子运动速度的不同而改变,从而产生偏移,故接收换能器接收的反射波频率 f_2 不同于发射频率 f_1。f_1 与 f_2 同时进入混频器混频,产生频差 Δf,该频差即是与流体粒子流速有一定函数关系的多普勒频移 Δf。此时信号是调幅波,此调幅信号经调谐放大器放大后进行检波,检波后的信号再经低通滤波器滤波,滤除载波,然后经低频放大器放大,放大后的信号经施密特电路及单稳态电路变换成脉冲列输出。为了得到瞬时流量的模拟显示,一般是将此脉冲列经数模转换电路转换为标准直流电流供流量刻度的电流表进行瞬时流量显示;为了得到累积流量的数字显示,将脉冲列先经任意分频器分频,以进行单位换算,然后经驱动电路进行累积流量显示。

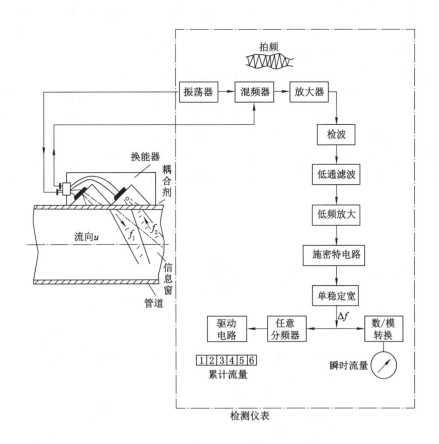

图 8-54　多普勒超声流量计典型结构原理

　　换能器是多普勒流量计的传感元件,它直接影响流量计的测试准确度,因此对换能器的选型、材料、结构、工艺及安装应给予足够的重视。仪表设计制造或使用部门应注意避免偏重检测仪表而忽视换能器的倾向,保证整套仪表工作于最佳性能。一般来说,对超声换能器有如下要求。

a. 功率较小,使换能器发出的声波不致引起被测流体流场性态的变化,同时又应有足够的强度和稳定性,使接收到的声信号有足够的信噪比,并有较好的时间稳定性和温度稳定性。

b. 在被测流体流速一定的情况下,能获得最大的多普勒频移。

c. 在功率一定的情况下,有较大的声能透射到流体中。

关于典型的多普勒超声流量检测仪表及其线路,在前面已作了简单介绍。在典型线路中,发射频率 f_1 与接收频率 f_2 通过混频器混频得到频差 $\Delta f = f_2 - f_1$。但目前很多产品并不设混频器,而是采用直接耦合方式进行拍频。直接耦合方式拍频的理论依据是小振幅声能的线性叠加定理和随机变量所遵循的统计规律。在收发一体结构的换能器中,发射晶片产生的超声振动信号(频率为 f_1),一部分发射到流体中去,一部分在换能器中直接耦合到接收晶片上,同时,流体中散射回来的超声波信号(频率为 f_2)也到达接收晶片。因为发射波中的直接耦合信号与流体中颗粒反射信号都是小振幅波,它们满足线性叠加定理,故接收器接收信号的总声压 p 等于发射信号声压 p_1 与流体颗粒反射信号声压 p_2 的和。经运算可知,总声压 p 的振幅 A 是多普勒角频率 $\omega_1 - \omega_2$ 的函数,这就是拍频现象。拍频现象产生的拍频信号反映了多普勒频移信息,故不采用较复杂的混频器,用直接耦合方式也可得到频率差 Δf。图 8-55 为采用直接耦合式多普勒超声流量计测试线路原理框图。由图可见,线路中不设混频器。对直接耦合方式检测仪表的设计,要注意由于采用的是收发一体式换能器,直接耦合信号往往大于反射信号,拍频现象不明显,拍频信号很弱,需要对其进行必要的放大。为此,除必须保证高放电路有足够的增益之外,还必须使高放电路有很大的动态范围,这是较为困难的。因此,必须在加大反射信号的同时,尽量减小直接耦合信号,但直接耦合信号太小又会降低信噪比,所以,要注意换能器的制造工艺,使之获得大小合适的直接耦合信号。

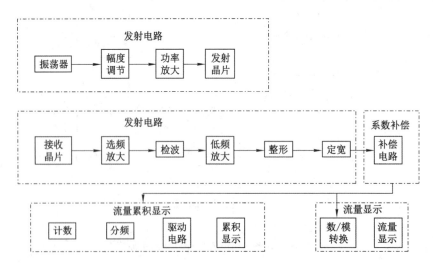

图 8-55　直接耦合式多普勒超声流量计测试线路原理框图

思考题与习题

8-1　试述干扰的三要素及常用的抗干扰的方法。

8-2　试述振动测试的目的和激振实验的目的。

8-3　测试机床的振幅值并进行记录。请选用合适的传感器和测试仪器,并画出其测试系统框图。

8-4　题图 8-1 为输入恒定加速度时压电加速度计的幅频特征。试分析曲线在低频时下跌和在曲线中段有一平坦区段的成因。

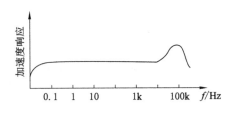

题图 8-1

8-5　用脉冲敲击法测得试件的振动波形如图题 8-2。试求固有频率 ω_n 和阻尼率 ζ, $x_1=1, x_2=0.45, x_3=0.2, x_4=0.009$。

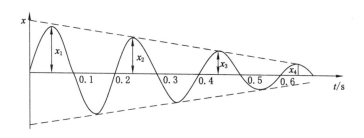

题图 8-2

8-6　加速度计有几种安装方式,它们分别有什么特点?

8-7　简述机械结构动态参数固有频率和阻尼比的确定方法。

8-8　如题图 8-3 所示,悬臂梁受拉力 F 和弯矩 M 的作用,试分别画出用应变片测拉力和弯矩时应变片的布置方法、接桥方式,并说明所用方式能否进行温度补偿? 并计算出 U_o。(假定输入电压为 U_s)。

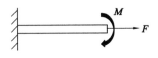

题图 8-3

8-9 讲述噪声测试常用的传感器有哪些?

8-10 试述热电偶产生热电势的条件及其四个基本定律。

8-11 用铜-康铜热电偶测量某一温度时,已知参考端温度 $T_n = 25\ ℃$,测得热电势 $E_{AB}(T, T_n) = 2.56\ mV$,求工作端温度 t。

8-12 在轧钢过程中,需监测薄板的宽度,宜采用哪些传感器? 并说明其工作原理。

8-13 说明用光纤传感器测量压力和位移的工作原理,指出其不同点。

8-14 试说明固态图像传感器(CCD 器件)的成像原理,怎样实现光信息的转换、存储和传输过程在工程测试中有何应用?

8-15 说明红外遥感器的检测原理。为什么在空间技术中有广泛应用? 举出实例说明。

8-16 有一批涡轮机叶片,需要检测是否有裂纹,请列举出测量方法,并阐明所用传感器的作原理。

8-17 流量测试的方法有哪些? 试举例说明其中一种测试方法的原理。

参 考 文 献

[1] 熊诗波.机械工程测试技术基础[M].第 4 版.北京:机械工业出版社,2021.

[2] 郭迎福,焦峰,李曼.测试技术与信号处理[M].徐州:中国矿业大学出版社,2009.

[3] 李曼.工程测试技术[M].北京:煤炭工业出版社,2017.

[4] 陈保家机械工程测试技术及应用[M].北京:中国水利水电出版社,2019.

[5] 宋爱国,刘文波,王爱民.测试信号分析与处理[M].第 2 版.北京:机械工业出版社,2018.

[6] 谢里阳,孙红春,林桂瑜.机械工程测试技术[M].北京:机械工业出版社,2016.

[7] 张春华,肖体兵,李迪.工程测试技术基础[M].武汉:华中科技大学出版社,2012.

[8] 陈花玲.机械工程测试技术[M].第 3 版.北京:机械工业出版社,2019.

[9] 王伯雄,王雪,陈非凡.工程测试技术[M].北京:清华大学出版社,2006.

[10] 贾民平,张洪亭.测试技术[M].北京:高等教育出版社,2016.

[11] 赵庆海.测试技术与工程应用[M].北京:化学工业出版社,2005